软物质前沿科学丛书编委会

国家出版基金项目
NATIONAL PUBLICATION FOUNDATION

"十三五"国家重点出版物出版规划项目

软物质前沿科学丛书

胶体中的相变和自组装

Phase Transition and Self-assembly in Colloids

刘向阳　张天辉 等　著

科　学　出　版　社
龙　门　书　局
北　京

内 容 简 介

　　自组装是自然界一种非常普遍的物理现象。小到细胞中的蛋白折叠，大到星系的形成，从微观尺度到宇宙尺度，从生物体系到非生物体系，处处都有自组装现象的身影。了解自组装的基本物理规律，是理解生命起源和自然界各种有序结构形成的关键。生物体内和原子层次上的自组装过程难以直接观测，但胶体体系的自组装过程通过光学显微镜可以直接进行实时原位观测。这为人们了解自组装的动力学和结构的演化过程提供了实验依据。同时，胶体颗粒自组装形成的各种结构，在发展和制备微纳米功能结构方面也有着广泛的应用。早期胶体自组装过程的研究主要集中于平衡相变和平衡结构的形成。随着自驱动胶体体系的发展，非平衡动态自组装和非平衡耗散结构成为目前研究的重点。

　　本书从胶体体系的基本物理特点，平衡胶体自组装到非平衡胶体几个方面介绍了胶体自组装的过去、现在和未来。本书可供刚进入相关研究领域的研究生学习参考，也适合对该领域感兴趣的高年级本科生和其他读者阅读。

图书在版编目(CIP)数据

胶体中的相变和自组装/刘向阳等著. —北京：龙门书局，2021.4
(软物质前沿科学丛书)

"十三五"国家重点出版物出版规划项目　国家出版基金项目
ISBN 978-7-5088-5898-2

Ⅰ. ①胶…　Ⅱ. ①刘…　Ⅲ. ①胶体化学-研究　Ⅳ. ①O648

中国版本图书馆 CIP 数据核字(2021) 第 029670 号

责任编辑：钱　俊　陈艳峰/责任校对：彭珍珍
责任印制：徐晓晨/封面设计：无极书装

科 学 出 版 社
龙 门 书 局　出版

北京东黄城根北街 16 号
邮政编码：100717
http://www.sciencep.com

北京虎彩文化传播有限公司 印刷
科学出版社发行　各地新华书店经销
*
2021 年 4 月第　一　版　　开本：720×1000 1/16
2021 年 4 月第一次印刷　　印张：13 1/4
字数：264 000
定价：128.00 元
(如有印装质量问题，我社负责调换)

丛 书 序

社会文明的进步、历史的断代，通常以人类掌握的技术工具材料来刻画，如远古的石器时代、商周的青铜器时代、在冶炼青铜的基础上逐渐掌握了冶炼铁的技术之后的铁器时代，这些时代的名称反映了人类最初学会使用的主要是硬物质。同样，20 世纪的物理学家一开始也是致力于研究硬物质，像金属、半导体以及陶瓷，掌握这些材料使大规模集成电路技术成为可能，并开创了信息时代。进入 21 世纪，人们自然要问，什么材料代表当今时代的特征？什么是物理学最有发展前途的新研究领域？

1991 年，诺贝尔物理学奖得主德热纳最先给出回答：这个领域就是其得奖演讲的题目 ——"软物质"。按《欧洲物理杂志》B 分册的划分，它也被称为软凝聚态物质，所辖学科依次为液晶、聚合物、双亲分子、生物膜、胶体、黏胶及颗粒物质等。

2004 年，以 1977 年诺贝尔物理学奖得主、固体物理学家 P.W. 安德森为首的 80 余位著名物理学家曾以 "关联物质新领域" 为题召开研讨会，将凝聚态物理分为硬物质物理与软物质物理，认为软物质 (包括生物体系) 面临新的问题和挑战，需要发展新的物理学。

2005 年，*Science* 提出了 125 个世界性科学前沿问题，其中 13 个直接与软物质交叉学科有关。"自组织的发展程度" 更是被列为前 25 个最重要的世界性课题中的第 18 位，"玻璃化转变和玻璃的本质" 也被认为是最具有挑战性的基础物理问题以及当今凝聚态物理的一个重大研究前沿。

进入新世纪，软物质在国际上受到高度重视，如 2015 年，爱丁堡大学软物质领域学者 Michael Cates 教授被选为剑桥大学卢卡斯讲座教授。大家知道，这个讲座是时代研究热门领域的方向标，牛顿、霍金都任过卢卡斯讲座教授这一最为著名的讲座教授职位。发达国家多数大学的物理系和研究机构已纷纷建立软物质物理的研究方向。

虽然在软物质研究的早期历史上，享誉世界的大科学家如爱因斯坦、朗缪尔、弗洛里等都做出过开创性贡献，荣获诺贝尔物理学奖或化学奖。但软物质物理学发展更为迅猛还是自德热纳 1991 年正式命名 "软物质" 以来，软物质物理学不仅大大拓展了物理学的研究对象，还对物理学基础研究尤其是与非平衡现象 (如生命现象) 密切相关的物理学提出了重大挑战. 软物质泛指处于固体和理想流体之间的复杂的凝聚态物质，主要共同点是其基本单元之间的相互作用比较弱 (约为室温热能量级)，因而易受温度影响，熵效应显著，且易形成有序结构。因此具有显著热波动、多个亚稳状态、介观尺度自组装结构、熵驱动的有序无序相变、宏观的灵活性等特征。简单地说，这些体系都体现了"小刺激，大反应"和强非线性的特性。这些特性并非仅仅由纳观组织或原子、分子水平的结构决定，更多是由介观多级自组装结构决定。处于这种状态的常见物质体系包括胶体、液晶、高分子及超分子、泡沫、乳液、凝胶、颗粒物质、玻璃、生物体系等。软物质不仅广泛存在于自然界，而且由于其丰富、奇特的物理学性质，在人类的生活和生产活动中也得到广泛应用，常见的有液晶、柔性电子、塑料、橡胶、颜料、墨水、牙膏、清洁剂、护肤品、食品添加剂等。由于其巨大的实用性以及迷人的物理性质，软物质自 19 世纪中后期进入科学家视野以来，就不断吸引着来自物理、化学、力学、生物学、材料科学、医学、数学等不同学科领域的大批研究者。近二十年来更是快速发展成为一个高度交叉的庞大的研究方向，在基础科学和实际应用方面都有重大意义。

为了推动我国软物质研究，为国民经济作出应有贡献，在国家自然科学基金委员会 – 中国科学院学科发展战略研究合作项目 "软凝聚态物理学的若干前沿问题"(2013.7—2015.6) 资助下，本丛书主编组织了我国高校与研究院所上百位分布在数学、物理、化学、生命科学、力学等领域的长期从事软物质研究的科技工作者，参与本项目的研究工作。在充分调研的基础上，通过多次召开软物质科研论坛与研讨会，完成了一份 80 万字的研究报告，全面系统地展现了软凝聚态物理学的发展历史、国内外研究现状，凝练出该交叉学科的重要研究方向，为我国科技管理部门部署软物质物理研究提供了一份既翔实又具前瞻性的路线图。

作为战略报告的推广成果，参加该项目的部分专家在《物理学报》出版了软凝聚态物理学术专辑，共计 30 篇综述。同时，该项目还受到科学出版社关注，双方达成了 "软物质前沿科学丛书" 的出版计划。这将是国内第一套系统总结该领域理论、实验和方法的专业丛书，对从事相关领域研究的人员将起到重要参考作用。因此，我们与科学出版社商讨了合作事项，成立了丛书编委会，并对丛书做了初步规划。编委会邀请了 30 多位不同背景的软物质领域的国内外专家共同完成这一系列专著。这套丛书将为读者提供软物质研究从基础到前沿的各个领域的最新进展，涵盖软物质研究的主要方面，包括理论建模、先进的探测和加工技术等。

由于我们对于软物质这一发展中的交叉科学的了解不很全面，不可能做到计划的 "一劳永逸"，而且缺乏组织出版一个进行时学科的丛书的实践经验，为此，我们要特别感谢科学出版社钱俊编辑，他跟踪了我们咨询项目启动到完成的全过程，并参与本丛书的策划。

我们欢迎更多相关同行撰写著作加入本丛书，为推动软物质科学在国内的发展做出贡献。

主　编　　欧阳钟灿
执行主编　　刘向阳
2017 年 8 月

前　　言

作为"软物质前沿科学丛书"中的一册，本书内容主要集中在胶体相关的部分。胶体科学并不是一门新学科。但以胶体颗粒特有的热力学性质为基础，把胶体体系用作原子体系的模拟，用之于研究结晶、熔化、玻璃化转变等基础物理问题，通过自组装方法构建微纳米层次的结构，不过是近几十年的事。最早可追溯到 20 世纪 80 年代自组装概念的提出。自组装技术的发展和应用推动了微纳米颗粒的合成，进而促进了胶体物理性质的研究。

以量子力学为基础，研究固体材料的光电等物理特性是国内凝聚态物理研究的主流。而以胶体为代表的软凝聚态物理研究在国内被当作物理学的一个旁支，其重要性并没有得到足够的认识。有鉴于此，新加坡国立大学终身教授、厦门大学刘向阳教授建议以"软物质前沿科学丛书"为契机，出一本面向本科生和研究生的有关胶体物理的研究参考书，提升胶体和软凝聚态物理在科研后备人才中的认知度，建议得到几位老师的积极响应。经过几年的准备和筹划后，最终形成了本书。

在本书中，作者结合自身的研究方向对目前胶体物理中的主要研究领域做了介绍和总结，力求通过本书，让读者对相关领域的概貌有一个具体而明确的认识。几位主要作者中，张天辉负责胶体体系基本物理特点及液–固相变中成核动力学的介绍；韩一龙介绍了胶体体系晶体熔化和固–固转变的相关进展；张泽新和陈科总结了玻璃化转变中的相关问题和进展；王威、张何朋和杨明成详细介绍了活性胶体这一新兴领域的基本概念和最新成果；经光银长期从事胶体自组装方面的工作，在本书中对胶体蒸发自组装过程中的基本动力学做了系统的讨论；张晓华对聚合物和胶体混合体系中常见的物理现象做了介绍。

一本书的内容很难涵盖当前胶体物理研究的全部，而且随着技术的进步和学科间的不断交叉融合，不断会有新的研究方向涌现。本书的作者希望通过这本书让广大的本科生和研究生对胶体物理研究的基本特点和方向有一个基本的了解，让更多年轻人参与到这一大有可为的研究领域中来。

感谢"软物质前沿科学丛书"编委会和科学出版社的大力支持，使得本书得以最终付梓。

目　　录

第 1 章　绪　　论

韩一龙　张天辉　刘向阳

1.1　胶体系统概述

19 世纪人们在研究溶液性质的过程中，发现一些溶液表现出反常的性质。Francesco Selmi 认为这些反常的性质预示着溶液中存在一些很大的粒子；这类粒子后来被 Thomas Graham 称为胶体。现在，胶体 (colloid) 一词泛指颗粒物与连续介质的混合物，是一类重要的软物质 (soft condensed matter，soft matter，soft material) 体系。胶体颗粒大小范围通常界定在 1nm 到 10μm 间。作为分散相的颗粒与作为连续相的背景介质可以是固体、液体或气体 (见表 1.1)。如果粒子能溶解于连续介质则不称之为胶体，而称为溶液，如淀粉溶液、蛋白质高分子溶液。在软物质物理领域，胶体特指固体颗粒和液体的混合体系；在离散态时，胶体颗粒在溶液中做布朗运动 (Brownian motion)；而其他类型胶体则由专有名词定义，如乳胶、凝胶、气溶胶等。

表 1.1　各种类别的胶体名称及举例

连续相	分散相		
	气体	液体	固体
气体 (气溶胶 aerosol)	气体会混溶，无法形成胶体	云、雾、发胶	烟、霾
液体 (液溶胶)	泡沫 (foam)，如：剃须膏	乳胶 (emulsion)，如：牛奶、护手霜	墨水、涂料、血液
固体 (固溶胶)	固态泡沫，如：泡沫塑料、多孔浮石	凝胶 (gel)，如：琼脂、果冻	有色玻璃、烟水晶

由于胶体粒子很小，数量大，因此它们与连续相之间存在巨大的界面。几十年前，人们曾认为，为降低界面能，胶体粒子将倾向团聚 (也叫絮凝、结絮、凝聚，aggregate)，因而胶体或纳米体系是亚稳体系或叫介稳体系。后来实验中发现许多微纳米结构其实是很稳定的，这才有了纳米科学的蓬勃发展。毕竟绝对最低能量的稳定态即便在原子系统也不尽满足：原子虽然可以通过核反应变成更低能量的原子，但常温下发生核反应的能垒极高、概率极低。

另外，因原子分子电荷分布涨落造成的范德瓦耳斯吸引力，是软物质中广泛存在的一种"万有"引力。胶体粒子间也不例外。如果胶体粒子间没有相互排斥机制的话，胶体很容易结絮。如何使粒子稳定地分散于溶液中，是早期胶体化学的一项主要课题。得益于制备技术的发展，现在已有多种方法可以提高胶体粒子团聚的能垒，保持胶体溶液的稳定。其中最常用的两种机制是静电效应和表面修饰。静电效应是让粒子表面带同号电荷，利用静电排斥克服范德瓦耳斯力。表面修饰是在粒子表面"长毛"(如生长一些聚合物长链)，利用"毛发"减弱胶体颗粒间的范德瓦耳斯力。古埃及和中国古人很早就摸索出在墨水中加入树脂来增加其稳定性的工艺，它的原理其实就是树脂分子链吸附在碳颗粒周围的"长毛"效应。除了絮凝，胶体粒子与溶液密度不同时造成的胶体粒子沉降 (sedimentation) 或上浮，是胶体不稳定的另一个原因。在胶体中加入大量高分子聚合物形成凝胶结构可有效防止胶体粒子在重力场中的沉降。

1.2　胶体科学的发展

早期的胶体研究主要在化学领域，关注的主要是胶体溶液的电化学性质，如胶体溶液的稳定性，胶体的凝聚、扩散和吸附，以及光在胶体中的传播等。随着显微与测量技术的发展，20 世纪人们已能从实验上直接观测胶体颗粒的运动，为胶体科学的进一步发展奠定了坚实的基础；同时对胶体颗粒各种物理化学特性的研究，也开始成为胶体科学新的核心领域。

20 世纪，胶体颗粒的带电特性，胶体颗粒间的相互作用，胶体颗粒在溶液中的布朗运动以及电场下的泳动，以及胶体颗粒和光的相互作用等成为研究的重点。对胶体颗粒特性和行为的了解，大大促进了人们对胶体溶液的凝聚、沉淀、电泳、丁达尔等现象本质的理解，进而推动了相关工业技术的发展和应用。比如在研究带电胶体颗粒双电层 (electrical double layer) 的过程中，Derjaguin, Landau, Verwey 和 Overbeek 等人的工作形成了 DLVO 理论 (见本书第 2 章 2.1.2 节) 的形成。DLVO 理论为人们理解和掌握胶体颗粒间的相互作用，控制胶体稳定性提供了一个简单有效的理论工具；为工业上提高涂料、油墨、医药和奶制品的产品质量，开发具有特殊性质的新产品提供了理论指导。有关胶体颗粒布朗运动的研究，最为人熟知的结果就是 Stokes-Einstein 公式。该公式建立了胶体颗粒个体扩散快慢与介质的黏滞性质和颗粒的大小之间的定量关系。利用 Stokes-Einstein 公式，通过测量胶体颗粒的扩散系数，反推胶体颗粒和介质的相关性质，已经成为实验上广泛采用的技术和分析方法。

随着科学技术的发展，研究胶体的实验技术和方法也日益丰富精准。比如获 2014 年诺贝尔化学奖的超分辨光学显微镜分辨率突破经典衍射极限，这种纳米级光学显微技术将对胶体研究有重要推动。其他各种声、光、电、磁等实验技术也逐渐开始在胶体科学中得到应用：X 射线散射、动/静态光散射和流变等技术的应用使得人们可以研究胶体的静态和动态性质。同时计算机的发展和应用，也为胶体科学研究带来了新的契机：通过分子动力学和蒙特卡罗 (Monte Carlo) 模拟等计算机模拟技术，人们可以从单粒子层次上追踪整个胶体体系结构的动态演化。计算机模拟和统计力学、数学分析等理论工具的结合，使得人们可以直接观测与胶体的各种宏观现象相对应的微观过程和微观结构，能从微观层次上更本质地理解胶体的行为和性质。

传统胶体科学和食品、石油化工、清洁去污、纺织、造纸等工业密切相关。工业技术的需求和发展也一直是胶体科学发展的一个主要推动力。20 世纪 80 年代纳米技术的兴起，也推动了胶体科学的发展。纳米技术的核心是合成制备纳米尺寸的材料，利用纳米材料特有的表面效应和量子效应，及其不同于传统材料的磁、光、电等物理特性，发展各种新型功能材料。作为纳米材料发展的一个成果，目前工业上可以合成各种尺寸均匀的，具有各种光、电、磁特性的微纳米胶体颗粒。除了能合成大小均匀的实心塑料或玻璃小圆球外，还能大批量制备带荧光、磁性的胶体粒子。也可在胶体粒子表面修饰不同的表面化学基团和聚合物等。除球形粒子外，最近的胶体制备技术还能制造出大小均匀的 (即**单分散**的) 非球形胶体粒子，如椭球、棒状和各种形状的片状粒子等，还可以有空心、壳层等结构。另外还可以使粒子不仅被动地做布朗运动，而且同时能自驱动地游泳。

胶体粒子合成技术的提高，为胶体科学的发展注入了新的活力，同时也催生了新的研究领域。比如胶体粒子组成的凝聚态系统具有与原子系统类似的性质，通过研究胶体体系中的相关现象，可以帮助我们得到一些普遍的物理规律。另外，胶体颗粒自组装形成的各种空间结构在制备功能材料上也有广泛应用。

1.3 胶体与基础物理研究

什么是基础物理？很长一段时间，微观基本粒子和宇宙天体这两个极端尺度的物体所展现出的物理规律代表了我们这个宇宙空间的基本规律，中间尺度的凝聚态可看作基本粒子的简单组合。这种还原论思想的局限性目前已经越来越明显。科学家们发现各个尺度上的系统都有各自独特的物理规律，无法容纳在一个理论框架中。粒子物理与宇宙学是紧密联系的，同属于高能物理，因而最大与最小尺度可看作是科学的一极。如果把最大尺度宇宙直径 10^{26}m 和最小尺度普朗克长度 10^{-35}m 求几何平均，得到 $\sqrt{10^{26}\text{m} \times 10^{-35}\text{m}} \sim \mu\text{m}$，正是细胞与胶体粒子的尺度，而宇宙年龄与普朗克时间的几何平均 $\sqrt{4 \times 10^{17}\text{s} \times 5 \times 10^{-44}\text{s}} \sim 10^{-13}$s 正是化学反应时间尺度。在这些中间尺度上的系统颇为复杂，物理现象也极为丰富，产生了生物、社会等复杂结构，因此中间尺度可看成产生复杂性的另一极。胶体体系涵盖的正是介于微观粒子体系和宏观体系的中间尺度。

历史上，胶体研究对我们理解中间尺度范围上的基本物理规律有过重大贡献。比如爱因斯坦在他 1905 年的博士论文中以分子运动论为基础，推导了大粒子在分子海洋中的扩散系数与温度、颗粒半径和黏滞系数间的关系。1908 年，佩兰 (Perrin) 通过实验研究胶体粒子在水中的布朗运动，证实了爱因斯坦的理论并求得正确的阿伏伽德罗常数，结束了长达千年关于世界是否由原子分子组成的争论，并因此获得 1926 年诺贝尔物理学奖。

溶液中做布朗运动的胶体粒子，在液体中达到热平衡后，和液体分子具有相同的热力学温度；重力场中的胶体粒子在达到平衡分布后，粒子数密度服从玻尔兹曼分布；同时，分布在溶液中的胶体粒子形成的渗透压 $\Pi(= nk_{\rm B}T)$ 和理想气体压强 $P(= nk_{\rm B}T)$ 一样都由数密度 n 和温度 T 决定。具有热力学温度的胶体粒子，可形成类似分子体系的液态、固态 (晶体)、玻璃态、液晶态等，并可通过相变在不同态之间转换。所有这些特性都表明，作为热力学体系，胶体体系和原子分子系统具有高度的相似性，胶体粒子完全可以作为 "大原子" 来模拟研究凝聚态物理中难以在原子尺度上进行观测的物理过程。相比于原子，胶体粒子可直接通过光学显微镜观察，其热运动也比原子慢很多，通过图像处理可得到粒子实时运动轨迹，进而做出各种定量测量。原子系统中难以实现的三维结构的观测在胶体系统也可以得到实现。不同于分子动力学的计算机模拟，胶体作为真实实验体系，它避免了计算机模拟中无法避免的人为的不真实的各种假定，以及计算机模拟难以计算大粒子数系统和背景流体影响的缺点。

相变是物理学中一个传统而古老的课题，但时至今日，相变中的一些基础问题依然是物理研究中的难点。无序玻璃态的形成机理被 2005 年《科学》杂志列为 125 个尚未解决的重大科学问题之一。另外像晶体的熔化、结晶等一级相变，迄今为止都还没有一个完备的基础理论。这类研究的主要障碍在于相变涉及大量粒子联动，传统的实验方法无法从单粒子层次上观察追踪相变过程，因而难以为相变研究提供实验支持。胶体模拟体系的应用使得从单粒子层次上观察相变的动力学过程成为可能。

20 世纪八九十年代，胶体体系首先被 Pusey 等用于研究硬球体系中的相变。硬球体系是物理上非常简单的一个模型：粒子间没有任何相互作用力；在外力下粒子不发生形变，因此当粒子相互靠近时，空间上不会重合。硬球体系能否发生液–固相变曾是理论上争论的一个焦点。胶体体系的实验结果证明了硬球体系是可以发生液–固相变的。和普通热力学体系不同，在硬球体系中，粒子间没有非接触的相互作用势能，粒子在体系中的体积分数比是相变的唯一控制参数，温度不再起作用。此时的液–固相变过程完全由熵最大化驱动。在硬球体系基础上，实验上可通过各种方法在胶体粒子间引入短程吸引、长程库仑排斥、电偶相互作用等各种不同性质的作用力。这些相互作用力的作用范围和强度在实验上都可连续调控。多样可调的相互作用力，使得胶体中相行为非常丰富。本书的第 2 章将会对胶体粒子间各种可能的相互作用及其调控，以及各种相互作用力下胶体的相行为进行概述。

成核 (nucleation) 是大部分一级相变的起始阶段。在结晶相变中，由于成核势的存在，最初的晶核由热涨落形成；通过晶体生长，晶核逐渐发展为宏观晶体。成核是相变的关键阶段。控制成核，对控制晶体生长、抑制缺陷产生至关重要。但由于成核的时间和空间尺度都很小，缺乏有效的实验观测手段，因此对成核过程的了解和认识，目前依然局限于经典成核理论 (classical nucleation theory, CNT)。经典成核理论的发展可追溯到 20 世纪早期 Gibbs (1928) 的工作，后经 Volmer 和 Weber (1926), Farkas (1927), Kaischew 和 Stranski (1934) 以及 Becker 与 Döring (1935) 等人的发展和完善，目前已成为定量分析成核过程应用最广泛的理论模型。然而在过去的几十年中，随着实验技术和精度的提高，越来越多的研究发现 CNT 的理论预测和实验测量结果间存在严重偏离。这种偏离，在很多情况下源于成核过程中亚稳态结构的出现。亚稳态结构的效应在 CNT 中是未被考虑的。利用胶体体系，人们对结晶成核从单粒子层次上做了观察，从实验上验证了多步成核过程的存在及其基本的动力学特征 (详细内容见本书第 3 章)。

晶体熔化是结晶的逆过程。利用胶体系统，人们首次直接看到三维晶体内部的非均匀熔化和过热晶体中的均匀熔化。另外，缺陷、表面、维度等对熔化都有重要影响，但它们的微观过程和机理很多还不清楚，而胶体实验在这方面则提供大量独特的实验结果 (详细内容见第 4 章介绍)。

同一种原子或分子可以排列成不同晶格，比如碳原子可排成金刚石或石墨。改变温度或压力时，这些晶体可发生固–固相变。这类相变比普通相变更复杂，理论上更困难。和其他相变的初始过程一样，由于缺乏直接的实验观察，对固–固相变的微观机理研究也是一项具有挑战性的任务。通过对胶体中固–固相变的观察，人们从实验上揭示了几种新的固–固相变的动力学路径 (见第 5 章介绍)。

非晶固体是自然界除晶体外，另一种广泛存在的固态物质，比如玻璃、塑料、琥珀。它们结构上并非长程有序，而是类似液体，但其力学性质又和固体类似。非晶固体在物理上属于亚稳态，但其内部结构的弛豫过程非常缓慢，以至于在有限的时间内，观测不到结构上的明显变化，所以通常被看作是稳定结构。非晶合金以其超乎寻常的强度和耐腐蚀等特性成为航空航天技术青睐的材料，其发展和应用是目前材料科学领域的前沿课题。虽然非晶固体在制备和应用上已取得了巨大的发展，但对非晶合金的形成机制及其内部弛豫过程的了解一直非常有限。在过去二三十年中，人们利用胶体对非晶固体 (玻璃态) 进行了大量的实验和理论研究；利用胶体颗粒追踪技术对胶体玻璃中粒子间的协同运动及其在弛豫过程中的作用进行了定量研究。特别值得一提的是，在胶体玻璃的研究过程中，晶体中研究晶格振动的方法被借鉴引入到玻璃结构的研究中，发展出一套新的研究方法。该方法为人们理解玻璃的结构和动力学特性提供了新的视角。本书的第 6 章对胶体玻璃的研究成果及其最新进展将进行详细介绍。

统计物理理论基本都是关于热力学平衡态与近平衡态系统的，对于远离平衡态的理论还很匮乏，只是近年来才提出了个别定理。但世界上大部分系统都远离平衡态，比如生命现象。胶体系统可以在各种外场下形成非平衡系统，有丰富的自组织结构。尤其是近几年兴起的活力胶体可以像微生物一样游动，形成了一类简洁而独特的远离平衡态系统。这为从单粒子尺度研究远离平衡态的统计物理提供了一个有力的平台。本书的第 7 章详细介绍了活性胶体中的非平衡自组织行为的研究。

胶体模拟体系作为一个有力的实验工具，它的应用并不仅限于物理相变的研究。统计物理中很多基本物理量，难以在原子分子尺度上测量验证，但现在可以很容易地在胶体系统中实现。比如 2000 年左右人们提出一系列位形温度表达式，通过粒子位形的信息而无需速度信息就可求出热力学温度。这一类新型温度表达式与通过平均动能得到温度的能均分定理在理论体系中有类似的基础地位，但难以在原子分子系统中检测，所以目前实验验证和研究都是在胶体中完成的。

1.4　胶体自组装及应用

除了作为实验体系，用来研究基础物理问题外，胶体粒子自组装形成的胶体晶体和有序结构在制备光子晶体、人工结构色、新型储能材料和药物输运上有着广泛的用途。光子晶体是由两种介电常数或折射率不同的介质在空间相互交替形成周期性结构。在 Mie 散射和晶体布拉格衍射的共同作用下，只有特殊频率的光才能在光子晶体中传播，类似于金属中的电子导带。利用光子晶体，可以调制和控制光子在介质中的定向传播。由于光子的传播速度比电子快得多，所以用光子晶体替代传统的半导体，具有巨大的优势和广阔的市场前景。光子晶体在人类发现之前，在自然界已被广泛利用。孔雀羽毛呈现出的绚丽颜色就是光子晶体形成的结构色。孔雀羽毛在原子力显微镜下，呈现的是两种介质材料的周期性调制结构。改变空间调制结构的空间周期，就可改变被折射和反射光的频率，让羽毛呈现不同的颜色。同样的现象在许多鸟类羽毛和昆虫的甲壳上都能发现。目前胶体自组装形成的晶体已被用于制造光子晶体。

以胶体晶体为模板，通过浇注和刻蚀可形成多孔材料。多孔材料渗透性好的特点，可以用来制作特殊的分离过滤装置。多孔材料内表面积大的特点，可以用来辅助催化，提高化学反应速度。多孔材料同时也是良好的绝热、隔音材料。

提高太阳能电池的光转换效率是光伏技术上需要面对的一项主要挑战。最新的研究结果发现纳米胶体颗粒自组装形成阵列结构，由于纳米胶体颗粒的量子点效应，光与晶格可进行有效相互作用。这一效应可有效提高光能量的吸收转换率。

在各种胶体自组装的应用中，胶体晶体的空间排列方式对材料的性质有重要影响。因而控制胶体自组装是技术中的关键。通常球形胶体颗粒自组装形成的结构以六角密堆积结构为主。为了得到不同的结构，目前实验上合成了多种非球形的胶体颗粒。比如通过合成立方外形的胶体颗粒，可得到立方胶体晶体；利用椭球或棒状胶体颗粒，可以形成层状和向列相液晶结构。另外，可以改变胶体颗粒间的相互作用，比如具有定向相互作用的胶体可以形成各向同性相互作用体系中得不到的结构。通过外场控制胶体自组装，也是常用的一种方法。通过电场诱导带电胶体颗粒间的电偶相互作用，实验上可以形成胶体链、片层结构和体心正方 (body centered tetragonal，BCT) 结构；磁场下的磁性胶体颗粒也有类似的行为。本书第8章将对实现和控制胶体粒子自组装的实验方法和手段进行介绍。

近来随着各种复合功能材料的发展，利用胶体和有机高分子混合体系的微相分离和自组装形成各种功能材料也引起了人们的高度关注。本书第9章将对这一领域的最新发展做介绍。

1.5　展　　望

胶体科学是一门横跨物理、化学、化工、力学、环境、生物的交叉学科。胶体科学涉及国民经济和科技发展的许多重要领域，是许多工业和先进技术的核心。在土壤保肥，血液透析，药物载体，食品日用品工业，冶金选矿，原油开采，以及纸张、塑料、橡胶和合成纤维等制造方面，胶体科学都有重要应用。相比于以上胶体科学的传统研究领域，胶体体系作为实验模拟体系应用于基础物理问题的研究，只有二三十年的时间，是一个比较新的研究领域。

经过二十多年的研究，胶体作为原子分子的模型系统已经被广泛认可。尽管胶体系统与分子系统不尽相同，二者的相变基本可以互相参照。实验上，胶体粒子不仅是大原子，而且是根据需要、可被设计改造的大原子 (designer's atom)。首先，胶体粒子间的相互作用势，根据需要可进行调控、模拟不同性质的物理体系。其次，除球形胶体颗粒外，实验上能合成各种非球形的胶体粒子，从而可以形成更复杂的相，比如计算机模拟发现，仅靠改变无相互作用的硬多面体的形状，就可形成上百种晶格、液晶、准晶和无序相。胶体中这些丰富的相行为为相变研究提供了广阔的平台。就此而言，胶体体系是比原子系统更强大的实验系统。

本书通过对胶体相变和自组装研究领域的介绍，旨在向普通读者和相关科研人员展示胶体体系作为实验模拟体系，对基础物理研究的贡献。胶体中相变和自组装的研究是一个充满活力和机遇的研究领域。在可预见的未来，胶体体系在固体物理、生物物理、材料科学、非线性科学、流体力学、统计物理等基础研究领域都将发挥重要作用。胶体物理在国外早已经成为物理学中的一支主流，而国内这方面研究所占比例还较小，而且人员和投入主要集中在传统胶体科学领域。本书的目的就是通过对相关研究的介绍和总结，让人们更多地了解胶体相变和自组装，吸引更多的学生和研究人员投入到这一具有重要科学意义的研究领域，促进该领域在中国的发展。

第 2 章　胶体体系中的相转变

石　燕　姚连丹　陈泓余　张天辉

苏州大学

　　1845 年，Franceso Selmi 把氯化银、硫磺、氧化铝和淀粉等粉状物质分散在水中后，用羊皮滤纸对溶液进行过滤，发现这些物质并没有溶于水中，而是以颗粒的形式存在于水中，因此他把这些溶液称为 "赝溶液"。这些颗粒物质无法通过羊皮滤纸，说明其尺寸较大，由扩散速率可以推断出颗粒的直径至少在 1nm 以上。同时在重力作用下不易沉淀的事实表明，颗粒的尺寸最大不应超过微米量级。之后，英国科学家 Thomas Graham 用 "胶体 (colloid)" 一词来定义 1nm∼1μm 大小的颗粒分散在液体中形成的混合体系。早些时间，植物学家 Robert Brown 在显微镜下发现悬浮在水中的花粉颗粒一直在做无规则运动，这种运动后来被称为布朗运动。观察发现，分散在溶液中的胶体颗粒也展现出活跃的布朗运动。1905 年，Albert Einstein 和 Marian Smoluchowski 以分子运动论 [1] 为基础，讨论了布朗运动的扩散系数与粒子尺寸和液体黏滞系数的关系。1910 年左右，Jean Perrin 精确测量了布朗运动的相关数据，测量结果跟 Albert Einstein 的理论预测完全相符，说明胶体颗粒的布朗运动的确是分子热运动的一种宏观体现。Einstein 对布朗运动的成功解释强有力地支持了分子运动论。

　　胶体涵盖的范围非常广泛。作为分散相的胶体颗粒可以是固态、液态或气态物质；连续相也可以是固态、液态或气态。生活中常见的云、雾、霾等可看作是水滴、尘埃等分散在空气中构成的胶体体系，因其连续相为空气，所以称气溶胶。日常生活中常见的牛奶、泡沫、油漆、洗涤剂等 (图 2.1) 都属于胶体体系。实际上，从制造陶器开始，人类便开始制造和使用胶体物质。胶体科学与人类的日常生活的关系远比我们想象的密切久远。但作为自然科学的一个分支，胶体科学的发展始于 19 世纪。时至今日，胶体科学在信息材料、仿生与医药、能源、环境科学等各个领域都有广泛应用 [2]。

　　悬浮在溶液中的胶体颗粒通过碰撞与溶剂分子作用，达到热平衡后具有和溶剂分子相同的热力学温度。在外场 (如重力场) 中，胶体颗粒的空间的数密度分布服从平衡热力学体系的玻尔兹曼 (Boltzmann) 分布: $\sim \exp(-U/k_{\mathrm{B}}T)$ (U 为胶体颗粒在外场中的势能)。在不同体积百分数条件下，胶体体系可分别形成气、液、固等宏观热力学平衡相；随体积分数的变化，这些不同相之间可发生类似热力学相变的转变过程。研究胶体中的相变不仅有助于我们了解胶体体系自身的物理特性,也有利于我们理解原子体系中的相变和动力学过程。

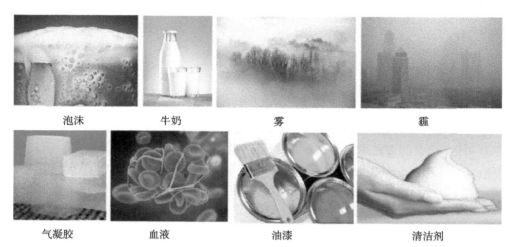

泡沫　　　　　　牛奶　　　　　　　雾　　　　　　　霾

气凝胶　　　　　血液　　　　　　油漆　　　　　　清洁剂

图 2.1　生活中常见的胶体体系:泡沫 (气泡和水)、牛奶 (蛋白质分子和水)、雾 (水滴和空气)、霾 (尘埃颗粒和空气)、气凝胶 (凝胶和空气)、血液 (血细胞和血浆)、油漆 (有机溶剂和水) 和清洁剂 (表面活性剂和水)

2.1　胶体间的相互作用力

宏观热力学相行为很大程度上由相互作用力性质决定。胶体体系中常见的相互作用力有静电相互作用力、范德瓦耳斯 (van der Waals) 力、排空吸引力等。

2.1.1　静电相互作用

胶体颗粒处于气–水或油–水界面时,浸没于水中的部分常常会发生电离或吸附离子,使得胶体颗粒不均匀带电,形成电偶。当所有胶体颗粒的电偶取向一致、相互平行时,彼此间相互排斥。类似情况也发生在水–油界面处,但水在胶体颗粒表面的浸润效应可诱发界面附件油相的部分电离,这种效应会进一步增强胶体颗粒间的静电排斥 [3]。

电解质溶液中的胶体小球表面通常会因为电离或吸附溶液中的电荷而带电。胶体颗粒周围电势 $\psi(\vec{r})$ 和自由电荷密度的空间分布函数 $\rho(\vec{r})$ 满足泊松–玻尔兹曼方程。

$$\nabla^2 \psi(\vec{r}) = -\frac{4\pi}{\varepsilon} \sum_i n_{i0} q_i \mathrm{e}^{-\beta q_i \psi(\vec{r})} \tag{2.1.1}$$

这是一个非线性方程, 难以求解。通过线性近似, 在无穷远电势为零的边界条件下, 该方程可简化为德拜方程求解。其结果为

$$\psi(r) = \frac{q_c}{\varepsilon} \frac{\exp(\kappa a_c)}{1 + \kappa a_c} \frac{\exp(-\kappa r)}{r} \tag{2.1.2}$$

其中 q_c 为均匀分布于胶体球表面的总电量, a_c 为胶体球的半径, κ^{-1} 具有长度量纲, 称为德拜长度。根据式 (2.1.2), 两个球心距为 r 的胶体球间的静电相互作用势可表述屏蔽库仑势:

$$U(r) = \frac{q_c^2}{\varepsilon} \left(\frac{\exp(\kappa a_c)}{1 + \kappa a_c} \right)^2 \frac{\exp(-\kappa r)}{r} \tag{2.1.3}$$

这个结果虽然是在线性近似下得到的, 但它为衡量电解质溶液中带电颗粒间的有效相互作用提供了一个定量表述, 所以被广泛应用。通过控制溶液的 pH 或离子强度, 可调节德拜长度, 进而调整胶体颗粒间静电相互作用的强度。静电排斥相互作用是保持胶体稳定, 阻止胶体体系由于范德瓦耳斯吸引作用而结絮或沉淀的重要手段。

2.1.2 范德瓦耳斯力和 DLVO 理论

电中性的原子或分子由于电子分布的瞬间涨落会产生瞬态的电偶极矩或电多极矩, 使得原子或分子间出现吸引或排斥。这种作用力被称为范德瓦耳斯 (van der Waals) 力, 是一种量子效应, 普遍存在于原子和分子间。原子或分子间的范德瓦耳斯力并不强, 但胶体颗粒表面分布着大量分子, 叠加后会在胶体颗粒间形成很强的相互吸引。范德瓦耳斯吸引力是胶体颗粒间一种广泛存在的相互作用, 是一种远程吸引力。在范德瓦耳斯力的作用下, 胶体颗粒很容易发生聚集。

为了使胶体稳定, 必须使胶体颗粒克服范德瓦耳斯吸引力。常用的方法有两种。一种是静电致稳 (electrostatic stabilization), 即让胶体粒子带电, 利用胶体颗粒间的静电排斥, 维持胶体的稳定。另一种是空间致稳 (steric stabilization): 在胶体颗粒表面生长一层非离子型的聚合物分子链, 利用分子链之间的排斥效应阻止胶体颗粒间的聚集 [4]。

1940 年, 苏联科学家 Derjaguin 和 Landau[5] 以及荷兰科学家 Verwey 和 Over-beek [6] 提出了 DLVO 理论, 把胶体间复杂的相互作用简化为以范德瓦耳斯吸引力和屏蔽库仑长程排斥力为代表的两类相互作用的叠加, 使得胶体颗粒间表现出长程吸引和短程排斥的特性 (图 2.2)。调整两者的相对大小, 可以改变胶体系统的稳定性和其他物理特性。这一模型为理解胶体中复杂的物理现象提供了一个简洁明了的理论框架。

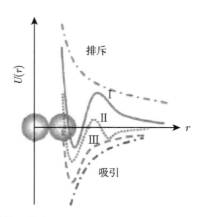

图 2.2　DLVO 相互作用势。曲线（Ⅰ）、（Ⅱ）、(Ⅲ) 表示当电解液中离子浓度增加，静电排斥减弱时，胶体颗粒间相互作用势的变化趋势[7]

2.1.3　排空吸引力

当胶体系统中存在两种尺寸明显不同的胶体颗粒时 (图 2.3(a))，由于体积排斥效应，当大胶体颗粒面间距小于小胶体颗粒直径时，小胶体颗粒无法进入大胶体颗粒间的区域，造成大胶体颗粒对周围小胶体颗粒的不对称分布。在小胶体颗粒的不对称碰撞下，大胶体颗粒间表现出短程吸引力的效果 [8]。用非吸附性聚合物代替小的胶体颗粒，可得到类似的效果。这种由于体积排斥效应形成的短程吸引力被称为排空吸引力 (depletion attraction)。大颗粒表面附近，厚度相当于小颗粒半径的壳层，可看作小颗粒的排空层。大颗粒间排空层发生重叠时，小颗粒无法占据此区域。因此大颗粒聚集在一起，排空层彼此重叠可有效减小整个体系的排空区总体积，增加小颗粒的自由体积，可有效增加系统的熵 [9]。因此，排空力又可看作是熵效应，称为熵力 (entropic force)。

1954 年，Asakura 和 Oosawa[10] 以熵效应为基础，推导了排空作用势的一个近似数学表述：

$$U(r) = \begin{cases} -\dfrac{4\pi\rho kT}{3}R_{\mathrm{d}}^3 \left(1 - \dfrac{3r}{4R_{\mathrm{d}}} + \dfrac{1}{16}\left(\dfrac{r}{R_{\mathrm{d}}}\right)^3\right) & (0 < r \leqslant 2R_{\mathrm{d}}) \\ 0 & (r \geqslant 2R_{\mathrm{d}}) \end{cases} \tag{2.1.4}$$

这里 r 为胶体颗粒 (胶体球) 间的球心距离，R 为胶体球的半径，高分子线团或小胶体颗粒的直径为 σ，$R_{\mathrm{d}} = R + \dfrac{\sigma}{2}$ 为排空半径。小球与胶体球之间只存在硬球相互作用，不考虑小球间相互作用。ρ 是高分子线团或小胶体颗粒的数密度。当考虑小胶体颗粒间的相互关联效应时，排空作用势比较复杂。在 $r \geqslant 2R + \sigma$ 时，排空作用并不立即为零，而是振荡衰减。一种典型的相互作用势在图 2.3(b) 中给出 [4]。

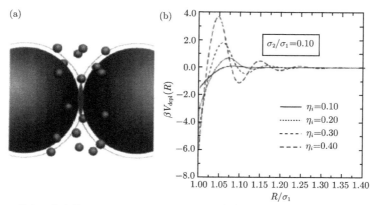

图 2.3 (a) 不同尺寸胶体颗粒之间的排空相互作用 [11]；(b) 小颗粒间存在相互作用时，一种典型的排空相互作用势。η_i 是小球的体积分数，$\sigma_2/\sigma_1 = 0.10$ 是小球与大球的直径比。横坐标是以大球直径为单位的两个大球球心的距离，纵坐标是以 $k_B T$ 为单位的排空势 [12]

2.1.4 硬球相互作用

在体系无吸引力，也不存在长程排斥力时，胶体颗粒间的相互作用蜕化为硬球势。在硬球体系中，胶体颗粒之间没有长程相互作用。仅仅由于体积排斥效应，球形颗粒的中心距无法小于一个直径的距离。这等效于当两个球状粒子的球心距比粒径小时，粒子之间作用势无限大；而当球心距大于粒径时，粒子间作用势为零（图 2.4(a)）。这种胶体体系称为硬球体系 [13,14]。Pusey 等 [13] 利用硬球胶体在实验

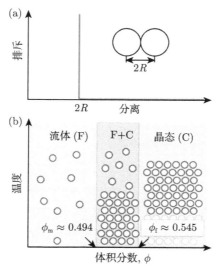

图 2.4 (a) 硬球颗粒间的相互作用势；(b) 硬球体系中，只有气态流体 (F) 和晶态 (C) 两种平衡稳定相 [17]

上验证了硬球体系可以发生结晶相变的理论预测 [15,16]。硬球胶体是最简单的一种胶体模型，由于胶体粒子之间不存在长程吸引，体系只有气、固两种平衡态，不存在气–液相变。

2.2　胶体中的相变

2.2.1　硬球体系相行为

19 世纪 50 年代，人们发现即使完全没有相互作用，硬球颗粒也会发生结晶。之后人们理论上预测了基于熵驱动的硬球结晶，即所谓的柯克伍德–阿尔德转变 (Kirkwood-Alder transition) [18]。这一过程在微米尺度的硬球胶体体系中得到证实 [13,19]。在恒定体积 V 下，硬球体系的亥姆霍兹自由能 (Helmholtz free energy) 完全由熵决定：$F = -TS$。也就是说，在给定体积时硬球系统最稳定的相对应于系统总熵最大的相。硬球系统的相行为与温度无关，仅取决于固体的体积分数 (图 2.4(b))。

2.2.2　纯排斥力体系中的相变：Wigner 晶体

Sciortino 等 [20] 通过模拟发现，在纯排斥力，如汤川势 (Yukawa potential)

$$V_r(r) = A\frac{\mathrm{e}^{-r/\zeta}}{r/\zeta} \tag{2.2.1}$$

作用下，系统存在液相和晶相。晶相有两种可能的平衡结构：体心立方 (body-centered cubic, bcc) 结构和面心立方 (face-centered cubic, fcc) 结构。这种在纯排斥力作用下形成的晶体被称为 Wigner 晶体。在 PMMA (polymethyl methacrylate, 聚甲基丙烯酸甲酯) 胶体颗粒与 CHB (cyclohexyl bromide, 环己溴)、顺式十氢化萘 (cis-decalin) 混合液形成的体系中，PMMA 胶体颗粒因吸附离子而带电，彼此间有长程库仑排斥力，当粒子数密度足够高时，可形成 Wigner 晶体 (图 2.5(b)) [21]。

2.2.3　长程吸引短程排斥体系中的相变

一般来说，吸引力会推动系统凝聚，排斥力趋向于抑制这种趋势。在短程吸引力和长程排斥力的复合体系中，两种趋势间的竞争导致了复杂的相行为。由于长程排斥力的存在，液–固相变的结果不再是均匀连续的晶体，而是以团簇、柱状和层状结构为单元的调制结构。因此发生在这种体系中的相变过程通常被称作微观相分离 (microphase separation) [22-24]。实验上可通过在带电胶体体系中引入短程排空吸引力，得到短程吸引和长程排斥的胶体体系 [25,26]。在这类体系中，由于长程排斥力的作用，团簇倾向于形成线型结构 [27]。理论上当固体体积分数足够高时，

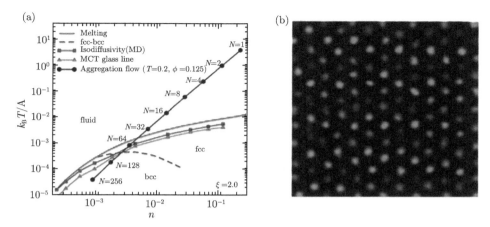

图 2.5 (a) 只存在汤川排斥势的情况下，系统的相图 [20]；(b) 在长程库仑排斥力体系，胶体颗粒可形成 Wigner 晶体

柱状相和层状相代表了热力学上的平衡结构，但在已有的分子动力学模拟和实验体系中，尚无相关报道。通常在高体积分数下得到的都是无序的凝胶结构，称作凝胶相变 (gelation)。凝胶相变被看作是冻结的液–固相变；凝胶结构作为一种亚稳态结构，会缓慢向柱状相或层状相演化。但高体积分数下长程排斥力的空间 "囚禁"(caging) 效应，使得粒子扩散等动力过程变得异常缓慢，整个体系被冻结在凝胶状态 (图 2.6)。

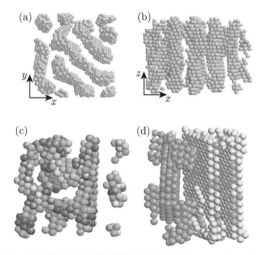

图 2.6 (a) 和 (b) 是在单分散体系中获得的类片晶结构，(a) 是 z 方向的俯视图，(b) 是 y 方向的侧视图；(c) 是在多分散体系中获得的凝胶状结构；(d) 是在二元体系中尺寸分离后产生的片晶结构。粒子按大小着色 [27]

实验和模拟发现，粒子颗粒的尺寸不均匀性也会严重阻碍微观相分离过程中有序结构的出现 [27]。在多分散体系中，通过尺寸分离可形成局部的有序结构，但尺寸分离过程在实验中通常都难以发生。

2.3　DNA 诱导的相互作用

DNA 是由碱基对连接在一起的双螺旋结构。利用 DNA 链段的编辑技术，对 DNA 链段间的配对位置和方向进行精准控制，可形成各种复杂的空间结构 [28] (图 2.7(a),(b))。利用 DNA 链段的这一特性，在胶体表面衔接 DNA 单链后，可对胶体颗粒的自组装进行精确控制 [28,29]，实现各种可控的晶体结构 (图 2.7(c),(d))。这种通过 DNA 链粘合在一起的晶体结构具有非常好的稳定性 [30]。

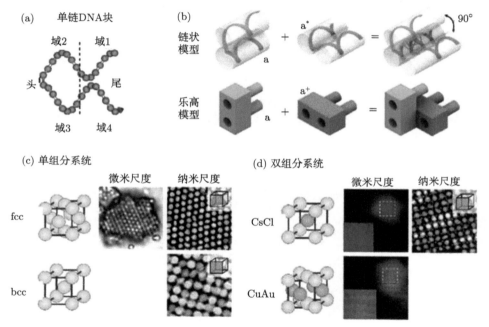

图 2.7　(a) 单链 DNA 块，每个域的长度为 8-nt，连通域 2 和 3 为 "头域"；域 1 和域 4 是 "尾域"；(b) 两个互补的 8-nt 结构域 a 和 a* 的杂交，每两个 DNA 块组装成一个 90° 的二面角 [31]；(c) 第一个是单组分系统在微尺度上 [32] 和纳米尺度上 [33,34] 组装成的面心立方 (fcc) 晶体结构，第二个是用柔性束接枝纳米颗粒的单组分体系自组装成的体心立方 (bcc) 晶体结构 [33,35]；(d) 双组分体系在微尺度和纳米尺度上组装成氯化铯 (CsCl) 晶格结构 [34,36]，提高双组分体系的自互补程度，还可以形成 CuAu 晶格结构 [37,38]

2.4 不对称相互作用

2.4.1 Janus 粒子

Janus 是希腊神话中具有前后两张面孔的神,象征所有事物都有相互对立的两面。Janus 粒子是一种表面具有两种不同特性区域的胶体颗粒,一个区域可看作球面的一极。比如通过蒸发沉积可在胶体半个表面镀上一层导电层,使得颗粒表面一半导电,一半不导电。通过表面改性,也可使得一半亲水,一半亲油,让 Janus 粒子具两亲性,用作乳液稳定剂和分子表面活性剂。两亲性的颗粒可以显著增强油水界面的稳定性 (图 2.8(a))。以两极 Janus 粒子为基础,Granick 等进一步设计了具有三极的 Janus 球 (中间赤道区域带电,两极疏水)。这种三极 Janus 球可自组装成笼目格 (kagome lattice)[39,40] (图 2.8(b))。

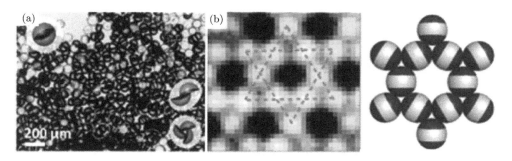

图 2.8 (a) 双亲 Janus 粒子形成的稳定的氟碳油滴 [41]。(b) 左图中的虚线显示两个交错三角形;右图是粒子取向的示意图 [40]

2.4.2 磁性纳米颗粒

磁性纳米材料 (图 2.9) 在很多领域都是重要的研究对象,特别是在磁流体 [42]、核磁共振成像 [43,44]、数据存储 [45] 和环境保护 [46] 等方面。目前已经发展出了一系列合成方法,用于合成可以在不同环境下稳定的磁性纳米颗粒,并且成功应用到了

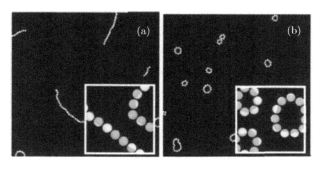

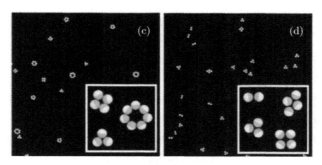

图 2.9　磁性纳米颗粒通过各种组合形成的一些结构。(a) 长链；(b) 大的环状结构；(c) 紧密
的环状结构；(d) 以反平行双重态和三重态为主。排斥面为白色，磁性面为橙色 [47]

上述方向中。由于磁性粒子之间的偶极相互作用，它们成为自组装纳米结构的重要
构件。

参 考 文 献

[1]　Einstein A. Investigations on the theory of the Brownian movement. Ann. Phys. Berlin, 1905.

[2]　江龙. 胶体化学概论. 北京: 科学出版社, 2002.

[3]　Vogel N, Retsch M, Fustin C-A, et al. Advances in colloidal assembly: the design of structure and hierarchy in two and three dimensions. Chem. Rev. , 2015, 115: 6265-6311.

[4]　马红孺. 胶体排空相互作用理论与计算. 物理学报, 2016, 65: 184701-184701.

[5]　Derjaguin B, Landau L. The theory of stability of highly charged lyophobic sols and coalescence of highly charged particles in electrolyte solutions. Acta Physicochim. URSS, 1941, 14: 58.

[6]　Verwey E, Overbeek J T G. Theory of the Stability of Lyophobic Colloids. Amsterdam Holland: Elsevier, 1948.

[7]　Zhang T H, Liu X Y. Experimental modelling of single-particle dynamic processes in crystallization by controlled colloidal assembly. Chem. Soc. Rev., 2014, 43: 2324-2347.

[8]　Gilmer G, Bennema P. Computer simulation of crystal surface structure and growth kinetics. J. Cryst. Growth, 1972, 13: 148-153.

[9]　Pusey P, Zaccarelli E, Valeriani C, et al. Hard spheres: Crystallization and glass formation. Philos. Trans. R. Soc. A. Math. Phys. Eng. Sci., 2009, 367: 4993-5011.

[10]　Asakura S, Oosawa F. On interaction between two bodies immersed in a solution of macromolecules. J. Chem. Phys., 1954, 22: 1255-1256.

[11] Crocker J C, Matteo J, Dinsmore A, et al. Entropic attraction and repulsion in binary colloids probed with a line optical tweezer. Phys. Rev. Lett., 1999, 82: 4352.

[12] Likos C N. Effective interactions in soft condensed matter physics. Phys. Rep., 2001, 348: 267-439.

[13] Pusey P N, Megen W V. Phase behaviour of concentrated suspensions of nearly hard colloidal spheres. Nature, 1986, 320: 340-342.

[14] Kegel W K, van Blaaderen A. Direct observation of dynamical heterogeneities in colloidal hard-sphere suspensions. Science, 2000, 287: 290-293.

[15] Bosma G, Pathmamanoharan C, de Hoog E H, et al. Preparation of monodisperse, fluorescent PMMA–latex colloids by dispersion polymerization. J. Colloid Interface Sci., 2002, 245: 292-300.

[16] van Blaaderen A, Wiltzius P. Real-space structure of colloidal hard-sphere glasses. Science, 1995, 270: 1177-1179.

[17] Grayson M, Schuh D, Bichler M, et al. Self-assembly of uniform polyhedral silver nanocrystals into densest packings and exoticsuperlattices. Nat. Mater., 2011, 11: 131.

[18] Kirkwood J G. Molecular distribution in liquids. J. Chem. Phys., 1939, 7: 919-925.

[19] Zhu J, Li M, Rogers R, et al. Crystallization of hard-sphere colloids in microgravity. Nature, 1997, 387: 883-885.

[20] Francesco S, Stefano M, Emanuela Z, et al. Equilibrium cluster phases and low-density arrested disordered states: The role of short-range attraction and long-range repulsion. Phys. Rev. Lett., 2004, 93: 055701.

[21] Zhang T H, Klok J, Hans Tromp R, et al. Non-equilibrium cluster states in colloids with competing interactions. Soft Matter, 2011, 8: 667-672.

[22] Groenewold J, Kegel W. Colloidal cluster phases, gelation and nuclear matter. J. Phys. Chem. B, 2004, 16: S4877.

[23] Groenewold J, Kegel W K. Anomalously large equilibrium clusters of colloids. J. Phys. Chem. B, 2001, 105: 11702-11709.

[24] Stradner A, Sedgwick H, Cardinaux F, et al. Equilibrium cluster formation in concentrated protein solutions and colloids. Nature, 2004, 432: 492.

[25] Asakura S, Oosawa F. Interaction between particles suspended in solutions of macromolecules. J. Polym. Sci. Pol. Chem., 1958, 33: 183-192.

[26] Lekkerkerker H, Poon W K, Pusey P, et al. Phase behaviour of colloid + polymer mixtures. EPL, 1992, 20: 559.

[27] Zhang T H, Kuipers B W, Groenewold J, et al. Polydispersity and gelation in concentrated colloids with competing interactions. Soft Matter, 2015, 11: 297-302.

[28] Jones M R, Seeman N C, Mirkin C A. Programmable materials and the nature of the DNA bond. Science, 2015, 347: 1260901.

[29] Rogers W B, Shih W M, Manoharan V N. Using DNA to program the self-assembly of colloidal nanoparticles and microparticles. Nat. Rev. Mater., 2016, 1: 16008.

[30] Macfarlane R J, Lee B, Hill H D, et al. Assembly and organization processes in DNA-directed colloidal crystallization. Proc. Natl. Acad. Sci. U. S. A., 2009, 106: 10493-10498.

[31] Ke Y, Ong L L, Shih W M, et al. Three-dimensional structures self-assembled from DNA bricks. Science, 2012, 338: 1177-1183.

[32] Biancaniello P L, Kim A J, Crocker J C. Colloidal interactions and self-assembly using DNA hybridization. Phys. Rev. Lett., 2005, 94: 058302.

[33] Macfarlane R J, Lee B, Jones M R, et al. Nanoparticle superlattice engineering with DNA. Science, 2011, 334: 204-208.

[34] Park S Y, Lytton-Jean A K, Lee B, et al. DNA-programmable nanoparticle crystallization. Nature, 2008, 451: 553.

[35] Thaner R V, Kim Y, Li T I, et al. Entropy-driven crystallization behavior in DNA-mediated nanoparticle assembly. Nano Lett., 2015, 15: 5545-5551.

[36] Nykypanchuk D, Maye M M, Van Der Lelie D, et al. DNA-guided crystallization of colloidal nanoparticles. Nature, 2008, 451: 549.

[37] Casey M T, Scarlett R T, Rogers W B, et al. Driving diffusionless transformations in colloidal crystals using DNA handshaking. Nat. Commun., 2012, 3: 1209.

[38] Zhang Y, Pal S, Srinivasan B, et al. Selective transformations between nanoparticle superlattices via the reprogramming of DNA-mediated interactions. Nat. Mater., 2015, 14: 840.

[39] Qian C, Erich D, Whitmer J K, et al. Triblock colloids for directed self-assembly. J. Am. Chem. Soc., 2011, 133: 7725.

[40] Qian C, Sung Chul B, Steve G. Directed self-assembly of a colloidal kagome lattice. Nature, 2011, 469: 381-384.

[41] Shin-Hyun K, Alireza A, Weitz D A. Amphiphilic crescent-moon-shaped microparticles formed by selective adsorption of colloids. J. Am. Chem. Soc., 2011, 133: 5516-5524.

[42] Chikazumi S, Taketomi S, Ukita M, et al. Physics of magnetic fluids. J. Magn. Magn. Mater., 1987, 65: 245-251.

[43] Mornet S, Vasseur S, Grasset F, et al. Magnetic nanoparticle design for medical applications. Prog. Solid State Chem., 2006, 34: 237-247.

[44] Li Z, Wei L, Gao M, et al. One-pot reaction to synthesize biocompatible magnetite nanoparticles. Adv. Mater.,2010, 17: 1001-1005.

[45] Hyeon T. Chemical synthesis of magnetic nanoparticles. Coord. Chem. Rev., 2003, 34: 927-934.

[46] Elliott D W, Zhang W X. Field assessment of nanoscale bimetallic particles for groundwater treatment. Environ. Sci. Technol., 2001, 35: 4922-4926.

[47] Vega-Bellido G I, DeLaCruz-Araujo R A, Kretzschmar I, et al. Self-assembly of magnetic colloids with shifted dipoles. Soft Matter, 2019, 15: 4078-4086.

第 3 章　胶体体系中结晶过程的研究

张天辉　陈泓余

苏州大学

结晶是从过饱和或过冷液体中形成晶体的过程，是典型的一级相变。更广泛意义上讲，结晶过程表示的是一种从无序结构向有序结构转变的平衡热力学过程，是一种平衡自组装。自然界中各种有序结构，从金属矿物、晶体宝石到生物体内的各种组织结构 [1]，都可以看作是结晶或自组装的结果。水的结冰也是一种典型的结晶过程，这一过程不仅深入我们的日常生活，而且影响着全球性的气候变化 [2,3]，影响着低温条件下生物细胞的活性和功能 [4,5]。结晶过程是目前人类获取各种金属或固体材料的主要手段，是现代工业和信息技术的基础。在生物制药方面，药物分子形成的晶体形式，不仅影响固体药物的稳定性，还会影响到药物在生物体内的生物相容性和药效，因此控制和筛选药物的晶型非常关键 [6,7]。石油化工产业中，有机化合物的结晶成核会影响管道内的输运过程，危害到生产安全 [8,9]。此外，我们大脑中蛋白纤维的形成和沉积也可导致神经退行性疾病，如阿尔茨海默病等 [10,11]。综上所述，结晶对我们的影响是广泛而深入的，全面深入了解结晶过程基本物理机制，控制晶体的形成和生长具有重要的科学和工业价值。

3.1　经典成核理论

相变的热力学驱动力是体系自由能的最小化：通过相变，降低体系自由能。液-固相变的发生，是因为在过冷或过饱和的条件下，晶体具有比气态或液态更低的自由能。成核 (nucleation) 是相变的起始过程。通过成核，从母相中形成新相的最初生长核。稳定的生长核形成后，通过生长发展为稳定的宏观相。

目前有关成核过程的理论，影响最大、应用最广泛的是经典成核理论 (classic nucleation theory，CNT)[12,13]。根据经典成核理论，在结晶相变过程中，液、固两相化学势差表述为 $\Delta\mu = \mu_a - \mu_c$，其中 μ_a 为液态的化学势，μ_c 为固态的化学势。当形成一个由 n 个生长单元构成的晶核时，系统体自由能的变化为 $-n\Delta\mu$。同时，随着晶核的形成，开始出现了一个液-固界面。位于晶核表面的生长单元，因其成键的近邻粒子数比晶核内部的单元要少，所以会有界面能 (表面张力) 存在。而随着晶核长大，晶核表面积增加，界面能也相应增加，进而引起系统自由能的升高。所以晶核的形成和生长是一个体自由能降低和界面 (自由) 能升高相互竞争的过程: 晶核的形成利于液相和结晶相之间的自由能差降低, 而表面自由能的最小化趋势则倾向于减小界面、限制晶核生长。形成一个晶核导致的系统自由能总的变化 ΔG_{N} 可表述为

$$\Delta G_{\mathrm{N}} = -n\Delta\mu + \Phi_{\mathrm{n}} \tag{3.1.1}$$

其中, n 是晶核包含的生长单元的数目; Φ_{n} 代表了晶核的界面自由能。在表面自由能最小化趋势下, 外形为表面积最小的球形。经典成核理论假定晶核具有和稳定的宏观尺寸的晶体完全一样的热力学性质: 相同的晶体结构、同样的表面张力 (表面张力和晶核的大小与外形无关)。这一假设被称为毛细 (capillarity) 近似。在毛细近似下, 方程 (3.1.1) 可表述为 [14]

$$\Delta G_{\mathrm{N}} = 4\pi r^2\gamma_{\mathrm{s}} - \frac{4\pi}{3}r^3\Delta\mu_{\mathrm{v}} \tag{3.1.2}$$

这里, γ_{s} 是晶体单位表面具有的界面能; $\Delta\mu_{\mathrm{v}}$ 是单位体积液、固两相化学势差 ($\Delta\mu_{\mathrm{v}} = \rho_{\mathrm{c}}\Delta\mu$, ρ_{c} 是晶核内的粒子数密度)。根据方程 (3.1.2), ΔG_{N} 在临界成核尺寸 n^* 时, 达到最大。n^* 具体值可通过解微分方程 $0 = \mathrm{d}\,(\Delta G_{\mathrm{N}})/\mathrm{d}n$ 得到

$$n^* = \frac{32\pi\rho_{\mathrm{c}}}{3}\frac{\gamma_{\mathrm{s}}^3}{\Delta\mu_{\mathrm{v}}^3} \tag{3.1.3}$$

而此时对应的 ΔG_{N} 的极值通常被称为成核势垒, 其大小为

$$\Delta G_{\mathrm{N}}^* = \frac{16\pi}{3}\frac{\gamma_{\mathrm{s}}^3}{\Delta\mu_{\mathrm{v}}^2} \tag{3.1.4}$$

成核势垒是形成稳定晶核所需要克服的能量势垒, 它是表面自由能和体自由能竞争的结果。在晶核生长的初期, 因为尺寸小, 晶核中的大部分生长单元位于晶核表面, 所以表面自由能占据主导。随着晶核的生长, 系统的自由能增加, 晶核在热力学上是不稳定的, 其生长或解体是热力学随机事件。随着晶核的长大, 体单元数目所占比重逐渐增加, 方程 (3.1.2) 中的第二项 (体自由能部分) 的比重随之增加。当晶核达到临界尺寸时, 总自由能也达到极大。成功越过临界尺寸后, 晶核中的体自由能成为主导, 随着晶核的生长, 自由能逐渐降低, 晶核成为热力学上的稳定结构 (图 3.1)。根据方程 (3.1.3) 和 (3.1.4), 成核势垒的高低及临界尺寸的大小由表面张力 γ_{s} 和液、固两相化学势的差 $\Delta\mu_{\mathrm{v}}$ 决定。$\Delta\mu_{\mathrm{v}}$ 的大小代表了结晶相变热力学驱动力的强弱。相变驱动力越强, 成核势垒越低, 临界尺寸越小。为了促进结晶过程的发生, 提高热力学驱动力 $\Delta\mu_{\mathrm{v}}$ 是常用的手段。方程 (3.1.2)、(3.1.3) 和 (3.1.4) 是经典成核理论在三维体系下的表述。在晶体生长过程中, 晶面上会通过二维成核过程, 形成新的台阶。虽然三维成核和二维成核动力学过程有区别, 但基本物理机制是一

样的，都存在成核势垒和临界尺寸 [16-19]。大量理论工作和实验观测都表明二维成核和三维成核都遵循着同样的物理规律。二维成核的结果可以推广应用于三维成核，反之亦然 [20,21]。方程 (3.1.5) 给出了二维成核势垒和临界尺寸的数学表述：

$$\Delta G_{\mathrm{N2D}}^* = \frac{\pi \gamma_{\mathrm{s}}^2}{\Delta \mu_{\mathrm{v}}}, \quad n_{\mathrm{2D}}^* = \pi \rho_{\mathrm{c}} \frac{\gamma_{\mathrm{s}}^2}{\Delta \mu_{\mathrm{v}}^2} \tag{3.1.5}$$

成核速率 (即单位时间、单位体积形成的临界晶核数目) 由成核势垒决定：

$$J = J_0 \exp\left(-\frac{\Delta G_{\mathrm{N}}^*}{k_{\mathrm{B}} T}\right) \tag{3.1.6}$$

式中 k_{B} 为玻尔兹曼常量；J_0 是前置因子。成核速率是结晶动力学过程中的一个重要参数。控制成核速率，对于控制晶体质量和晶体缺陷数量至关重要。

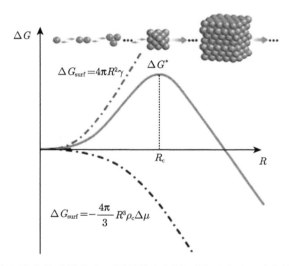

图 3.1　经典成核理论中的成核势垒。原子核必须达到临界大小，才能达到热力学稳定 [3]

　　经典成核理论预测了成核势垒的存在，合理解释了过冷现象，为定量分析成核过程提供了一个简单普适的理论框架，因此被广泛应用于解析各种成核过程的理论和实验数据，预测和控制成核率等关键参数。然而随着实验技术和测量精度的提高，人们发现，根据经典成核理论预估的成核率和实验测得的成核率存在数量级上的明显差异 [22,23]；在蛋白质结晶实验中，随过饱和度的增大，成核率并没有如经典成核理论预测的那样持续上升，而是在达到一个极值后开始减小 [24,25]。

　　为解释经典成核理论和实验结果间的分歧，研究人员对经典成核理论的基本物理假设进行了重新审视。经典成核理论的基本假设有以下几点 [19]：

(1) 晶核具有和宏观晶体同样的物理性质，包括晶体的空间结构、表面张力等。这些性质和晶核的尺寸大小没有关系。

(2) 晶核外形始终保持界面面积最小的球形。

(3) 晶核通过吸附单体逐渐生长，不考虑多粒子团簇的吸附和融合。

这些假设简化了成核动力学过程的复杂性，大大简化了成核自由能、成核势垒的数学表述，但也使经典成核理论的实际应用受到了限制。

3.2　非球形晶核

Gasser 等人使用共聚焦显微镜在硬球胶体系统中对结晶过程进行了直接的观察，对晶核的结构和外形进行了解析 [26]。和 CNT 基本假设不同的是，实验中观察到的晶核呈椭球形 (图 3.2(a))。利用原子力显微镜，Yau 等人对蛋白质晶体的形成过程进行了类似的观察，也观察到了非球形晶核 (图 3.2(b))[27]。非球形晶核的存在，为经典成核理论的失效提供了一种可能的解释：经典成核理论中的成核势垒和成核率是以球形晶核为基础估算的，而非球形晶核有相对更大的表面，因而同样尺寸下有更高的表面自由能，会相应提高成核势垒，进而影响实验中的成核率。但非球形晶核的更大的表面为晶体生长提供了更多的附着点，动力学上能加快晶核的生长过程 [28]。另外，胶体颗粒之间的相互作用也会影响晶核的外形和生长过程。例如，在短程吸引力和长程排斥力相互竞争的胶体体系中，线型结构可以有效降低长程排斥力作用势能，因此热力学上更稳定 (图 3.3)[29,30]。

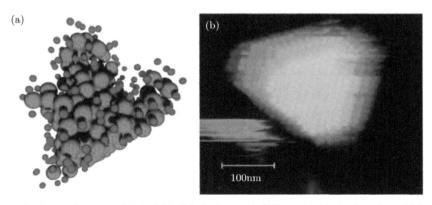

图 3.2　非球形晶核。(a) 硬球胶体体系中非球形晶核 [26]，红色球体代表具有晶体排列颗粒
(按比例绘制)，蓝色球体与一个红色粒子至少有一个 "键"；
(b) 原子力显微镜下的非球形蛋白晶核 [27]

3.2.1　两步成核过程

在原子或分子体系, 原子 (分子) 间相互作用力表现为长程吸引 (吸引力的有效作用力程大于原子的有效尺寸或与原子的有效尺寸相当), 相图上有气、液、固三种稳定的热力学平衡相 (图 3.3(a))。而在短程吸引力体系 (吸引力的有效作用力程远小于粒子半径), 不存在稳定的液相, 只有气、固两种平衡相, 因此不会发生平衡气–液相变; 但在气–固共存区内会有一个非稳的液–液共存区 (图 3.3(b))。Tenwolde 等发现, 在非稳的液–液共存区, 气–固相变首先通过液–液相分离 (liquid-liquid phase separation, LLPS) 形成一个高密度液相和一个低密度液相; 高密度的液相相对于晶相是不稳定的, 所以在高密度区内随后会发生液–固转变。这种经历一个中间亚稳相的结晶成核过程被称作两步成核 (two-step nucleation, TSN) 过程 [31]。蛋白质体系是具有代表性的短程相互作用力体系。目前 TSN 这种成核机制已在蛋白质体系的有关实验中得到了验证 [32,33]。

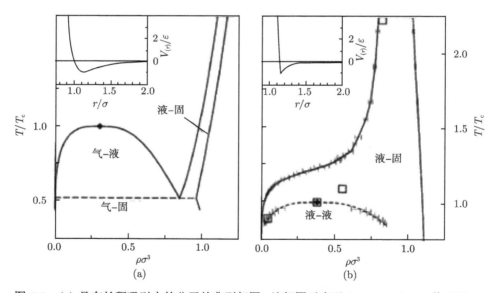

图 3.3　(a) 具有长程吸引力的分子的典型相图, 该相图对应于 Lennard-Jones 势 ($V(r) = 4\varepsilon\left[(\sigma/r)^{12} - (\sigma/r)^6\right]$, 图中的实线、虚线交点是三相点; (b) 具有短程吸引力的胶体的典型相图。在这两个图中, 温度都是以临界温度 T_c 为单位的。数值密度以 σ^{-3} 单位, 其中 σ 为粒子的有效直径。在 (a) 和 (b) 中, 实线表示平衡共存曲线。(b) 中的虚线表明亚稳态液–液共存 [34]

通过引入短程吸引力, Savage 等在胶体体系对短程吸引力作用下的成核过程从单粒子层次上进行了观测 [35]。实验发现, 在弱吸引力时 (相当于在高温下), 有序晶核直接从母相中形成; 当吸引力增强时 (相当于降温), 无序液态核先形成, 而后在一定尺寸上会瞬间转变为有序的晶体结构。这种通过结构转变得到稳定晶核的过程和前面通过 LLPS 形成中间亚稳相的 TSN 过程在机制上存在本质的区别：LLPS 形成的非稳液相是热力学上的宏观相，整个相变过程经历了两次成核过程；而 Savage 等实验中的无序结构是微观单粒子层次上的局域结构，整个相变过程只有一个成核过程。Savage 等的体系中的短程吸引力是通过引入活性剂大分子形成纳米 "胶束" 诱导 "排空" 效应形成，因此 "低温" 条件下，溶液中的 "胶束" 浓度较高，在形成胶体晶核的过程中需要完成胶体颗粒和 "胶束" 微粒的空间分离，把 "胶束" 微粒从胶体团簇中排出去，这一动力学分离过程很可能是 "低温" 下晶核出现瞬时无序结构，而后发生结构瞬变的原因。其真正的物理机制需要更深入详细的实验进行验证。

　　虽然 TSN 过程在蛋白质实验体系中有诸多证实，但也存在不一致的研究结果。在最近的一项实验工作中，原子力显微镜观察并没有发现 TSN 现象，所有晶核都从一开始就具有了有序结构 [36]。但在该研究中，蛋白质间的相互作用通过调整溶液中的离子浓度进行了调控。实验的观测条件是否对应于相图中的 LLPS 区域并不确定。

3.2.2　Lennard-Jones(L-J) 体系

　　随着研究的深入和拓展，越来越多的模拟和实验结果显示，TSN 或多步成核过程并不仅限于短程吸引力体系，而是广泛存在于各种实验和模拟体系中。最近的研究发现，在长程 Lennard-Jones(L-J) 吸引势体系，靠近三相点的气 - 固共存区，类似的 TSN 过程也会发生 [37]。不同的是，在短程吸引力体系中，亚稳态的高密液相是由大幅度的密度涨落导致的 LLPS 形成，不需要克服显著的成核势垒，同时形成的还有低密气相，这两种相在密度上都明显不同于初始相。而在长程 L-J 势体系发生于三相点附近的 TSN，高密液相作为一种亚稳相，需通过成核过程从母相中形成，还要克服一定的成核势垒；随后发生于亚稳液相内的结晶过程也需通过成核过程并克服一个有效的成核势垒。因此长程吸引力体系的 TSN 包含了两个成核过程。但作为共同点，在这两种 TSN 过程中，亚稳液相的出现都会明显降低形成晶核需要克服的势垒。

　　除气–固转变外，液–固转变中的晶核形成过程也受到关注。理论上，Alexander 和 McTague[38]，Klein 和 Leyvraz[39] 预测在以面心立方 (fcc) 为稳态结构的条件下，液–固相变过程会首先形成亚稳态的体心立方 (bcc) 结构。这一预测在 L-J 势的体系中得到了证实。模拟发现，在正常过冷条件下，临界尺寸以下的晶核，其结构主要表现为 bcc；在临界尺寸以上时，晶核内部出现稳定的 fcc 结构，但在晶核表面仍然会保持 bcc 结构 [40]。此时，bcc 结构被认为是一种界面结构弛豫的结果，产生表面浸润的效果，可以有效减小界面张力。bcc 结构和 fcc 结构相比，最近邻粒子数少，熵更高 [41,42]，因而在高温或来自近邻粒子约束相对较弱时，比 fcc 结构更稳定。形成对比的是，在深度过冷的 L-J 体系，当形成稳定晶型的成核势垒很小时，具有稳定晶型结构的晶核直接出现 [43]。

具有长程吸引力的胶体体系在实验上很少，所以相关的实验观测并不多。Zhang 和 Liu 利用电场诱导的长程吸引力，对长程吸引力体系中的成核过程做了研究 [44]。图 3.4 是 Zhang 和 Liu 在二维胶体系统中观察到的多步成核过程 (MSC)。起初，过饱和溶液中会产生无序液体核 (图 3.4(a))。随着液体核的长大，其内部由于结构的涨落会产生一些不稳定亚晶核 (图 3.4(b))。然而，亚晶核不稳定，通常会很快溶解。然后在某个随机位置又会有新的亚晶核出现 (图 3.4(c))。只有到达临界尺寸 N_{cry}^* 之后，晶核才能在液滴中稳定生长。在实验中，每个液滴只能产生一个稳定的晶体 (图 3.4(d))。此外，为了形成一个尺寸超过 N_{cry}^* 的稳定晶体，液滴必须达到临界尺寸 N^*。虽然在早期形成了许多液体核，但只有少数能达到临界尺寸 N^*，并成功地发展成稳定的晶体。在多步成核过程 (MSC) 中，晶体的整体成核速率 J_c 可以通过测量密集液滴中的局部速率 J_c 来确定。多步成核过程 (MSC) 的观察结果与之前在蛋白质系统中的观察结果一致 [45]。这一实验结果为 TSN 具体的动力学过程提供了一个真实的例证。更重要的是，这一观测表明，在长程吸引力体系，TSN 也是可以发生的。

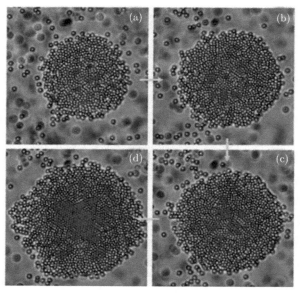

图 3.4   多步成核。(a)～(d) 代表了一个多步成核过程，红色标出了有序结构区域 (a) 无序的液态结构首先形成；(b),(c) 局部不稳定的有序结构开始出现；(d) 稳定的有序结构形成 [44]

在另外一个研究中，Zhang 和 Liu 通过增加离子浓度，吸引力力程减小后，发现了另外两种不同的成核路径机制 [46]：在低过冷度时 (弱吸引力)，最初的晶核是无序结构，随后演变为晶体结构；在高过冷度时 (强吸引力)，具有晶体结构的晶核直接从母相中形成，和经典成核理论的描述一致。这说明成核的动力学过程不仅仅和体系的相互作用力性质，特别是吸引力的有效作用距离有关，和结晶过程在相图中开始的位置也有关系。

3.2.3　硬球和排斥力体系

硬球体系是一个理论上非常简单的体系：除体积排斥效应外，胶体颗粒间没有任何相互作用，因此相变过程完全由熵主导 [47]。在硬球体系，气–固相变的驱动力是单纯的熵驱动，即按晶体结构排列，平均每个粒子周围可用来自由活动的空间更大。因此在硬球体系，发生在高体积分数下的气–固相变不会像吸引力体系中的那样通过密度涨落形成显著的局部的粒子凝聚，而主要是通过局部调整粒子的相对位置，形成更为有序的空间排列，更有效地利用空间，使得每个粒子周围的自由运动空间更大。由于硬球体系性质简单，因此大量有关成核过程的模拟工作都在硬球体系中展开。利用分子动力学模拟，Schilling [48] 等对硬球体系气–固相变中的成核过程及晶核结构的演化做了直观观测并观察到了和 Tenwolde 等的结果类似的 TSN 过程 [31]。该研究表明，LLPS 并不是 TSN 的必要条件。但在 Gasser 等的硬球体系实验中 [26] 并没有观察到类似的 TSN 过程。

更为重要的是 Auer 和 Frenkel 通过模拟计算了硬球体系结晶过程中的成核率，结果发现在气–固共存区靠近固相一侧，模拟中的成核速率和实验观测结果趋近一致；但在靠近气相一侧，体积分数较低时，模拟中得到的成核率和实验上测得的成核率存在好几个数量级的差异 [49]。为解决这样的差异，大量理论模拟工作对硬球体系中的成核动力学过程进行了研究，发现了多种不同的成核动力学过程。Kawasaki 和 Tanaka 在短程排斥力体系中发现，体系首先通过结构涨落形成准有序区域，宏观上稳定的晶体结构会优先在这些准有序区域形成 [50]。Tan 等在排斥力胶体体系中，通过快速共聚焦扫描显微镜从实验上确认了类似的动力学过程 [51]。Kawasaki 和 Tanaka 认为，准有序结构在晶体和无序结构间提供了一个结构过渡区，起到了浸润作用，可以有效降低气–固界面能，提高成核速率。但深入分析后，Filion 等发现，Kawasaki 和 Tanaka 的结果实际是高体积分数下的结果，和之前多个模拟结果是一致的，并没有解决 Auer 和 Frenkel 研究中发现的问题 [52]。

实验上的硬球体系通常是通过增加溶液中的离子浓度屏蔽带电胶体颗粒间的静电相互作用来实现的。但在同样的离子浓度条件小，胶体颗粒本身的有效电荷是和溶液中的胶体颗粒数目密切相关的：胶体颗粒的体积分数越高，带电量越小，粒子间作用越趋近于硬球相互作用 [53]。而在低体积分数时，胶体颗粒的有效体积分数，由于极强的静电排斥效应，可能要比实际的高，这很有可能是造成实验与模拟在成核速率上存在明显差异的原因。这也提示，实验上的胶体体系难以真正模拟理论上理想的硬球体系。这很有可能是模拟和实验结果间存在明显差异的一个原因。事实是否如此，仍需要更多更细致的理论和实验工作。

3.3   未来的发展

总结已有的研究结果，我们发现，成核动力学过程是一个非常复杂多变的过程。经典成核理论从热力学上解释了相变和成核的物理机制，建立了一个简单的驱动力与成核速率的关系。但 CNT 的基础 (毛细近似) 在很多实际的成核过程中是不成立的。实际的晶核形成和生长过程中会出现各种不同性质、不同结构的中间亚稳相或亚稳结构。预测成核过程中可能出现的亚稳相和亚稳结构，控制成核的动力学过程，在理论上还是一个难题，实验上目前也没有系统的观测。但成核过程是一个关系到多个领域的基础性问题，对它的全面和彻底的了解是基础物理、材料科学和生物科学都必须面对的问题。在可预见的未来，胶体体系因其可直接在单粒子层次上观测的优点，仍将是研究和了解成核过程的重要实验体系。

参 考 文 献

[1] Velazquez-Castillo R, Reyes-Gasga J, Garcia-Gutierrez D I, et al. Nanoscale characterization of nautilus shell structure: An example of natural self-assembly. J. Mater. Res., 2006, 21: 1484-1489.

[2] Bartels-Rausch T. Chemistry: Ten things we need to know about ice and snow. Nature, 2013, 494: 27.

[3] Murray B J, Wilson T W, Dobbie S, et al. Heterogeneous nucleation of ice particles on glassy aerosols under cirrus conditions. Nat. Geosci., 2010, 3: 233-237.

[4] Mazur P. Cryobiology: The freezing of biological systems. Science, 1970, 168: 939-949.

[5] Lintunen A, Holtta T, Kulmala M. Anatomical regulation of ice nucleation and cavitation helps trees to survive freezing and drought stress. Sci Rep, 2013, 3: 2031.

[6] Erdemir D, Lee A Y, Myerson A S. Polymorph selection: The role of nucleation, crystal growth and molecular modeling. Curr. Opin. Drug Discov. Dev., 2007, 10: 746-755.

[7] Cox J R, Ferris L A, Thalladi V R. Selective growth of a stable drug polymorph by suppressing the nucleation of corresponding metastable polymorphs. Angew. Chem.-Int. Edit., 2007, 46: 4333-4336.

[8] Sloan E D. Fundamental principles and applications of natural gas hydrates. Nature, 2003, 426: 353-359.

[9] Hammerschmidt E G. Formation of gas hydrates in natural gas transmission lines. Ind. Eng. Chem. Res., 1934, 26: 851-855.

[10] Harper J D, Lieber C M, Jr L P. Atomic force microscopic imaging of seeded fibril formation and fibril branching by the Alzheimer's disease amyloid-beta protein. Chem. Biol., 1997, 4: 951.

[11] Walsh D M, Lomakin A, Benedek G B, et al. Amyloid beta-protein fibrillogenesis-detection of a protofibrillar intermediate. J. Biol. Chem., 1997, 272, 22364-22372.

[12] Becker R, Doring W. Kinetic treatment of germ formation in supersaturated vapour. Ann. Phys.-Berlin, 1935, 24: 719-752.

[13] Frenkel J. A general theory of heterophase fluctuations and pretransition phenomena. J. Chem. Phys., 1939, 7: 538-547.

[14] Sosso G C, Chen J, Cox S J, et al. Crystal nucleation in liquids: Open questions and future challenges in molecular dynamics simulations. Chem. Rev., 2016, 116: 7078-7116.

[15] Zhang T H, Liu X Y. Experimental modelling of single-particle dynamic processes in crystallization by controlled colloidal assembly. Chem. Soc. Rev., 2014, 43: 2324-2347.

[16] Jiri Cejka, Avelino Corma, Stacey Zones. Zeolites and Catalysis : Synthesis, Reactions and Applications. Wiley-VCH, 2010.

[17] Li J L, Liu X Y. Architecture of supramolecular soft functional materials: From understanding to micro-/nanoscale engineering. Adv. Funct. Mater., 2010, 20(19): 3196-3216.

[18] Skowronski M, Deyoreo J J, Wang C A. Perspectives on inorganic, organic, and biological crystal growth: From fundamentals to applications. J. Sci. Food Agric., 2007, 74: 273-279.

[19] Kashchiev D. Nucleation: Basic Theory with Applications. Butterworth-Heinemann, 2000.

[20] Liu X Y, Maiwa K, Tsukamoto K. Heterogeneous two-dimensional nucleation and growth kinetics. J. Chem. Phys., 1997, 107: 10351-10352.

[21] Lovette M A, Browning A R, Griffin D W, et al. Crystal shape engineering. Ind. Eng. Chem. Res.,2008, 47: 9812-9833.

[22] Sharaf M A, Dobbins R A. A comparison of measured nucleation rates with the predictions of several theories of homogeneous nucleation. J. Chem. Phys., 1982, 77: 1517-1526.

[23] Galkin O, Vekilov P G. Are nucleation kinetics of protein crystals similar to those of liquid droplets? J. Am. Chem. Soc., 2000, 122: 156-163.

[24] Harland J L, van Megen W. Crystallization kinetics of suspensions of hard colloidal spheres. Phys. Rev. E, 1997, 55: 3054-3067.

[25] Galkin O, Vekilov P G. Control of protein crystal nucleation around the metastable liquid-liquid phase boundary. Proc. Natl. Acad. Sci. USA, 2000, 97: 6277-6281.

[26] Gasser U, Weeks E R, Schofield A, et al. Real-space imaging of nucleation and growth in colloidal crystallization. Science, 2001, 292: 258-262.

[27] Yau S T, Vekilov P G. Direct observation of nucleus structure and nucleation pathways in apoferritin crystallization. J. Am. Chem. Soc., 2001, 123: 1080-1089.

[28] De Yoreo J J, Vekilov P G. Principles of crystal nucleation and growth, *in*: P.M. Dove, J.J. DeYoreo, S. Weiner (Eds.). Rev. Mineral. Geochem.,2003, 54: 57-93.

[29] Zhang T H, Klok J, Tromp R H, et al. Non-equilibrium cluster states in colloids with competing interactions. Soft Matter, 2012, 8: 667-672.

[30] Sciortino F, Tartaglia P, Zaccarelli E. One-dimensional cluster growth and branching gels in colloidal systems with short-range depletion attraction and screened electrostatic repulsion. J. Phys. Chem. B, 2005, 109: 21942-21953.

[31] Tenwolde P R, Ruizmontero M J, Frenkel D. Numerical evidence for bcc ordering at the surface of a critical fcc nucleus. Phys. Rev. Lett., 1995, 75: 2714-2717.

[32] Vivares D, Kaler E W, Lenhoff A M. Quantitative imaging by confocal scanning fluorescence microscopy of protein crystallization via liquid-liquid phase separation. Acta Cryst. D, 2005, 61: 819-825.

[33] Galkin O, Chen K, Nagel R L, et al. Liquid–liquid separation in solutions of normal and sickle cell hemoglobin. Proc. Natl. Acad. Sci. USA, 2002, 99: 8479-8483.

[34] Tenwolde P R, Frenkel D. Enhancement of protein crystal nucleation by critical density fluctuations. Science, 1997, 277: 1975-1978.

[35] Savage J R, Dinsmore A D. Experimental evidence for two-step nucleation in colloidal crystallization. Phys. Rev. Lett., 2009, 102: 198302.

[36] Sleutel M, Lutsko J, Van Driessche A E S, et al. Observing classical nucleation theory at work by monitoring phase transitions with molecular precision. Nat. Commun., 2014, 5: 5598.

[37] Meel J A v, Page A J, Sear R P, et al. Two-step vapor-crystal nucleation close below triple point. J. Chem. Phys., 2008, 129: 204505.

[38] Alexander S, McTague J. Should all crystals be bcc- Landau theory of solidification and crystal nucleation. Phys. Rev. Lett., 1978, 41: 702-705.

[39] Klein W, Leyvraz F. Crystalline nucleation in deeply quenched liquids. Phys. Rev. Lett., 1986, 57: 2845-2848.

[40] Tenwolde P R, Ruiz-Montero M J, Frenkel D. Numerical evidence for bcc ordering at the surface of a critical fcc nucleus. Phys. Rev. Lett., 1995, 75: 2714-2717.

[41] Kremer K, Robbins M O, Grest G S. Phase diagram of Yukawa systems: Model for charge-stabilized colloids. Phys. Rev. Lett., 1986, 57: 2694-2697.

[42] Robbins M O, Kremer K, Grest G S. Phase diagram and dynamics of Yukawa systems.
      J. Chem. Phys., 1988, 88: 3286-3312.

[43] Swope W C, Andersen H C. 10(6)-particle molecular-dynamics study of homogeneous
      nucleation of crystals in a supercooled atomic liquid. Phys. Rev. B, 1990, 41: 7042-
      7054.

[44] Zhang T H, Liu X Y. How does a transient amorphous precursor template crystalliza-
      tion. J. Am. Chem. Soc., 2007, 129: 13520-13526.

[45] Kuznetsov Y G, Malkin A J, McPherson A. The liquid protein phase in crystallization:
      A case study-intact immunoglobulins. J. Cryst. Growth, 2001, 232: 30-39.

[46] Zhang T H, Liu X Y. Nucleation: What happens at the initial stage? Angew. Chem.-
      Int. Ed., 2009, 48: 1308.

[47] Hoover W G, Ree F H. Melting transition and communal entropy for hard spheres. J.
      Chem. Phys., 1968, 49: 3609-3617.

[48] Schilling T, Schöpe H J, Oettel M, et al. Precursor-mediated crystallization process in
      suspensions of hard spheres. Phys. Rev. Lett., 2010, 105: 025701.

[49] Auer S, Frenkel D. Prediction of absolute crystal-nucleation rate in hard-sphere colloids.
      Nature, 2001, 409: 1020-1023.

[50] Kawasaki T, Tanaka H. Formation of a crystal nucleus from liquid. Proc. Nat. Acad.
      Sci. USA, 2010, 107: 14036-14041.

[51] Tan P, Xu N, Xu L. Visualizing kinetic pathways of homogeneous nucleation in colloidal
      crystallization. Nat. Phys., 2014, 10: 73-79.

[52] Filion L, Ni R, Frenkel D, et al. Simulation of nucleation in almost hard-sphere colloids:
      The discrepancy between experiment and simulation persists. J. Chem. Phys., 2011,
      134: 134901.

[53] Auer S, Poon W C K, Frenkel D. Phase behavior and crystallization kinetics of poly-
      12-hydroxystearic-coated polymethylmethacrylate colloids. Phys. Rev. E, 2003, 67:
      020401.

第4章 胶体晶体的熔化

韩一龙

香港科技大学

4.1 晶体熔化概述

晶体熔化是一种常见的相变，在物理、材料、化学、冶金、气象、环境等学科中有广泛的应用。晶体熔化受表面、缺陷、维度、晶格结构、粒子相互作用等因素影响，有较复杂而丰富的现象 [1-4]。大部分熔化都是一级相变，缺乏基础层面上的理论。

熔化与结晶是互为相反的相变，二者在准静态下互为逆过程，然而通常结晶、熔化等相变研究都是在固定热力学参数下观察系统的演化，比如将温度直接调到超过相变点，然后观察在此恒定温度下系统是如何从亚稳态演化至稳定态的，包括研究过冷液体的结晶，过热晶体的熔化等。这种过程不是准静态，因而熔化与结晶的动力学路径也往往非常不同，需要分别研究。相比于大量胶体晶体结晶的研究，胶体晶体熔化的研究还不多，大致有以下三个原因: (1) 结晶研究与制备材料、生长单晶等重要应用课题更相关。(2) 结晶研究对胶体的要求较低，不需要像熔化那样要求胶体粒子大小或作用势可调。比如可以将胶体晶体用机械暴力打乱成过冷液体，便可观察其结晶过程 [5]。而熔化要求初始态为有序的过热晶体，需要系统可调 [6,7]。(3) 实际原子或分子晶体通常在低于熔点时就发生表面预熔化 (premelting) [1]。在熔点处这些表面液体继续扩张，固体熔化比成核过程简单。

熔化与结晶有如下差异 [2]: (1) 结晶需要过冷液体，而过冷液体很容易形成，比如一瓶纯净水静置在 −10°C、一个大气压下可以长时间保持过冷液态，因为即使有光滑瓶壁的帮助，形成过临界大小的晶核也需要越过较高的能垒。而过热固体则非常罕见，因为几乎所有晶体都有表面预熔化现象，所以晶体一旦加热到熔点就会从表面或晶畴界面上已有的液体处熔化，这意味着熔化所需形成的液体核在表面处没有能垒。只有抑制住表面或晶畴界面上的熔化才能形成过热固体。(2) 均匀成核，即母相中各处形成子相核的概率均匀。在结晶中容易实现，而在熔化中很难。结晶时，母相为结构均匀的液体，即使液体与固体器壁匹配较好使得结晶更容易从器壁上发生，液体内部也可以均匀成核，只要器壁上的晶体生长尚未完全入侵进所有液体区域即可。而熔化时，母相通常为有缺陷、有表面的晶体，因而液体核倾向于从表面和缺陷上生成, 而不是均匀成核, 并且表面液体往往在固体内部尚未形成液体核前迅速入侵至整个固体内部。对于非均匀成核, 我们可以问熔化通常从什么样的缺陷上开始? 如果是没有缺陷的完美晶体, 那么熔化前是否总会产生某些类型的缺陷, 再从这些缺陷处长出液体核? 这些问题对结晶过程不存在, 因为结晶时母相液体中到处都可视为缺陷。(3) 均匀熔化时无缺陷的晶体母相可以承受液体核膨胀带来的应力, 从而在超过熔点处会形成一个禁熔区域 [8], 在这个区域中, 尽管液相比固相自由能更低, 固相却没有一条动力学路径可以熔化成液相, 因为液体核越膨大, 母相晶格形变的能量越大, 自由能势垒就越高, 所以液相核最终被抑制。结晶时母相为液体, 不存储应力, 因此也不存在类似的禁区。(4) 过冷液体的结晶速率随温度减小 (对胶体则是体积分数增大) 先升后降, 而过热晶体的熔化速率随温度增加 (体积分数减小) 而单调增大。温度越低则结晶的驱动力越强, 但同时粒子扩散也越慢, 这两个相反的效果叠加使降温时结晶速率先升后降, 到玻璃态转变点时粒子扩散速率降为 0, 结晶速率也就降为 0。但晶体熔化时这两个效果方向一致, 升温时熔化速率单调上升。(5) 结晶过程中, 液体通常会形成多个结晶核, 它们长大至晶畴相互接壤形成多晶, 之后进入熟化 (ripening) 阶段, 即小晶畴会逐渐归顺大晶畴, 以降低晶畴界面能, 最后在应力等效应的阻碍下停止熟化形成多晶。而熔化过程中, 液体核们长大后直接得到平衡态的液体, 没有熟化阶段。(6) 胶体晶体的结晶与熔化的相变点不同, 比如硬球系统结晶点为体积分数 $\phi_f = 49.4\%$, 熔点为 $\phi_m = 54.5\%$。

熔化通常是典型的一级相变, 一般从表面熔化。若表面熔化被抑制, 内部熔化往往遵循一级相变通常具有的成核过程。在经典成核理论中, 热涨落会在亚稳态的母相 (比如过冷液体或过热晶体) 中形成一些子相的凝结核。半径为 r 的球形核相比原来没有子相核的母相具有的吉布斯自由能:

$$\Delta G = \frac{-4\pi}{3} r^3 \rho \Delta \mu + 4\pi r^2 \gamma + E_{\text{strain}} - E_{\text{defect}} \tag{4.1.1}$$

这里 ρ 是子相的数密度, γ 是表面张力系数, $\Delta\mu(> 0)$ 是母相与子相的化学势之差, 见图 4.1。符号相反的前两项代表子相所降低的自由能与增加的表面能之间的竞争。E_{strain} 是核在长大的过程中导致的固态母相形变能, 正比于液体核体积, 当母相为液态时不承受应力, 所以此项为 0。子相形变能通常忽略。E_{defect} 是子相核所覆盖区域内的原母相晶格中的缺陷能, 对于点缺陷, 此项是常数。对于线、面缺陷, 此项随子相增大而增大。E_{defect} 在无缺陷晶体熔化和液体结晶中不存在。经典成核理论中的自由能只包括式 (4.1.1) 四项中的前两项, 因为这个理论最早是为了描述气–液凝结相变而提出的, 也适用于液–固结晶。只考虑式 (4.1.1) 中的前两项时, 在临界核半径 $r^* = 2\gamma/(\rho\Delta\mu)$ 时, ΔG 达到极大值; 小于 r^* 时, 子相核倾向于退回原来的母相, 直到涨落出大于 r^* 的核才倾向于一直长大。经典成核理论基于很多近似和假设，包括核是球形的、孤立的；具有清晰的两相界面，即两相界面仅一两层原子；γ 和 $\Delta\mu$ 不依赖于核的表面曲率等。实际系统尤其是深度过冷液体或过热固体中，这些假设往往不准确。另外对于母相为固体的熔化相变，还须包含式 (4.1.1) 中的后两项，这使得熔化中的成核过程理论上比结晶成核更加复杂。

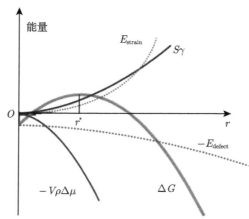

图 4.1　经典成核理论公式 (4.1.1) 中的四项大致行为。
四项叠加后的红线给出一个自由能势垒

晶体熔化可分为均匀熔化和非均匀熔化两大类。若晶体中各处熔化概率相等则称为均匀熔化，否则称为非均匀熔化。相应的成核过程称为均匀成核及非均匀成核。熔化时，晶体表面、缺陷、杂质等通常会降低形成液体核的势垒，即式 (4.1.1) 最后一项 $E_{\text{defect}} > 0$，因此缺陷周围优先成核，造成非均匀熔化。非均匀熔化可细分为表面熔化 (即从自由表面，也就是晶体–气体的界面处开始熔化，这一般不是成核过程)、界面熔化 (即从晶体与其他固体基底或包装的界面处熔化)、晶界熔化 (从多晶内部某些界面能较大的晶畴界面处熔化)、位错熔化 (从位错处熔化)。实验发现，胶体晶体中空穴、填隙、部分位错等低能量弱缺陷对熔化影响不大 [9]。当界面或缺陷能量 E_{defect} 很高时，即使低于熔点时晶体中缺陷处也会预熔化成少量液体，因为此时液相化学势虽然高于固相，但消除的界面或缺陷能足以补偿化学势的升高。实际晶体往往从表面顶角、棱，以及表面与晶界交界线处发生预熔化，然后液体再延伸至整个表面，再入侵至晶体内部。

熔点在理论上有很清晰的定义，即平衡态固相和液相化学势、温度和压强同时相等的点，此处固相、液相都是指无穷大的单一相，不是指局部的表面液体或固相中的液体核。比如给定压强下，晶体和液体化学势相等时的温度即熔化温度。但化学势很难从实验上测得。而单凭液体的出现也不足以说明系统处在熔点，因为此时可以是预熔化、固–液共存，或过热固体中出现的熔化。实验上总结出了一些经验性的熔点判定。最经典的熔化判据有 Lindemann 判据和 Born 判据。1910

年，Lindemann 提出当原子振幅与晶格常数的比例大过一定阈值时，晶体发生熔化。这一阈值大约在 0.1 附近，对于不同晶体有不同数值，因此不是很实用。另外 Lindemann 判据基于粒子间简谐作用势的假定在熔化时晶键破裂的情况下也不成立。Born 判据认为当固体剪切模量为 0 时发生熔化。这其实与常识不符，比如冰在 0℃时从表面熔化，但内部仍是固体，剪切模量仍大于 0。Born 判据提出时，人们对表面在熔化过程中的重要意义还没有太多认识。Born 判据中的力学失稳其实对应于过热极限处不稳定的晶体，而不是熔点处的稳定晶体或稍高于熔点的亚稳态晶体。当温度超过熔点较多时，过热晶体不再是亚稳态，而变成不稳态，此时为过热极限，即晶体所能存在的最高极限温度，超过此温度，晶体崩溃，往往对应于晶体的剪切模量或体模量为 0，所以发生力学失稳。对于多晶，当总体的剪切模量为 0 时，应该对应于预熔化或熔化的晶界贯穿整个晶体，使得晶体坍塌，这也不对应于熔点。较实用的熔化判据往往是基于某些实验可测的量，比如当结构因子的第一个峰低于 2.85 时发生熔化，即 Hansen-Verlet 结晶熔化经验判据。除了结构因子，其他量如果在不同粒子系统的熔点处都具有类似的数值或行为，也可作为熔化的经验判据 [10]。

空间维度对相变有重要影响。佩尔斯 (Peierls) 和朗道 (Landau) 最早提出有限温度下任何小热扰动都会破坏一维和二维晶格的长程平移有序性，使得一维和二维中不存在晶体。该理论在铁磁和晶格中都被证明，称为 Mermin-Wagner 定理。后来人们进一步发现二维晶体尽管没有长程平移有序性，却可以有长程取向序，也就是说晶格方向即使到无穷远处变化也不大，因此还是存在二维晶体的。半定量地，考虑边长为 L 的系统在三维空间中长波能量 $L^3 (2\pi/L)^2$ 发散，所以长波扰动被禁止，三维晶体可以有长程序，即平移序参量的空间关联在长距离上为大于零的常数。一维空间中长波能量 $L (2\pi/L)^2$ 趋近于 0，因此任何小热扰动都足以产生很强的长波扰动，破坏长程平移有序性 [11]，平移序参量的空间关联指数衰减至零，即呈现出液体的行为。二维是临界维度，二维晶体具有准长程平移序，即平移序参量的空间关联为幂函数衰减。低维固体更软，因为从倒格矢空间看，它具有更多的长波涨落，比如在三维波矢 k 空间中，小于 $k_{max}/2$ 的长波的比例为 $\dfrac{4\pi \left(\dfrac{k_{max}}{2} \right)^3}{3} \Big/ \dfrac{4\pi k_{max}^3}{3} = 1/8$，而在二维波矢 k 空间中比例为 $\pi \left(\dfrac{k_{max}}{2} \right)^2 \Big/ \pi k_{max}^2 = 1/4$。从实空间看 [2]，低维固体中每个原子被更少的邻近原子限制在晶格上，所以更软。比如一维晶体可看作是由无穷个弹簧串联的一串粒子，弹簧总倔强系数为 0，所以是无穷软的。相邻原子间距随机偏离弹簧原长，经过很多原子后，会积累出很大偏离，因此一维晶体不存在。除非粒子具有无穷长程相互作用，而这等于增加邻近粒子数，与增加空间维度效果一致。对于二维四方晶格，有一半弹簧串联，一半并联，刚好达到存在晶体的临界维度。两层四方晶格有 2/5 弹簧串联，3/5 弹簧并联，因此比单层二维晶体硬很多，其相变行为往往有质的不同。三维立方晶格有 1/3 弹簧串联，2/3 弹簧并联，与多层膜薄晶体差别不大。三维熔化是一级相变，而二维熔化往往经过两个连续相变。对于薄膜晶体的熔化尚缺乏理论。

4.2 三维晶体非均匀熔化

一般三维原子晶体首先从固–气界面熔化，属于非均匀熔化 [1]，但胶体熔化实验大多用排斥势小球，因而晶体的形成须靠容器的限制造成高体积分数，排斥粒子无法形成稳定的晶体–蒸气界面，因此固–气界面的非均匀熔化只在最近的吸引胶体粒子实验中有简单的研究 [9]。

研究熔化需要粒子的大小或作用势可调。比如顺磁胶体小球的作用势可由磁场调节，适合用来研究二维熔化 [6]，但不适合用来研究三维熔化。因为小球具有各向异性作用势，且沿磁场方向有吸引力，会造成沿磁场方向的无序结构，无法形成三维晶体。目前，最得力的胶体粒子是聚 (N-异丙基丙烯酰胺) [poly(N-isopropylacrylamide), pNIPAM 或 NIPAM 或 NIPA] 高分子交联成球形的微胶。随温度升高，pNIPAM 亲水性降低，所以小球直径减小，见图 4.2(a)。小球通常具有短程排斥势，其相行为接近于硬球。小球的软硬度、带电荷量、折射率等性质可在合成过程中调控。这种微胶小球 90% 的体积都是水，因此其折射率与周围的水溶液接近，所以在高密度样品内部的粒子成像时受其他层粒子的光散射干扰少。当粒子排成面心立方晶体时，垂直于 (111) 面的散射会与邻近一层 (111) 面的粒子图像重合，使得晶体内部 (111) 面在亮场下能清晰成像。这种独特性质使得普通亮场显微镜即可看穿 pNIPAM 小球晶体内部的数百层，而无需将粒子与溶液的折射率调成完全一样后再用共轭焦显微镜成像。因此这种微胶小球晶体非常适合用来研究面心立方晶体中的相变。

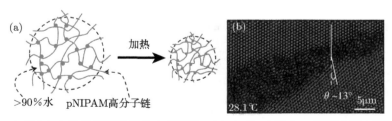

图 4.2 文献 [7] 中的三维胶体晶体内部熔化。(a) 加热 pNIPAM 微胶小球，粒子变小；
(b) pNIPAM 小球组成的晶体从晶界上开始熔化

将均匀大小的 pNIPAM 小球做大到微米量级后, 在光学显微镜下可见, 实验上首次观察到三维晶体是如何从内部开始熔化的 [7]。pNIPAM 小球组成的胶体晶体被光滑平直的玻璃容器壁所包裹, 因此不容易从器壁上熔化, 而是从晶界上开始熔化, 见图 4.2(b)。随着温度升高, 达到固–液共存的平衡态, 直至达到结晶点体积分数约 49% 时完全熔化。之后的研究进一步发现不同角度的晶畴界面有不同的熔点。如果没有晶畴界面, 熔化从何处开始? 厘米尺度的胶体单晶样品显示, 熔化先从玻璃器壁表面与位错交接处发生, 再沿位错与器壁表面扩张, 直至全部熔化 [12]。

如果将器壁表面处的熔化也进一步抑制, 单晶如何从位错等各种缺陷处非均匀熔化? 在原子晶体中往往多个缺陷相互影响, 难以提取出单个缺陷是如何影响液体成核的。利用一束加热光局部均匀加热胶体单晶内部, 并挑选只有一个缺陷的局部区域加热, 可以直接观察单个缺陷是如何影响熔化的。pNIPAM 胶体晶体中, "缺陷" 从强到弱排列如下 [9]: 固–气表面 > 晶畴界面 > 容器壁界面 > 位错 > 局部位错 > 点缺陷。液体核每次都会从最强缺陷处生长, 抑制附近弱缺陷处熔化。而具有单个点缺陷 (比如间隙或空穴) 的晶体与无缺陷晶体基本无差别。当晶体只有位错或更弱的缺陷时, 需超过熔点过热后才能熔化。

4.3 三维晶体均匀熔化

均匀熔化在理论上重要, 但自然界中很少存在, 因为晶体一般都有表面和缺陷, 从而导致非均匀熔化。均匀熔化在实验室中可以通过抑制单晶表面熔化和内部局域加热这两种方法实现。前者例如在纳米银单晶颗粒表面包裹一层金, 金熔点高又与银晶格亲和, 从而抑制了银从金银界面处熔化 [13]。后者例如用激光聚焦单晶内部使内部温度高于熔点 [14], 而表面温度低于熔点, 造成内部均匀熔化。但激光聚焦往往使加热区温度超过过热极限, 导致晶格迅速整体崩溃而没有成核过程。另外, 这些原子晶体实验缺乏微观的观测, 因此均匀熔化的微观成核过程等信息基本上来自计算机模拟 [15], 模拟中使用周期边条件避免了表面, 很容易得到均匀熔化。

首次在单粒子尺度观察到晶体均匀熔化是通过光束均匀加热 pNIPAM 胶体单晶内部实现的 [16], 见图 4.3。通过二维和三维扫描, 发现均匀成核是由晶体中局部强振动区域内粒子的相互交换引起的, 并不是通常认为的热激发先导致缺陷产生, 然后缺陷再运动、合并, 最终形成液体核而熔化。邻近粒子交换位置形成环状运动, 却并不破坏晶格结构, 不造成缺陷, 这证实了先前的模拟结果 [17]。可以想象, 这应该是在晶格中移动粒子最容易的方式, 而并非要先形成缺陷才能触发熔化。粒子交换附近区域会维持较长时间的高振动, 使成核更容易。测量发现成核过程基本符合经典成核理论, 比如过热程度不深时, 临界核半径反比于 $1\phi - \phi_m V$, 成核时间反比

于 $1\phi - \phi_{\mathrm{m}}V^2$。但也有以下经典成核理论之外的现象：较小的液体核更偏离球形，因为它们的形状对热涨落更敏感；在较强的过热晶体中，核与核之间常发生融合，加速了熔化；融合后的液体核体积往往不会继续长大，而是先缩回球形再长大，这反映了非球形液体核有较大的临界核大小；有时两个晶格高振动区合并可直接产生一个较大的液体核，甚至直接越过临界核大小。除了核形成这个初始阶段，之后过临界核不断长大的阶段也值得研究，实验发现此阶段行为与成核理论基本符合，但也在强过热区有偏离 [18]。

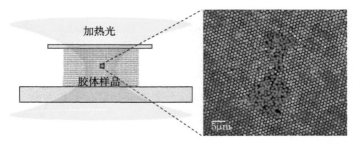

图 4.3 文献 [16] 中的胶体晶体均匀熔化。用光束加热晶体内部，在过热晶体内部形成液体核

此项实验还测得 pNIPAM 胶体晶体的过热极限大约在体积分数 $\phi = 44\%$，在过热极限点，晶体从亚稳态过渡成不稳态，没有成核势垒，所以晶体内部一经灯光加热，立即到处熔化。在接近过热极限处，晶体就已经很不稳定，因此实验和模拟都只能从过热程度不是很强的晶体行为外延得出过热极限，所以原子分子晶体中过热极限的测量并不是很准，通常在高于熔点 20% 附近。最近的模拟首次研究了硬球过热晶体，并发现其过热极限在 49.4%[19]。49.4% 恰好也是硬球晶体的结晶点，这是不是巧合还不清楚。随着体积分数减小，熔化从成核机制过渡为调幅 (spinodal) 分解机制，在过热极限处，晶体的体弹性模量率先降为 0，而不是 Born 判据中剪切模量为 0。在过热极限处，哪种弹性模量先降为 0 都有可能，这依赖于粒子作用势和晶格结构，但依赖关系尚不清楚。微胶小球晶体比硬球晶体的过热极限体积分数低，反映了微胶小球和硬球不全相同以及可能的实验误差。

4.4 二维晶体熔化

二维熔化与三维熔化很不同。在胶体系统中，对前者的研究远多于后者。因为二维晶体熔化的 Kosterlitz-Thouless-Halperin-Nelson-Young (KTHNY) 理论比较著名 [20-22]，此理论给出一些定量预言，又不排除其他熔化行为，而何种作用势粒子具有何种二维熔化行为也没有定性的理论指导，因此需要大量研究才能知道各种不同粒子系统的二维熔化是否偏离以及如何偏离 KTHNY 理论。另外，实验上调节二维胶体晶体至熔化并观察也比三维晶体容易。

除了 KTHNY 理论,二维熔化还有与之并列的晶界熔化理论 [23]。这两个理论都是关于无穷大无边界的晶体,且不涉及动力学过程。在 20 世纪 70 年代,Halperin、Nelson 与 Young [21,22] 理论上发现二维晶体往往会先通过一个 Kosterlitz-Thouless (KT) 相变熔化为六角液相,即六角 (hexatic) 相,再通过另一个 KT 相变形成液相,这种 KTHNY 熔化行为与三维晶体直接由一级相变熔化成液体很不同。六角相有独特的取向和平移序,见表 4.1。鉴别六角相需测量序参量的关联函数,单凭肉眼难以区分六角相和有些缺陷的晶体。自由能在 KT 相变点处为指数函数,无穷阶可导,所以 KT 相变偶尔也被称为一种无穷阶相变,但通常把二阶及以上的相变统称为连续相变。KTHNY 理论中的这两个连续相变分别对应于位错 (dislocation) 的产生破坏平移序,向错 (disclination) 的产生破坏取向序。注意,并非二维熔化一定要有中间的六角相,即便有六角相,相关相变也不一定是连续的,因为 KTHNY 理论不排除这些可能性。晶界熔化理论由徐少达在 20 世纪 80 年代初提出 [23],当位错能量小于 $2.84k_\mathrm{B}T$ 时,位错不再分散于晶体中造成六角相,而是凝结成链状形成晶界,熔化是一步一级相变。多晶已经丧失了准长程取向有序性,熔化中自然就不存在六角相,而是一步熔化。

表 4.1 **各种相的特征。短程、准长程和长程序分别表现为平移或取向序的序参量的关联函数为指数衰减、幂函数衰减和趋于大于零的常数。其关联函数可以是单粒子在时间上的自关联,也可以是两个粒子的空间关联。实际测量中,时间或空间尺度要涵盖几个数量级才能比较准确地确定指数衰减、幂函数衰减或不衰减的行为**

	三维晶体	二维晶体	六角相	二维和三维液体
平移序	长程	准长程	短程	短程
取向序	长程	长程	准长程	短程

二维熔化可以有多种可能的路径,熔化行为依赖于粒子间相互作用势,何种作用势会有何种类型的熔化并不清楚。20 世纪 80 年代的二维熔化研究发现原子或分子单层往往为一步一级相变,但是否像晶界熔化理论所描述的那样出现晶界并不清楚。另外,单层原子或分子受基底晶格的强烈影响,不符合熔化理论所考虑的纯二维情形。20 世纪八九十年代的早期胶体实验,由于缺陷多,粒子不可调,以及测得的关联函数跨越的时空尺度小等因素,造成结果不够可靠。第一个比较理想的二维胶体晶体熔化系统是利用顺磁小球在气–液界面形成二维晶体,通过调节磁场强度改变粒子作用势 [6]。这种较长程排斥势粒子组成的二维晶体遵循 KTHNY 理论。而对于类似硬球的短程相互作用粒子,需百万以上粒子的大系统才能给出准确的熔点和熔化行为 [24]。短程排斥粒子,比如二维硬圆盘,在很窄的面积分数区间内存在六角相,并且固相–六角相转变为连续相变,而六角相–液相转变为弱一级相

变 [25]，见图 4.4。弱一级相变和狭窄的六角相区间难以通过序参量的关联函数准确显示，较准确的方法是测量是否存在 Mayer-Wood loop，这只能在模拟中得到，因为实验难以测量胶体系统中的压强。尽管硬球的六角相区间很窄，实验上还是可以看到类硬球粒子形成的六角相 [26,27]。模拟发现增加硬球大小的不均匀度 [28,29] 或将少量粒子随机固定在基底上 [30] 等实验中的不完美会使六角相区间显著变宽，使实验更容易观察到六角相。如果固定少量硬球在晶格格点上，可使 KTHNY 行为变成一步一级相变 [31]。对于其他各种排斥势小球组成的二维晶体，其熔化可以遵循 KTHNY 行为或有各种偏离 [31]。实验发现二维多晶中的晶界对熔化影响不大 [27]，因此可以选取一块大晶畴内部研究二维熔化，而不必担心像三维晶体那样，熔化的液体从晶界处入侵至晶畴内部。

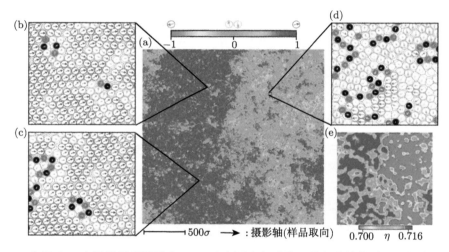

图 4.4　文献 [24] 中计算机模拟的由 1024 个硬圆盘组成的二维晶体熔化时出现的液-六角相共存的平衡态。两相共存是一级相变的特征。(a) 取向序分布；(b)，(c) 六角相中粒子取向序为准长程；(d) 液相中粒子取向序为短程；(e) 密度分布

　　吸引势粒子在低密度下，会形成有自由表面的晶体。这种二维晶体如何熔化还很少被研究。 最近的胶体实验发现有自由表面的二维晶体熔化时没有六角相 [11]。对于有自由表面的晶体熔化即固–气共存到液–气共存，在 NPT 系综下只是一个点，不容易达到，模拟需要在 NVT 系综或布朗动力学模拟才能看到固–气共存态到液–气共存的过程，而传统无自由表面的晶体熔化在 NVT 或 NPT 系综下模拟都可以。我们初步模拟发现，Lennard-Jones 吸引粒子组成的有自由表面的二维晶体，熔化时也没有六角相。而以往 Lennard-Jones 二维晶体熔化的模拟都是在高密度区间，没有自由表面，熔化时则出现六角相。因此，自由表面很可能会抑制六角相的形成。因为表面预熔化比晶体内部生成位错再进一步导致熔化更容易，

所以有自由表面的晶体会出现表面预熔化，而不生成内部位错，也就不会破坏内部平移序，形成六角相。

4.5　薄膜晶体熔化

介于二维和三维之间的薄膜晶体熔化在理论和实验上都较困难。二维均匀熔化的 KTHNY 理论和晶界熔化理论无法应用于多层薄膜。而实验上，薄膜原子或分子晶体通常一侧为固体基底，另一侧为真空或空气，所以熔化自然简单地从薄膜与空气的界面上开始，并沿法向熔化[33]。要研究薄膜平面内的准二维熔化，薄膜需被夹在两侧不熔化的基底之间。这在胶体系统中容易实现，夹在两平板间的薄膜胶体晶体实验显示，超过 4 层粒子厚的薄膜晶体熔化行为与三维熔化类似，从晶界非均匀熔化。其中，5~12 层的晶体能从位错处熔化，与晶界熔化共存而不被抑制。2~4 层的薄膜及单层晶体均匀熔化，但单层晶体为两步熔化并存在一个中间六角相，而 2~4 层的薄膜为一步熔化且没有六角相。大于 4 层的厚膜开始出现固-液共存区，并随膜厚增加而增加，但理论上仍不清楚为何 4 层为转变厚度。

4.6　预　熔　化

通常预熔化出现在自由表面，当温度接近熔点时，晶-气界面能往往高于晶-液与液-气两个界面能之和，所以晶体表面会出现一薄层液体以降低总界面能，即表面预熔化。比如在 −30°C 平衡态下，冰表面会有一层约 10nm 厚的水。如果把两块冰挨着置于 0°C 以下，过一会就会发现它们粘在一起，又没有胶水，为什么会粘住？就是因为表面的液体层在接触点处不再处于表面了，因此结冰将两块冰连起来。19世纪时，法拉第就通过这个现象推测表面预熔化的存在。一般晶体的大部分表面晶格取向都会出现表面预熔化。通常认为无论二维、三维晶体，只要有自由表面，就会发生表面预熔化[1]。由于它消除了形成液体核的能垒（比如表面液体可看作是过临界液体核），在熔点处就会简单地从表面熔化，不会形成过热晶体，也没有成核过程。预熔化是熔化的前驱行为，是一个浸润现象，不是一个相变。表面的预熔化对冰川运动、霜雪形成等气象现象有重要意义。另外，表面的预熔化，摩擦生热和冰刀下高压强造成熔点降低这三个效应对于滑冰有重要作用。

表面预熔化可分为完全和不完全预熔化两类[34]：当表面液体层厚度在逼近熔点时为有限值，称为不完全预熔化；当液体层厚度趋于无穷称为完全预熔化，通常液体层厚度为幂函数或对数发散。为何会发生不同种类预熔化的理论解释基于一些色散力的性质和假设，显然对胶体等系统不适用。实验上主要通过 X 射线衍射和比热测量研究表面预熔化，也难以得到很多微观信息。虽然微观信息可以从胶体中测得, 但大多数胶体研究使用排斥粒子, 平衡态下没法形成自由表面。总之, 表面预熔化在实验和理论上还了解得很不够。

最近的胶体实验首次利用吸引粒子研究了单层和两三层晶体的表面预熔化 [11]。特定染料可对有机玻璃聚甲基丙烯酸甲酯 (PMMA) 胶体小球造成随温度升高而增强的吸引势。在晶体制备阶段, 通过流场把粒子扫到一起, 形成大面积的单层单晶。之后去掉流场, 在平衡态下得到平直的固–气界面。通过准静态地减弱粒子吸引势, 即升高等效温度, 造成表面预熔化。实验发现单层晶体与两三层的薄膜晶体预熔化行为很不同。两三层晶体表面液体厚度在接近熔点过程中呈幂函数发散, 即完全预熔化, 见图 4.5。而单层晶体表面液体厚度饱和到四五层就不随温度增加了, 即一种特殊的不完全预熔化。此预熔化由一次晶格膨胀触发, 由于晶体密度突然降低, 表面粒子不再紧紧地吸附于晶体上, 所以触发预熔化。这也首次实验证实了以前的模拟曾预言过短程吸引粒子可形成这种晶格膨胀式的固–固相变 [35]。随着等效温度升高, 二维单层晶体的剪切模量降低至零, 导致内部力学失稳形成多晶状液体, 此时为熔点。液体中含有很多有序的晶体状小岛, 有的小岛可达数百粒子, 但粒子间有位置交换, 因此是一种有结构的液体, 而不是多晶。通常认为有自由表面的晶体就只能从自由表面处熔化, 无论它是二维还是三维晶体, 但二维晶体的情形只是推测, 以往缺乏原子分子系统中的实验证实。这个胶体实验首次显示有自由表面的晶体也未必从表面熔化。另外, 还首次在二维熔化中直接观察到晶界, 从而证实了晶界熔化理论。

图 4.5   文献 [11] 中的两层薄膜晶体预熔化。温度降低使得粒子间吸引势减弱, 表面出现无序液体层。每个粒子的取向序由颜色表示, 从有序 (红) 到无序 (蓝)。右图显示单层和两层晶体预熔化表面液体层厚度随温度变化行为不同。竖虚线表示熔点

若晶界能量高, 也可以在晶界处发生预熔化。在原子分子系统中, 这方面的研究比表面预熔化更少, 因为难以观察到晶体内部的晶界是否熔化。在胶体系统中也仅有少量探索性研究。pNIPAM 排斥微胶小球组成的胶体多晶在稍微高于硬球熔化体积分数 54.5% 时, 晶界就已经出现液体, 因此被判定为预熔化 [7]。但胶体实验中, 体积分数通常有 3% 的误差 [36], 因此靠与体积分数 54.5% 相比的方法难以准确判定晶界出现液体时是否超过熔点。其实可以通过晶界上液体区域的形貌来判定是否超过熔点, 实验发现晶界上的液体为均匀层状而非液滴状, 由此可以判定晶

界熔化是浸润现象，即预熔化，而不是过热晶体中的成核过程。

4.7　展　　望

目前，胶体晶体的熔化研究主要局限在具有短程排斥势的球形粒子系统中，较长程的吸引势粒子系统也有少量涉猎。当胶体粒子较软 (即长程排斥)，或作用势具有两个长度尺度，或用不同大小的胶体球，乃至非球形粒子，则可形成更丰富的晶格甚至准晶或液晶 [3,37,38]，它们的相变行为还有待研究，主要难点在于这些粒子间力不容易调控。另外，小晶体系统或曲面空间中晶体的熔化 [2]，以及各种缺陷对熔化的影响也需要更多的研究。除了以上在固定体积分数、温度、压力等参数下过热晶体熔化或准静态地升高等效温度造成的熔化外，施加应力场比如剪切形变如何造成熔化或活性胶体粒子组成晶体 [39] 如何熔化还没有研究。这些高度非平衡晶体中的熔化理论更不完善，因此值得利用胶体实验来探索。

参 考 文 献

[1] Dash J G. History of the search for continuous melting. Rev. Mod. Phys., 1999, 71: 1737.

[2] Wang F, Zhou D, Han Y. Melting of colloidal crystals. Adv. Funct. Mater., 2006, 26: 8903-8919.

[3] Li B, Zhou D, Han Y. Assembly and phase transitions within colloidal crystals. Nat. Rev. Mater., 2016, 1: 15011.

[4] Mei Q, Lu K. Melting and superheating of crystalline solids: From bulk to nanocrystals. Prog. Mater. Sci., 2007, 52: 1175-1262.

[5] Gasser U, Weeks E R, Schofield A, et al. Real-space imaging of nucleation and growth in colloidal crystallization. Science, 2001, 292: 258.

[6] Zahn K, Lenke R, and Maret G. Two-stage melting of paramagnetic colloidal crystals in two dimensions. Phys. Rev. Lett., 1999, 82: 2721.

[7] Alsayed A M, Islam M F, Zhang J, et al. Premelting at defects within bulk colloidal crystals. Science, 2005, 309: 1207.

[8] Bai X M, Li M. Nature and extent of melting in superheated solids: Liquid-solid coexistence model. Phys. Rev. B, 2005, 72: 052108.

[9] 王峰, 韩一龙. 在单粒子尺度下用胶体研究相变. 物理, 2018, 47: 238.

[10] Wang Z, Alsayed A M, Yodh A G, et al. Two-dimensional freezing criteria for crystallizing colloidal monolayers. J. Chem. Phys., 2010, 132: 154501.

[11] Li B, Wang F, Zhou D, et al. Modes of surface premelting in attractive colloidal crystals. Nature, 2016, 531: 485.

[12]   Peng Y, Wang Z, Han Y. Melting of microgel colloidal crystals. J. Phys.: Conf. Ser., 2011, 319: 012010.

[13]   Daeges J, Gleiter H, Perepezko. Superheating of metal crystals. J. Phys. Lett. A, 1986, 119: 79.

[14]   Herman J W, Elsayed-Ali H E. Superheating of Pb(111). Phys. Rev. Lett., 1992, 69: 1228.

[15]   Jin Z H, Gumbsch P, Lu K, et al. Melting mechanisms at the limit of superheating. Phys. Rev. Lett., 2001, 87: 055703.

[16]   Wang Z, Wang F, Peng Y, et al. Imaging the homogenous nucleation during the melting of superheated colloidal crystals. Science, 2012, 338: 87.

[17]   Bai X M, Li M. Ring-diffusion mediated homogeneous melting in the superheating regime. Phys. Rev. B, 2008, 77: 134109.

[18]   Wang Z, Wang F, Peng Y, et al. Direct observation of liquid nucleus growth in homogeneous melting of colloidal crystals. Nat. Commun., 2015, 6: 6942.

[19]   Wang F, Wang Z, Peng Y, et al. Homogeneous melting near the superheat limit of hard-sphere crystals. Soft Matter, 2018, 14: 2447.

[20]   Strandburg K J. Two-dimensional melting. Rev. Mod. Phys., 1998, 60: 161.

[21]   Nelson D R, Halperin B I. Dislocation-mediated melting in two dimensions. Phys. Rev. B, 1979, 19: 2457.

[22]   Young A P. Melting and the vector Coulomb gas in two dimensions. Phys. Rev. B, 1979, 19: 1855.

[23]   Chui S T. Grain-boundary theory of melting in two dimensions. Phys. Rev. Lett., 1982, 48: 933.

[24]   Mak C H. Large-scale simulations of the two-dimensional melting of hard disks. Phys. Rev. E, 2006, 73: 065104.

[25]   Bernard E P, Krauth W. Two-step melting in two dimensions: First-order liquid-hexatic transition. Phys. Rev. Lett., 2011, 107: 155704.

[26]   Thorneywork A L, Abbott J L, Aarts D G A L, et al. Two-dimensional melting of colloidal hard spheres. Phys. Rev. Lett., 2017, 118: 158001.

[27]   Han Y, Ha N Y, Alsayed A M, et al. Melting of two-dimensional tunable-diameter colloidal crystals. Phys. Rev. E, 2008, 77: 041406.

[28]   Ruiz P S, Lei Q, Ni R. Melting and re-entrant melting of polydisperse hard disks. arXiv:1804.05582.

[29]   Sadr-Lahijany M R, Ray P, Stanley H E. Dispersity-driven melting transition in two-dimensional solids. Phys. Rev. Lett., 1997,79: 3206.

[30]   Deutschlander S, Horn T, Lowen H, et al. Two-dimensional melting under quenched disorder. Phys. Rev. Lett., 2013, 111: 098301.

[31] Qi W, Dijkstra M. Destabilisation of the hexatic phase in systems of hard disks by quenched disorder due to pinning on a lattice. Soft Matter, 2015, 11: 2852.

[32] Zu M, Liu J, Tong H, et al. Density affects the nature of the hexatic-liquid transition in two-dimensional melting of soft-core systems. Phys. Rev. Lett., 2016, 117: 085702.

[33] Peng Y, Wang Z, Alsayed A M, et al. Melting of colloidal crystal films. Phys. Rev. Lett., 2010, 104: 205703.

[34] Dash J G, Rempel A W, Wettlaufer J S. The physics of premelted ice and its geophysical consequences. Rev. Mod. Phys., 2006,78: 695-741.

[35] Bolhuis P, Frenkel D. Prediction of an expanded-to-condensed transition in colloidal crystals. Phys. Rev. Lett., 1994, 72: 2211-2214.

[36] Poon W C K, Weeks E R, Royall C P. On measuring colloidal volume fractions. Soft Matter, 2012, 8: 21.

[37] Glotzer S C, Solomon M J. Anisotropy of building blocks and their assembly into complex structures.Nat. Mater., 2007, 6: 557-562.

[38] Zhao K, Bruinsma R, Mason T G. Entropic crystal-crystal transitions of Brownian squares. Proc. Natl. Acad. Sci. USA, 2011, 108: 2684-2687.

[39] Palacci J, Sacanna S, Steinberg A P, et al. Living crystals of light-activated colloidal surfers. Science, 2013, 339: 936-940.

第 5 章　胶体晶体的固–固相变

韩一龙

香港科技大学

5.1　固–固相变概述

固–固相变 (solid-solid transition) 指两种晶体之间的相变，它广泛存在于冶金、人造金刚石、陶瓷材料合成、地壳运动等过程中，是冶金学和晶体学的核心课题之一 [1]。冶金学中往往关注合金中的固相，即在固定压强、不同温度和组分比例下，不同组分可以相分离或形成固溶体 (比如少量铜溶解于晶体铝中)，相关的固–固相变包括调幅分解、扩散成核式地析出、共析等形式 [1,2]，本章略过不讨论，因为胶体系统中的固–固相变研究较少，基本上只局限于单组分系统。

同一种单质或化合物在不同条件 (温度、压力等) 下形成的两种或两种以上不同晶体，称为同质异晶体。比如碳原子可形成金刚石和石墨，二者在光、电、热、力等方面具有截然不同的性质；铁原子可形成面心立方或体心立方结构，相应的两种不锈钢在磁性、抗腐蚀等方面有很大不同；水分子在高压下目前已发现了 17 种晶格结构，但只有两种液态，可见不同晶格之间固–固相变的种类丰富性远不止结晶和熔化。另外，通常子相与母相晶格结构的对称性往往不像熔化、结晶那样具有群–子群关系，所以固–固相变动力学路径比熔化、结晶更复杂，理论上也更加困难 [3]。相变成核过程中容易出现多步中间态晶核，理论上推测每步的初末态的晶格之间有群–子群关系 [3]。而实际系统中固–固相变的动力学路径受应力、缺陷、界面乃至组分等多种因素影响，难以准确预测。

固–固相变动力学路径较复杂，所以有多种分类方式 [2]，文献中各种分类的界定和术语的使用有时有一定的模糊性。固–固相变过程可分为平民式 (civilian) 和军队式 (military) 两大类。平民式指相变中粒子没有集体运动，而是通过各自的随机运动形成子相；军队式指母相粒子由集体协同运动形成子相，常见的一种情形是晶格局部形变但不破坏相邻粒子间无形的 "链接键" 的方式，即粒子的相对位置得以保持，这称为非重构型转变 (displacive transformation)。反之，粒子间位置关系被打乱，即破坏相邻粒子间的键，被称为重构型转变 (reconstructive transformation)。固–固相变过程也可分为扩散式 (diffusive transformation) 和非扩散式 (diffusionless transformation)。扩散式指母相粒子通过长程扩散运动变为子相，属于平民式转变。

非扩散式指粒子没有长程扩散迁移，粒子只在约一个晶格常数的尺度上移动形成子相，通常这些移动是集体式的，也就是非重构型转变。但在少数情况下这些短距离移动也可以是无序的。非重构型转变由原子重整 (shuffle) 和扭曲 (distortive displacement) 两种方式组合而成。一个球体在原子重整后仍是球形，造成新的界面能；而在扭曲后成为椭球，不仅造成新的界面能，还有较强的晶格扭曲的应变能，包括胀缩和剪切两类扭曲应变能。是界面能主导还是应变能主导会造成不同的动力学过程和多晶的形貌。当应变能主导时，称为马氏体 (martensitic) 转变，是固–固相变中主要关注的一类。它是一级非扩散相变，具有两相共存区间，正反过程有滞后回线。比如记忆合金的固–固转变，存储的应力可以恢复固体原来的形状；另外，在冶金、陶瓷，乃至高分子、生物系统中都存在马氏体转变。对于应变能不占主导地位的扭曲，称之为准马氏体 (quasi-martensitic) 转变。另外，非重构型转变还包括纯原子重整转变和纯膨胀型转变，比如晶格简单地猛然膨胀或收缩 [4,5]，被称为同构固–固相变 (isostructural transition)，这类整体性地膨胀拉伸不引发各个局部之间应力的冲突，不属于马氏体转变。这四种非重构型转变多是一级相变，只有重整转变和准马氏体转变可以是连续转变。一级相变，大多遵循成核机制。成核过程往往是扩散式，但也可以通过粒子集体运动产生。马氏体转变也通常遵循成核机制，只不过核可以生长得非常快，比如接近声速。另外，在相变过程的不同时期或不同元素粒子可以遵循不同的转变类型，形成混合型固–固相变。

晶格结构、粒子间作用势、缺陷、表面、外加压力或外场的方式，温度改变的速率等都会影响固–固动力学路径和最终的微结构 (microstructure)，即多晶中所有晶界和晶畴的形貌。具有不同微结构的同种多晶可以有不同的硬度、电导率、延展性、抗疲劳、抗腐蚀等性质，这在熔化或结晶的研究中很少涉及。由于这些问题的复杂性，以及金属内部在微观尺度上难以观测，使得金属学中有很多关于微观机制方面的问题长期悬而未决。胶体系统中可观察单个粒子运动，尤其适合作为模型系统研究多晶和相关的固–固相变问题。由于固–固相变的初态是有序结构，因此与熔化类似，需要系统连续可调才能准静态地驱动固–固相变。胶体中固–固相变可通过调节粒子的大小 [6] 或作用势 [4,7] 实现。更简单常用的方法是施加电场 [8-10]、磁场 [10,11] 或流场 [12] 来改变晶格结构。

5.2 调节胶体粒子驱动的固–固相变

原子系统中的固–固相变通常通过调节温度或压强实现。原子系统中的升高温度对应于胶体系统中减弱吸引势或降低体积分数，因此调节等效温度需要粒子作用势大小可调。软作用势粒子可压缩，因此容易形成多种晶格，从而具有固–固相变。比如带电胶体粒子具有屏蔽库仑势，当屏蔽长度较长，即粒子较软时，可形成面心立方和体心立方两种固相 [13]。如果能调节溶液中的盐浓度，从而调节屏蔽长度，则可在同一样品的同一区域观察到面心立方与体心立方之间的相变。而实验上均匀调节盐浓度并不容易。

目前胶体固–固相变常使用的是直径可调的聚 (N- 异丙基丙烯酰胺)[poly(N-isopropylacrylamide) (pNIPAM)] 微胶小球，但它们大多具有类似硬球的相行为，即在三维中只能形成面心立方晶格，二维中只能形成三角晶格 (或更准确地称为六角晶格，因其晶胞有六重对称性)，因此无法出现两种固相之间的转变。而夹在两平行平板间的均匀大小的硬球薄膜晶体可以有三角、四方两种固相 [14]，因此可以作为研究固–固相变的模型系统。它们可以看成是三维面心立方晶格在两种不同方向上的切片，但在准二维空间中仍属于两种不同晶体。好比面心立方和体心立方在高维空间中可视为一个高维晶格在两个不同方向上的三维切片，但它们显然被称为两种不同的晶格。两板间形成三角或四方两种晶格可以理解如下：单层硬球密排结构显然是三角晶格。两层小球的密排结构在平面内是三角晶格还是四方晶格取决于板间距。两层三角晶格 (2△) 的厚度为四个相同圆球组成的正四面体的高度，稍厚于两层四方晶格 (2□)，即五个球组成的正四棱锥的高度。因此当板间距刚好能插入 2□ 而不足 2△ 的高度时，高体积分数的系统会形成两层四方晶格，以达到更密的堆积。同理，随着板间距增加，密排结构按以下顺序依次变化：单层三角晶格 (1△)—两层四方晶格 (2□)—3△—3□—4△—4□—······，直到厚度超过七八层后不出现四方，只形成多层 △ 即三维面心立方晶体。模拟给出了薄膜硬球晶体的完整相图 [14]，非密排时相行为依赖体积分数和板间距与小球直径之比这两个参数，实验中调节小球直径会同时改变这两个参数，即系统在相图上沿一条斜线变化。

实验中的样品板间距难以完全平行，因此一个样品往往含有不同层数的晶体，改变小球直径会造成固–固相变从预先存在的两相界面处发生，比如四层三角晶格会扩张入侵邻近的四层四方晶格，造成非均匀固–固相变 [6]，这些实验观察还缺乏定量的研究。已有的研究关注较简单的单一母相到子相的转变，这可以通过局部光照加热单一母相内的一片区域实现。选择一个单晶晶畴的内部无缺陷区域光照加热可以实现均匀固–固相变，而光照加热有缺陷的区域则可得到非均匀固–固相变。实验发现均匀或非均匀固–固相变都通过两步扩散成核的方式发生：母相四方晶格中形成中间态的液体核，液体核可长大到几十个粒子直径，然后液体结晶成子相三角晶格的核，见图 5.1。这种现象之后被模拟证实 [15]。以往的固–固相变中从未观察到液体中间态，理论上固–固相变的中间态都是不同晶格，其结构对称性与演化路径上相邻态的结构具有群–子群的关系，但没考虑形成液体中间态的可能。其实液体是中间态的一个很好的选择，因为所有晶格的对称性都是液体对称性的子群。形成液体中间态的机理很容易理解：当核小的时候，界面能主导，由于固–液界面的自由能低于固–固界面的自由能，因此形成液体核。当核长大后，正比于核体积的自由能主导，所以亚稳态的液体转变为自由能最低的稳定态三角晶格。若成核发生在缺陷 (比如晶界) 上，则不同成核路径都增加同样的一项缺陷能，不改变成核的自由能垒的形状，仍然会形成有液体中间态的两步成核，这也已被胶体实验证实 [6]。尽管这个现象是在夹在两平行玻璃板间的薄膜胶体晶体中看到的，但两玻璃板处界面能可以折合进体自由能，不影响上面描述的机制，因此对于三维晶体的固–固相变，中间态液体也是可能出现的，因为大多金属的固–固界面能大于固液界面能。受胶体实验结果启发，最近在合金的固–固相变中也看到中间态液体核 [16]，这个例子显示胶体模型系统不光能在单粒子尺度上验证原子系统中已知的现象或理论上期望的现象，还能发现新的现象指导原子系统的实验。

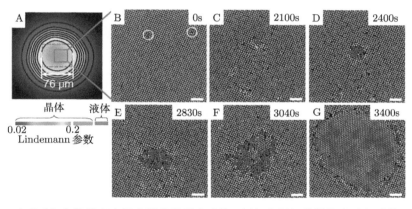

图 5.1　文献 [6] 中的具有中间态液体的两步成核。局部光照加热微胶小球组成的 5 层四方晶格，各处等概率地形成液体核，液体核长大后从中结晶出 4 层三角晶格。红色表示液体粒子，比例尺为 5μm

相变中两步甚至多步成核被称为奥斯特瓦尔德分步成核法则 (Ostwald's step rule)，因为当相变能垒较高时，系统难以直接越过能垒转变为自由能最低的稳定态，而往往会 "曲线救国" 式地陆续越过一些较低的能垒达到一个或几个中间的亚稳态，最终演化成稳定态。尽管这个分步法则讲的是相变成核，其思想显然可以应用在各种具有复杂 "能量面" 和许多局部最小值的系统中，比如蛋白质折叠、化学反应、生物进化、社会演化等。以往相变中两步成核多在结晶中研究，比如均匀液体中形成个别高密度的小区域，其中粒子仍然无序，然后再从此区域中形成晶核 [17]，这些结晶过程的中间态往往类似于母相，不像固–固相变的中间态结构与母相、子相有肉眼可见的不同。两步成核对相变速率和最终相的形貌都有影响，因此了解两步成核路径对控制相变有直接意义。

两种晶格在固–固界面上一般难以很好地吻合，因此固–固界面能较大。但如果两边晶格常数，晶格取向都合适，使原子在固–固界面处形成一一对应的完全匹配，

则称为共格界面 (coherent interface)，其界面能很小，通常小于固–液界面能 [1]。因此，若子相晶格与母相晶格之间能全部形成共格界面，就不会出现中间态液体了。但一般被母相单晶完全包裹的子相表面不可能都是共格界面，因此薄膜胶体晶体实验 [6] 中的核都经历液态。但在对称的三叉晶界处，子相三角晶格长成三角形，可以和相邻的三块四方晶格分别形成三个共格界面，因此在三叉晶界处直接一步形成一个三角形的子相核，不出现中间态液体，见图 5.2。

图 5.2   文献 [6] 中的微胶小球组成的五层四方晶格向四层三角晶格转变，不经过中间液态，而是在三叉晶界处直接形成三角形的子相晶核，具有三个共格界面的边界

子相母相间的固–固界面如何移动决定了子相的生长。实验发现，大多数界面为非共格界面，沿法向生长快，沿切向伸展较慢，因为邻近界面法向生长不够快。低能量的共格界面或准共格界面法向生长很慢，切向较快 [6]。核长大后各向异性的形状会带来较大应力，从而阻碍核的继续各向异性地长大。若附近有其他核造成应力方向不同，可互相抵消，使核得以继续长大。

pNIPAM 微胶小球组成的胶体薄膜晶体中，施加一个微小的有方向性的压力会使晶体极其缓慢地整体滑移，这时调节体积分数固–固相变没有中间态液体，而是成核初期先形成一串集体震动的位错对，之后再扩散式地长成平行四边形的子相核 (图 5.3)，即一种新型的初期马氏体成核，后期扩散生长的混合型成核过程 [18]。图 5.4 显示子相与母相的晶格呈特定夹角 (45°)，这通常被鉴定为马氏体转变，但胶体实验能观察到最初的成核过程，从而可以发现其实只有短暂的初期是马氏体转变，而之后子相基本是扩散式生长，并不改变已经形成的晶格取向。因此，子相母相晶格具有特定夹角的这个马氏体转变的经验判据不一定总是成立。相比之下，无方向性压力下的两步成核一直是纯扩散的，从液体中结晶出的子相与母相的晶格夹角也是随机的，这是扩散成核的特征。

另外，晶格突然收缩或膨胀而保持晶格对称性不变被称为同构固–固相变 [3-5]。其过程非常简单，既不是扩散成核也不是马氏体转变，经常发生在金属和多铁性体系中。模拟发现，短程吸引势粒子组成的晶体可发生同构固–固相变 [4]，并被胶体实验证实 [5]，这也是首次在单粒子尺度观察到同构固–固相变。与 4.6 章中的表面熔化的实验系统相同，加入特定染料可对有机玻璃 PMMA 胶体小球造成热敏吸引势。初始晶体的晶格常数等于吸引势阱的位置，这使得总势能最低。随着温度降低，吸引势减弱，即等效温度升高，熵对自由能的贡献变得重要，到达相变点处发生晶格突然膨胀并同时在固–气界面出现预熔化的液体 [5]。晶格膨胀为粒子带来更多的自由运动空间，即更多的位形熵，更低的自由能，足以补偿晶格膨胀造成的粒子间作用势能的增加，所以发生突然膨胀。

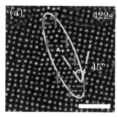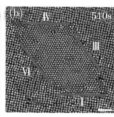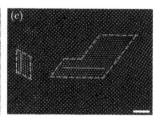

图 5.3 文献 [18] 中的初期马氏体转变成核，后期核扩散式长大。微胶小球组成的五层四方晶格在应力下产生沿 x 方向的 $11nm/s$ 的微小漂移，导致其固–固相变中生成震荡的位错对并造成一个椭圆形四层三角晶格的子相核 (a)；在马氏体初步成核后，再扩散生长成平行四边形的子相核 (b)；(c) 所有核的晶格与母相晶格成 45° 夹角，而非随机取向。(b) 中红色代表粒子在平衡位置附近的振动幅度大，比例尺为 5μm

除了 PNIAM 微胶小球外，表面覆盖有 DNA 的胶体小球也有可调的热敏吸引势，可用于研究固–固相变。两种不同直径的 DNA 覆盖的微米小球，可以自组装形成含有几千个粒子的三维小晶体，见图 5.4[7]。胶体实验发现小晶体从 CsCl 结构转变成 CuAu-I 结构时，为马氏体转变。当 CuAu-I 为平衡态时，液体冷却很难有一条能垒低的动力学路径直接形成自由能最低的 CuAu-I，而是更容易形成亚稳态的 CsCl 晶格，最终结构依赖动力学路径，未必是自由能最低的稳定态，而是粒子间流体相互作用影响 [19]。这种胶体小团簇对应于原子系统中的纳米颗粒，受表面影响很大，其相变行为往往没有尖锐的跳变，理论上严格说不是一个相变。纳米颗粒的相变行为有广泛的实际意义，而相应的胶体小晶体的固–固相变研究对理解纳米颗粒提供了帮助。

除了调节等效温度和利用外场外，还可通过调节粒子形状、大小分布来驱动固–固相变，这是一般原子分子系统中所没有的。大小均匀的非球形胶体粒子可以自组装成各种晶格。比如用光刻印刷制备二维片状粒子，形状可自由设计，但产量很小，只适用于二维晶体的研究。比如实验发现，增加数密度会使光刻制备出的正方形片状粒子从六角晶格变为菱形晶格 [21]。另外还可在溶液中合成各种圆润度的立方体微米粒子，在不同圆润度、吸引势强度和密度下，可形成不同的三维晶格 [22]。然而，这些粒子的大小、形状或吸引势往往都不可调，因此难以在一个样品区域内通过调节实验参数观察固–固相变发生的路径。而在模拟上可以连续地调节粒子形状，从而可以观察固–固相变发生的路径。比如大量完全相同的无作用势的硬多面体可以排列成各种结构，若某种排列方式对空间利用率更高，每个粒子就有更大的自由空间可以移动，即有更多的位形、更高的熵、更低的自由能。当多面体的形状和数密度不同，其自由能最低的稳定态可以是不同的晶体、准晶、玻璃态等上百种结构。在这样的相图中，连续调节粒子形状可以得到固–固相变。模拟研究了两种简单晶格之间的相变：面心立方–体心立方相变和体心立方–简单立方的相变。发现前者为一级相变，而后者为连续相变 [23]。

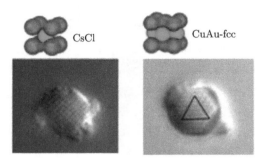

图 5.4　文献 [7] 中的表面覆盖有 DNA 的胶体小球形成的小晶体团簇

　　与原子不同，实际胶体粒子直径不会完全相同，往往呈正态分布，分布的半宽为粒子的不均匀度，也叫分散度。当分散度增加超过一个阈值时，不同大小的粒子无法被单一晶格容纳，会形成以下两种情况：(1) 无序玻璃态；或 (2) 相分离为不同晶体区域，每个区域内粒子分散度很低。至于哪种情况的自由能更低还有争议，因为系统演化至最低自由能态需要极长时间。模拟具有幂函数排斥势的软球系统发现增加分散度会导致一系列固固相分离 [24]。比如在体积分数 1.2 的高密度下，当分散度超过 4%，最低自由能态从面心立方晶格变成由大球和小球分别组成的两种面心立方晶格，其相分离过程类似于连续相变的临界行为。分散度超过 7% 时，两种晶格继续相分离为三种面心立方晶格，其相分离过程为强一级相变。分散度超过 9% 时最稳定态为四种晶格，其相分离过程又类似于临界行为。

5.3　外场驱动的固–固相变

　　目前可调吸引势的胶体系统不多，因此大多数胶体固–固相变都是利用外加电场 [9–11] 或磁场 [11,12] 全局拉伸压缩晶体来实现，引入外场使得相变行为更加复杂、丰富, 对很多在冶金、地壳运动中由方向性压力造成的固–固相变有借鉴意义。简单地拉伸一个单晶造成的固–固相变属于体积不守恒的非重构型转变, 尽管粒子有集体运动, 但没有应力冲突, 并不是马氏体转变。多晶中存在应力的影响, 可能出现较复杂的路径。

实验发现[9], 对带电胶体微胶小球组成的面心立方晶体施加电场, 会通过扩散成核的方式形成体心四方晶体。然而在逆过程中, 体心四方晶格会先通过粒子集体运动形成一个相对稳定的体心斜方晶格的亚稳态, 在高温下退火才可以变成稳定的面心立方, 见图 5.5。这种正逆过程遵循扩散和马氏体两种不同转变路径在原子系统中尚未发现, 是一种新型混合型固–固相变路径[9]。

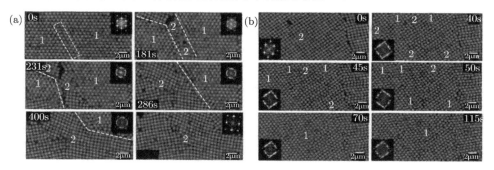

图 5.5 文献 [9] 中 (a) 电场驱动的面心立方晶体通过扩散成核形成体心四方晶体; (b) 其逆过程。图片为三维晶体中所观察的一个二维面, 并且受邻近多晶和复杂的应力影响, 动力学路径并不是非常清晰

在二维空间中混合顺磁粒子和非磁性粒子可形成各种晶格[12]。改变垂直方向的磁场可调节顺磁粒子间的排斥势。倾斜此磁场可产生平面内的分量, 不同倾斜方向和不同磁场强度可产生不同晶格, 造成简单的非扩散式固–固相变, 更准确地说是体积不守恒的非重构型转变。有些情况下也会出现中间态褶皱。另外, 施加电磁场可将电磁流变胶体小球组成的体心四方晶格通过马氏体转变形成面心立方晶体[11], 理论和模拟发现这种相变具有电磁耦合的多铁性质[20]。

外加流场也可驱动固–固相变。实验发现软胶体粒子在流场下会从面心立方晶体转变为体心立方晶体, 转变过程很迅速, 并没有中间液态[13]。这可能是因为面心立方和体心立方对称性相似, 有 Bain 或 Nishiyama-Wassermann 等马氏体转变路径, 因此不出现液体核。而微胶粒子组成的薄膜晶体的母相是五层四方晶格, 子相是四层三角晶格, 层数不同, 难以通过集体运动发生马氏体转变[6]。

如果施加有时空周期的外场可造成更丰富的晶格和相变过程。比如在印有磁性条纹的基底上施加不同强度的磁场可引导顺磁胶体粒子排成不同的二维晶格, 这种外场变化导致的固–固相变可以同时具有一级相变和连续相变的特征, 最近首次对这种理论预言的混合型相变给出了实验例证 [21]。

5.4　小结与展望

　　固–固相变受应力、缺陷等因素影响大，比熔化、结晶等相变更复杂，在胶体模型系统中还研究得较少。已有的少量研究已经发现了一些有趣的现象，比如清晰的两步成核，新型混合型相变路径等，对原子系统的固–固相变有借鉴意义。未来对于缺陷、界面、应力等因素对固–固相变的影响还需更多的研究，这些将有助于材料的调控与制备。另外，非球形粒子可以组成种类繁多的晶格，相应的固–固相变过程都还有待探索。合金中的固–固相变受组分影响，现象丰富，未来有可能用多元胶体来模拟，比如大小两种小球在合适的密度和数量配比下可形成 AB_2 或 AB_{13} 等晶格。另外，由于胶体晶体很软，一个弱小的外力场可以使胶体晶体发生巨大的形变、剪切、流动等行为，这对应于原子晶体中难以实现的极端高应力条件，因此，胶体系统对于探索极高压力、形变、剪切等条件下的相变有独特的作用。近年来，自驱动胶体粒子是一个研究热点。它们可以自组装成各种非平衡态的相，可发生相分离，非传统意义上的热力学相变等行为，这对生物等活性非平衡系统很有意义。在合适的参数下，应该能形成各种固相，相应的固–固相变还有待探索。

参 考 文 献

[1] Porter D A, Easterling K E, Sherif M Y. Phase Transformations in Metals and Alloys. CRC Press, Taylor & Francis Group, 2009.

[2] Kostorz G. Phase Transformations in Materials. Wiley-VCH Verlag GmbH, 2005.

[3] Toledano P, Dmitriev V. Reconstructive Phase Transitions in Crystals and Quasicrystals. World Scientific, 1996.

[4] Bolhuis P, Frenkel D. Prediction of an expanded-to-condensed transition in colloidal crystals. Phys. Rev. Lett., 1994, 72: 2211-2214.

[5] Li B, Wang F, Zhou D, et al. Modes of surface premelting in attractive colloidal crystals. Nature, 2016, 531: 485.

[6] Peng Y, Wang F, Wang Z, et al. Two-step nucleation mechanisms in solid-solid phase transitions. Nat. Mater., 2015, 14: 101-108.

[7] Casey M T, Scarlett R T, Rogers W B, et al. Driving diffusionless transformations in colloidal crystals using DNA handshaking. Nat. Commun., 2012, 3: 1209.

[8] Yethiraj A, Wouterse A, Groh B, et al. Nature of an electric-field-induced colloidal martensitic transition. Phys. Rev. Lett., 2004, 92: 058301.

[9] Mohanty P S, Bagheri P, Nöjd S, et al. Multiple path-dependent routes for phase-transition kinetics in thermoresponsive and field-responsive ultrasoft colloids. Phys.

Rev. X, 2015, 5: 011030.

[10] Yang Y, Fu L, Marcoux C, et al. Phase transformations in binary colloidal monolayers. Soft Matter, 2015, 11: 2404.

[11] Sheng P, Wen W, Wang N, et al. Field-induced structural transition in mesocrystallites. Physica B, 2000, 279: 168-170.

[12] Ruiz-Franco J, Marakis J, Gnan N, et al. Crystal-to-crystal transition of ultrasoft colloids under shear. Phys. Rev. Lett., 2018, 120: 078003.

[13] Monovoukas Y, Gast A P. The experimental phase diagram of charged colloidal suspensions. J. Colloid Interface Sci., 1989, 128(2): 533-548.

[14] Fortini A, Dijkstra M. Phase behaviour of hard spheres confined between parallel hard plates: manipulation of colloidal crystal structures by confinement. J. Phys. Condens. Matter., 2006, 18: L371.

[15] Qi W, Peng Y, Han Y, et al. Nonclassical nucleation in a solid-solid transition of confined hard spheres. Phys. Rev. Lett., 2015, 115: 185701.

[16] Pogatscher S, Leutenegger D, Schawe J E K, et al. Solid–solid phase transitions via melting in metals. Nat. Commun., 2016, 7: 11113.

[17] Ten Wolde P R, Frenkel D. Enhancement of protein crystal nucleation by critical density fluctuations. Science, 1997, 277: 1975-1978.

[18] Peng Y, Li W, Wang F, et al. Diffusive and martensitic nucleation kinetics in solid-solid transitions of colloidal crystals. Nat. Commun., 2017, 8: 14978.

[19] Jenkins I C, Casey M T, McGinley J T, et al. Hydrodynamics selects the pathway for displacive transformations in DNA-linked colloidal crystallites. Proc. Natl. Acad. Sci. USA, 2014, 111: 4803-4808.

[20] Huang J P, Shen X Y, Chen Y X. Multiferroic property of colloidal crystals with three-dimensional solid-solid phase transitions. Euro. Phys. Lett., 2015, 111: 47004.

[21] Zhao K, Bruinsma R, Mason T G. Entropic crystal–crystal transitions of Brownian squares. Proc. Natl. Acad. Sci. USA, 2011, 108(7): 2684-2687.

[22] Meijer J M, et al. Observation of solid-solid transitions in 3D crystals of colloidal superballs. Nat. Commun., 2017, 8: 14352.

[23] Du C X, van Anders G, Newman R S, et al. Shape-driven solid–solid transitions in colloids. Proc. Natl. Acad. Sci. USA, 2017, 114 (20): E3892-E3899.

[24] Sollich P, Wilding N B. Polydispersity induced solid-solid transitions in model colloids. Soft Matter, 2011, 7: 4472-4484.

第6章 胶体玻璃

孙晓燕　王华光　张泽新
苏州大学

杨秀南　殷　实　陈　科
中国科学院物理研究所

6.1 概　述

6.1.1　玻璃和玻璃化转变

　　玻璃和玻璃化转变是凝聚态物理的重要科学问题之一。早在 1995 年，诺贝尔奖获得者 P. W. Anderson 就指出："玻璃和玻璃化转变的本质很可能是固体物理中最为深刻和有趣的未解难题"[1]。过去二十多年，物理学、化学和材料学等领域的科学家对于玻璃的热力学、结构和动力学等方面开展了广泛的基础研究，但依然没有明晰玻璃和玻璃化转变的本质。另一方面，工程师和艺术家们，常常是依靠经验知识，将玻璃材料应用在显示、光学、容器、建筑、交通和通信等现代生产生活中的各个方面。因此理解玻璃态物质的本质不仅具有深刻的理论意义，而且可能有助于人们更好地制造和应用玻璃。

　　液体在冷却过程中如果不能结晶，则会经历一个黏度急剧升高的过程，最终形成无序的玻璃态固体。玻璃化转变指的就是这种由液体到无序固体的转变过程，发生这种转变的温度被称为玻璃化转变温度 (T_g)。当熔体的温度降低到 T_g 附近时，体系的黏度急剧增大，整个体系在实验观测时间范围内通常表现出固体的性质。一个体系有着类似液体的无序结构，但同时具备固体的各种特性，这是经典的固体力学理论无法解释的，也挑战了材料学中 "结构决定性质" 的这一黄金法则。另一方面，玻璃具备很多晶体材料不具备的优异性能，例如氧化物玻璃具有很高的机械强度和良好的光学性能，金属玻璃具有优异的韧性和延展性等。玻璃虽然符合人们对于固体的一般感性认识[2]，例如非常坚硬、在冲击下会破碎等，但在足够长的观测时间下，玻璃依然可能表现出类似液体的流动性。例如，在澳大利亚昆士兰大学的一个研究项目中，科学家们数十年来持续观察和记录一个漏斗中的玻璃态沥青滴漏现象 (pitch drop experiment)。这块沥青看上去完全是一块坚硬的固体，然而，每 8 年左右这块沥青就会滴下来一滴，表现出一定的流动性，而我们通常所见的玻璃材料的黏度比这块沥青还要高很多 [3]。这个研究也生动地说明了观测时间的重要性：材料表现为固体还是液体取决于其弛豫时间与观测时间的相对大小。通常玻璃的弛豫时间远超过观测时间，因此玻璃在这种观测时间下表现为固体。当观测时间足够长并超过弛豫时间，我们也可以观察到玻璃的流动行为。这些流动行为是玻璃中局部原子运动在长时间内累加的结果。玻璃中的局部原子的运动不仅能引起玻璃的流动，而且对玻璃的形成以及玻璃在外力下的形变都起着关键的作用。因此，理解玻璃的本质和玻璃化转变都需要获得这些局部原子的结构和运动信息。如果能设计制备一种玻璃模型体系，科学家们借助这种模型，直接获得传统玻璃材料很难探测的单个原子/粒子层面的结构和运动信息，那么对于理解玻璃形成和形变将会有重要意义。近年来，胶体和胶体玻璃逐渐成为了研究玻璃的主流实验模型体系。

6.1.2　胶体和胶体玻璃

胶体 (colloid) 是一种分散相颗粒分散在另一种连续介质中的混合体系。其中分散相颗粒的尺寸在 1nm~1μm。最常见的胶体体系是固体颗粒分散在液体中，例如生活中常见的墨水、油漆等都属于这种胶体体系。由于胶体粒子的尺寸较小，溶液中的胶体粒子有非常显著的热运动，这一点和原子及分子的运动具有一定的类比性。胶体粒子间有较强的范德瓦耳斯吸引力，一般为了维持胶体溶液的稳定，会在胶体颗粒表面引入电荷或者高分子链来防止胶体粒子聚集。严格来说，胶体粒子间的相互作用需要考虑到大量原子、离子之间的多体相互作用。但是在很多情况下，胶体粒子的相互作用可以合理地简化成相对简单的形式，例如硬球模型、软球模型和弹性接触模型等理论模型，这使得胶体体系的实验结果可以与很多理论模型进行定性和定量的对比。正是由于上述的这两个优点，胶体体系很早就被作为模型系统来研究凝聚态物理中的一些基本问题。在这一类研究中，大量的胶体粒子被看成 “大原子” 在热涨落的驱动下形成各种热力学相 (如液体和晶体)，通过观测胶体粒子运动的统计行为可以得到各种相的结构和动力学细节，以及系统在不同相之间的转变机制 [4]。

胶体玻璃是指由胶体粒子在高堆积分数下形成的无序排列的胶体体系。相比于原子和分子体系，胶体粒子由于尺寸较大、弛豫时间长、可以直接利用光学显微镜观察等特点，是研究玻璃体系微观结构和动力学的理想模型体系。需要注意的是，胶体玻璃与原子和分子玻璃虽然在很多性质上十分相似，两者之间仍然有本质的区别。例如溶液中的胶体粒子的运动是有阻尼的布朗运动，而原子和分子则是极快的热运动，因此两者在极短时间尺度上有完全不同的动力学。然而，原子和分子经历了大量随机碰撞之后的扩散行为和胶体粒子的扩散没有本质区别。同时，胶体粒子之间的相互作用一般比较简单，而且通常是各向同性的球对称的，这与原子和分子系统中的共价键和离子键的这些特异性和方向性的相互作用有较大的区别。通常认为，胶体粒子之间的相互作用比较接近金属材料中的金属键。通过胶体玻璃得到的结果一般只能得到一些原理性的、普适的规律，而不能对特定的玻璃材料进行对应性的定量比对。另外，胶体体系与原子和分子体系非常重要的一点区别是，胶体粒子不满足全同性的假设。胶体粒子一般通过化学合成的方法获得，在合成过程中每个粒子不可能在尺度上保持完全一致，而且经常为了便于获得玻璃态会有意使胶体粒子的尺寸有一定的分布。因此原子和分子体系中基于原子全同性的一些结论，包括量子效应，在胶体玻璃中都不适用。

6.2 胶体玻璃模型体系

20 世纪 60 年代，人们从实验中发现胶体体系在凝聚态结构和动力学上与原子和分子体系有诸多相似之处，随后，胶体体系逐渐被广泛地用作实验模型来研究凝聚态相转变，包括结晶、融化和玻璃化转变等。在本节中，我们主要讨论一些典型的胶体玻璃模型体系，包括：硬球与软球胶体玻璃、排斥与吸引胶体玻璃、圆球与椭球胶体玻璃等。这些模型体系对人们认识和理解玻璃和玻璃化转变的本质具有重要的指导意义。

6.2.1 硬球与软球胶体玻璃

硬球 (hard-sphere) 相互作用是最简单的相互作用之一。在硬球作用势模型中，当两个粒子之间的间距大于两者半径之和时，二者之间没有任何相互作用；当两个粒子接触之后，二者之间相互作用无穷大。其作用势表达式如下：

$$v(r) = \begin{cases} \infty & (r < \sigma) \\ 0 & (\text{其他}) \end{cases} \qquad (6.2.1)$$

其中 r 表示粒子之间的距离，σ 表示粒子的直径。从该作用势可以看出，粒子之间的限制是相互之间不可重合，构型上允许的硬球体系的势能总是等于零。从统计力学的角度来看，硬球体系的自由能为：$F = U - TS = 3Nk_{B}T - TS = (\text{constant} - S)T$，其中 N 为粒子数，k_{B} 为玻尔兹曼常数。因而，硬球体系的自由能仅仅是由熵决定的 [5]。硬球胶体是典型的无热体系，温度在此类体系中不起作用，体系的物理行为通常由堆积分数 (packing fraction) 控制 [6,7]。20 世纪 80 年代中期，Pusey 和 Van Megen 在实验上实现了对硬球胶体相变的研究 [4,8]。研究发现，即使在硬球这种纯排斥的体系中，也有平衡态和非平衡态的相行为，如图 6.1 所示。实验的结果表明，当快速增加体系的堆积分数至 0.494 时，胶体体系会进入亚稳的液体区域，即形成所谓的过冷液体 (supercooled liquid)，继续增加堆积分数至 0.58 时，体系会形成玻璃, 这里的 $\phi=0.58$ 即为玻璃化转变点。需要注意的是, 在实验中不能直接测出玻璃化转变点 ϕ_g, 只能通过对实验或模拟数据进行拟合, 而得到上述玻璃化转变点的数值 $\phi_g \approx 0.58$[8,9]。玻璃态区域界限的上限是堆积分数在无序时的密堆积 (random close packing, RCP) 值 $\phi_{rcp} \approx 0.64$[10,11]。对于硬球胶体体系而言, 想要得到玻璃态一般都要在胶体体系中引入双分散或多分散性的粒子 [9,12]。

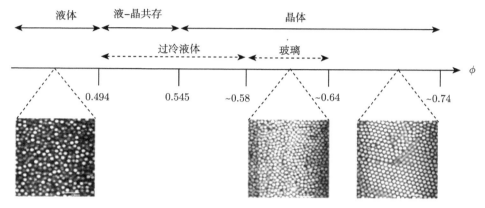

图 6.1 硬球体系随堆积分数变化的相图 [13]

随着合成化学的发展, 化学家和材料学家能够合成出星形聚合物和微凝胶球等胶体软球粒子 [14,15](图 6.2)。这些软球粒子 (soft sphere) 多由聚合物链构成, 相比胶体硬球粒子, 软球粒子在相互挤压的时候很容易发生形变、重叠或是相互渗透 [16]。Lenz 等研究了软球粒子的凝聚态相行为, 他们发现软球粒子在高密度的时候, 为了获得更多的自由空间, 会相互重叠或聚集, 形成小的 "软球簇", 这些 "软球簇" 还可以进一步发生有序排列, 形成 "块晶"(图 6.3)。

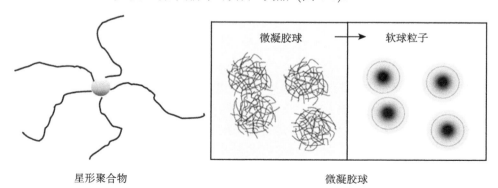

图 6.2 星形聚合物和微凝胶球的示意图 [14]

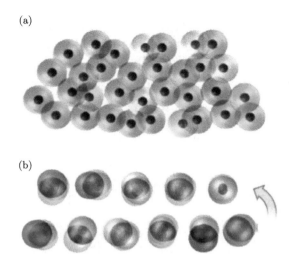

图 6.3 (a) 软球粒子重叠; (b) 数个软球粒子聚集形成 "软球簇", "软球簇" 规则排列形成
"块晶"[17,18]

另外, Mason 等发现, 胶体硬球粒子在接近玻璃化转变时, 黏度和弛豫时间迅
速增长, 形成脆性玻璃 (fragile glass); 而胶体软球粒子在接近玻璃化转变时, 黏度
和弛豫时间平缓增长, 形成强性玻璃 (strong glass), 也就是说胶体软球粒子玻璃更
加 "柔韧"。而 Berthier 等发现, 在高密度下, 胶体软球粒子玻璃随着密度的增加,
会出现反复熔化 (re-entrant) 的奇特现象 [19]。

相比于硬球粒子, 胶体软球粒子的相互作用以及微观细节更为复杂, 为了描
述软球粒子间的相互作用, 只能将其简化 [20,21]。常用的一个描述软球粒子的作用
势为

$$V(r) = \begin{cases} 0 & (r > \sigma) \\ \dfrac{\varepsilon}{\alpha}\left(1 - \dfrac{r}{\sigma}\right)^{\alpha} & (r \leqslant \sigma) \end{cases} \qquad (6.2.2)$$

其中 ε 是能量单位, r 表示相邻两粒子的质心距离, σ 表示粒子的直径, α 是用来
调节作用势 "软硬" 的指数, 通常, $\alpha = 2.0$(谐波势), $\alpha = 2.5$(赫兹势)。计算模拟结
果表明, $\alpha = 2.5$(赫兹势) 可以很好地描述微凝胶球 (microgel) 的相互作用势 [22]。
与硬球体系相似, Mohanty 等在 2013 年也从实验上给出了软球体系的平衡态和非
平衡态的相行为 [23]。他们发现, 当快速增加堆积分数时, 体系会从液态变成玻璃
态, 如图 6.4 所示, 等于 $\phi_{\text{eff}} = 0.77, 0.97$ 和 1.44 均为玻璃态。他们还发现, 玻璃化
转变点与粒子的柔软度也密切相关。

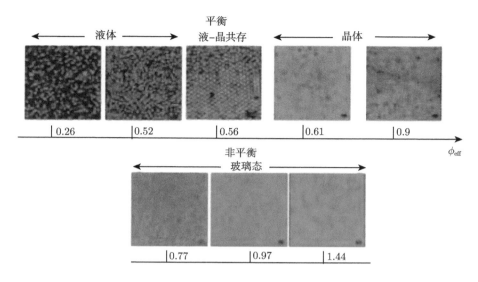

图 6.4 软球体系随堆积分数变化的相图 [23]

6.2.2 排斥与吸引胶体玻璃

硬球胶体体系由于物理模型简单, 已经被广泛地用于玻璃化转变的研究中。另外, 胶体粒子之间的相互作用可以通过物理或者化学手段进行调控 [24], 实现由硬球胶体向吸引胶体的发展。近年来越来越多的学者把研究注意力转向粒子之间的相互作用对玻璃体系结构和动力学的影响。胶体体系为此类研究提供了完美的实验模型体系。例如, 研究人员在硬球胶体体系中加入聚合物, 通过排空效应 (depletion effect), 使胶体粒子之间产生短程吸引相互作用。而且, 通过改变聚合物的浓度或者分子量, 可以精确调节粒子之间作用的强度和范围, 从而得到不同吸引作用的胶体体系。具有短程吸引相互作用的硬球体系呈现出了更为复杂的凝聚态行为。经典的模耦合理论 (MCT) 早在 21 世纪初就预测粒子相互作用会引起玻璃的动力学性质和微观结构的巨大变化。具体来说, 在硬球胶体玻璃 (排斥玻璃, repulsive glass) 中加入短程吸引作用, 会使体系由玻璃态熔化成液态, 如果继续增加体系的吸引强度, 会使体系形成吸引胶体玻璃 (吸引玻璃, attractive glass), 产生了两种不同的玻璃态。最近的计算机模拟的结果表明, 排斥玻璃和吸引玻璃是由两种完全不同的机制驱动而形成的。Francesco 和 Sciortino 分别利用硬球作用势和方阱势 (square-well potential, 包含短程吸引作用), 来模拟排斥玻璃和吸引玻璃粒子之间的相互作用。他们发现硬球玻璃粒子运动遵循 "牢笼" 效应 (cage effect), 而具有短程吸引作用的粒子是通过成键效应 (bonding effect) 来形成吸引玻璃的, 如图 6.5 所示 [25]。同样的结果在 Asakwa-Oosawa 作用势的模型体系中也得到了证实 [26]。除了理论预

测和模拟的结果，实验也已经证实了排斥玻璃和吸引玻璃是由两种不同驱动机制
形成的 [27,28]。例如，Zhang 等首次利用摄像显微技术，在实验上发现排斥玻璃和
吸引玻璃有着完全不一样的动力学和动力学不均匀性，不管是在定性和定量方面，
都有明显的区别 [29]。因此，对于排斥玻璃和吸引玻璃的机理的研究，必将丰富我
们对各种玻璃的认识与理解。

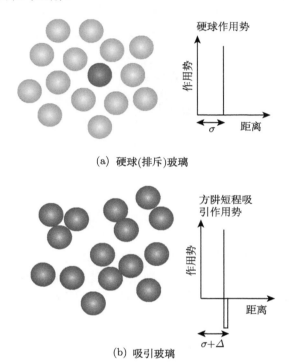

(a) 硬球(排斥)玻璃

(b) 吸引玻璃

图 6.5   (a) 相互作用是纯排斥的硬球胶体，其中深蓝色的粒子被周围的粒子围住，形成了
"笼 (cage)"；(b) 加入了短程吸引作用的硬球胶体，在 σ 和 $\sigma + \Delta$ 距离之间，粒子形成 "键
(bond)" [25]

6.2.3   圆球与椭球胶体玻璃

除了圆球玻璃以外，形状各向异性的胶体粒子的玻璃化转变也受到了大家的
关注。这主要是因为真实的分子并不都是圆球形的，因此这些各向异性的胶体粒子
构成的模型更接近真实的分子体系。椭球玻璃就是其中的一种各向异性胶体模型。
最近，Han 等人研究了椭球体系的玻璃化转变问题 [30]。通过对椭球体系在玻璃化
转变过程中弛豫时间、动力学异质性以及粒子协同重排团簇的研究，他们发现，与
圆球的玻璃化转变是一步转变不同，椭球体系存在两种玻璃化转变，分别为常见的
平动玻璃化转变和具有方向性的转动玻璃化转变。随着体系面积分数的增加，体系

先发生转动玻璃化转变，接着再发生平动玻璃化转变。研究还指出这种两步玻璃化转变与椭球粒子长径比相关。当椭球粒子长径比小于 2.5 时，两步玻璃化转变会转变为一步玻璃化转变 [31]。有趣的是，对于相同长径比的椭球，当在体系中加入吸引力后，尽管椭球粒子长径比小于 2.5，体系仍然会发生与大长径比的排斥椭球体系类似的两步玻璃化转变 [32]。这些结果为人们理解玻璃化转变提供了新的思路，也表明了粒子形状各异和粒子间的相互作用对玻璃化转变都有着重要作用。

6.3　胶体玻璃的结构

上文中，我们主要介绍了胶体玻璃的各种模型体系。这些模型体系的引入，让人们认识到不同形状的或不同相互作用力的胶体粒子都可以形成胶体玻璃。同时，这些不同的胶体玻璃的结构和动力学既遵循相同的物理规律，又具有各自的特点和差异。因此，对胶体玻璃的结构和动力学的研究就显得尤为重要。液体和晶体的结构通常是用径向分布函数 $g(r)$ 来表征 [33]。例如，晶体表现为长程有序，而液体则表现为短程无序。胶体玻璃的结构同样也可以用径向分布函数来表征。近年来，又有研究发现，在临近玻璃的液体中存在中程有序结构 [34]。本节中，我们将讨论两种表征胶体玻璃结构的方式：长程无序结构和中程有序结构。

6.3.1　长程无序结构

对于结构的有序性，通常用径向分布函数 $g(r)$ 来表征，$g(r)$ 又称对关联函数，其定义为

$$g\left(r\right) = \left(1/n^2\right)\left\langle\rho\left(r + \Delta r\right)\right\rangle\langle\rho\left(r\right)\rangle \tag{6.3.1}$$

其中 ρ 表示区域内粒子分布，n 表示粒子数密度。径向分布函数表示距离一个给定粒子 r 处找到其他粒子的概率。

图 6.6(a) 表示二维圆盘系统粒子的分布，图 6.6(b) 表示其对应的径向分布函数。为了便于说明，在图 6.6(a) 中用黑色表示了其中一个我们正在研究的粒子 (探测粒子)，通过不同颜色来表示体系中其余粒子离此粒子的距离，图 6.6(b) 中颜色径向分布函数的颜色也即表示其他粒子离黑色探测粒子的距离。左图中五个紫色粒子就表示径向分布函数中离探测粒子一个直径远的最高峰的情况，深蓝色的粒子对应径向分布函数中离探测粒子 1.5 个粒径远的深蓝色峰位。浅蓝色的表示 2 个粒径远，绿色表示 3 个粒径远等。对于晶体，会在特定的距离找到粒子，$g(r)$ 会出现特征峰。对于胶体玻璃体系，径向分布函数的峰会减少，对应的峰值也会比较低并会很快地衰减为 1，表明体系没有长程有序性。

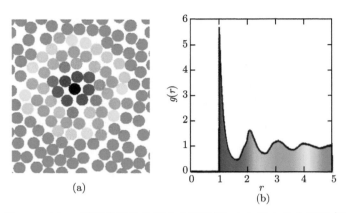

(a)

图 6.6　(a) 二维圆盘系统粒子分布示意图；(b) 径向分布函数 [33]

6.3.2　中程有序结构

中程有序结构 (medium range order，MRO) 近年来引起了人们的普遍关注。Tanaka 等发现接近玻璃化转变点的液体中存在中程有序结构 [34]。他们主要是利用六角有序参数 $\overline{\psi}_6^i$ 来描述体系的结构 (图 6.7)：

$$\overline{\psi}_6^i = \frac{1}{\tau_a} \times \int_{t'}^{t'+\tau_a} |\psi_6^i| \mathrm{d}t \tag{6.3.2}$$

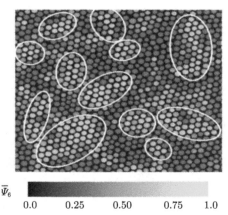

$\overline{\psi}_6$　$\begin{array}{cccccc} & 0.00 & 0.25 & 0.50 & 0.75 & 1.0 \end{array}$

图 6.7　分散度为 9%，$\varphi = 0.631$ 的胶体体系，颜色代表了 $\overline{\psi}_6$ 的值 [34]

这里 $\psi_6^i = \frac{1}{n_i} \sum_{m=1}^{n_i} \mathrm{e}^{\mathrm{j}6\theta_m^i}$，$n_i$ 是粒子 i 的近邻粒子。θ_m^i 是 $(\vec{r}_m - \vec{r}_i$ 与 x 轴之间的夹角，m 是 i 的其中一个近邻粒子。$\overline{\psi}_6^i = 1$ 表示粒子周围有 6 个近邻粒子的完美有序排列，$\overline{\psi}_6^i = 0$ 则说明粒子是无序排列。如图 6.7 所示，体系中出现的高度有序的

团簇, 即中程有序结构。他们还发现, 体系的堆积分数越接近玻璃化转变点, 中程有序结构的尺寸越大、持续出现的时间越长, 并且中程有序结构还会影响体系的动力学不均匀性。

6.4 胶体玻璃的动力学

在过去的几十年里, 人们在实验、理论和模拟上开展了大量的工作, 主要研究的是玻璃和玻璃化转变中的动力学行为。在实验中, 人们通过采用光漂白、介电谱和多维核磁共振等技术, 对胶体玻璃体系以及接近玻璃化转变点时过冷液体的动力学行为进行测量和研究。对于胶体体系, 人们通过共聚焦荧光显微镜技术可以对粒子的动力学进行实时跟踪观测。并且可以计算相关物理参量对体系的动力学进行定量的描述和表征, 这些物理量包括: 均方位移、弛豫时间、非高斯参数、四点极化率等。因此, 胶体模型体系极大地促进了人们对玻璃和玻璃化转变过程中动力学行为的认识和理解。本章主要讨论胶体玻璃及其玻璃化转变过程中常用的表征动力学的物理参量。

6.4.1 均方位移

在与溶剂分子发生随机碰撞的过程中, 胶体粒子发生布朗运动, 这和数学上随机行走模型十分相似。通过统计平均位移无法正确反映出胶体粒子运动的实际情况, 因此一般采用均方位移 (mean square displacement, MSD) 来表征粒子的运动快慢, 其定义为

$$\langle \Delta r^2(\Delta t) \rangle = \left\langle \frac{1}{N} \sum_{i=1}^{N} |r_i(t + \Delta t) - r_i(t)|^2 \right\rangle_t \tag{6.4.1}$$

式中 $r_i(t)$ 和 $r_i(t + \Delta t)$ 分别表示第 i 个粒子在 t 时刻和 $t + \Delta t$ 时刻的位置。在布朗运动中, 均方位移和时间成正比:

$$\langle \Delta r^2 \rangle = 6D\Delta t \tag{6.4.2}$$

其中尖括号表示对所有粒子取平均, D 表示扩散系数, Δt 为时间间隔。再根据爱因斯坦–斯托克斯方程:

$$D = \frac{k_{\mathrm{B}}T}{6\pi\eta a} \tag{6.4.3}$$

式中 k_{B} 表示玻尔兹曼常数, T 和 η 为分别表示体系温度和黏度, a 表示粒子半径。我们可以得到粒子的扩散系数以及其与体系温度、溶液黏度和粒子尺寸的相互关系, 进而实现对体系动力学和体系性质进行准确表征。图 6.8 为液体和玻璃体系中粒子运动的均方位移示意图。在液体中, 体系里粒子的运动比较剧烈, 几乎很少受

到周围粒子的干扰，所以其均方位移呈直线上升，如图中绿色实线所示；玻璃体系的均方位移如图中红色实线所示，短时间内，粒子会被周围近邻粒子所形成的"牢笼"限制住，很难运动，所以均方位移会出现平台期，但是经过足够长的时间后，体系就会进入扩散期，这是因为粒子突破了这种"牢笼"的限制，与周围的近邻粒子发生了位置的交换。

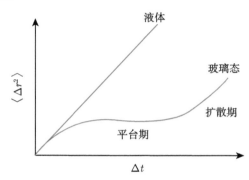

图 6.8　不同体系中粒子运动的均方位移的示意图，其中绿色实线和红色实线分别代表液体体系和玻璃体系

6.4.2　黏度与弛豫时间

　　液体在快速冷却条件下，其黏度会急剧增加，当发生玻璃化转变时，液体的黏度能达到 10^{13}Pa，增幅达 13 个数量级 [36]。而对于胶体体系，增加胶体体系的堆积分数发生玻璃化转变时，体系的黏度大约增加 4 个数量级。之所以出现这样的差别，主要是在实验上很难用流变仪去准确测量高堆积分数下胶体体系的黏度，以及无法对高堆积分数的胶体体系堆积分数进行精准测量 [36]。Marshall 和 Zukoski 在确定胶体体系的黏度和堆积分数关系方面做了重要的工作 [37]。他们发现当胶体体系发生玻璃化转变时，体系的黏度有明显的发散行为，黏度和堆积分数的关系符合 Doolittle 方程，见图 6.9。Doolittle 方程具体的形式如下：

$$\frac{\eta}{\eta_0} = C \exp\left[\frac{D\varphi}{\varphi_{\mathrm{m}} - \varphi}\right] \tag{6.4.4}$$

其中 $C = 1.20, D = 1.65$ 为实验中最大堆积分数 $\phi_{\mathrm{m}} = 0.638$，$\eta_0$ 为溶剂的黏度。该方程最初是用来描述由温度引起的原子分子体系玻璃化转变过程中的黏度变化行为的 [38]。经过类比，得到了以堆积分数为变量的公式 (6.4.4)。当 $\phi = \phi_{\mathrm{m}}$ 时，体系的黏度发散。但是由于模型过分简化，很多人对 Doolittle 模型持有怀疑的态度。而且人们也一直试图寻找到更合适的函数形式。随后，Hecksher 等发现多体函数形式能够比较好地描述玻璃化转变，并且发现有些体系黏度不会出现发散现象 [39]。然而，在过去的几十年中，实验上能够测量和研究的黏度范围依然有限，因此很难确定某一函数关系是否真实地反映了黏度随玻璃化转变的演化规律。

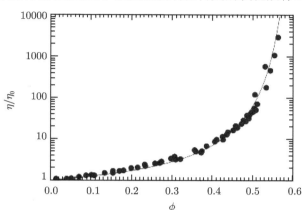

图 6.9 单分散硬球悬浮液黏度随堆积分数变化的关系图 [37]

　　胶体体系在趋近于玻璃化转变点时, 除了黏度不断增大, 体系的弛豫时间也在急剧增加。例如, 液体体系的弛豫时间仅为几皮秒, 而在玻璃化转变点附近, 时间尺度增长至几百秒。通常可以利用中间自散射函数 (self-intermediate scattering function), $F(q,\tau)$, 来表征体系的弛豫动力学特征 [40], 其定义形式如下:

$$F_{\mathrm{s}}\left(q,t\right) = \frac{1}{N}\left\langle \sum_{i=1}^{N} \mathrm{e}^{-\mathrm{i}q\cdot[r_i(t)-r_i(0)]} \right\rangle \qquad (6.4.5)$$

其中, $r_i(t)$ 表示粒子在 t 时刻的位置, $r_i(0)$ 表示粒子在初始时刻的位置, N 为粒子总数, q 为自散射矢量, 由体系的静态结构因子的峰值决定。$\langle\ \rangle$ 表示对所有粒子做平均。当体系发生玻璃化转变时, 中间自散射函数的衰减行为会发生很大变化, 一般将函数值衰减到 e^{-1} 所对应的时间定义为体系的弛豫时间, 用 τ_α 表示。Brambilla 等在 2009 年研究了弛豫时间和堆积分数的关系, 他们模拟的结果符合模耦合理论 (MCT) 的预测 [41]。具体关系如下:

$$\tau_\alpha = \tau_0 \left(\frac{\varphi_{\mathrm{c}}}{\varphi_{\mathrm{c}} - \varphi} \right)^{\gamma} \qquad (6.4.6)$$

其中 $\gamma = 2.6$ 和 $\varphi_{\mathrm{c}} = 0.59$, 拟合结果见图 6.10(a)。

　　从图中可以看出, 在低堆积分数时, 拟合的结果与实验数据还是有一定的偏差, 这主要是因为 MCT 不适用于堆积分数较低的情况。在中间堆积分数时拟合结果最好。而在堆积分数更高时, τ_α 增长得要比理论预测的要慢。除了这种函数关系, 如下的类 VFT 关系式也同样可以很好地对弛豫时间和堆积分数的关系进行描述：

$$\tau_\alpha = \tau_\infty \exp\left[\frac{A}{(\varphi_0 - \varphi)^\delta}\right] \tag{6.4.7}$$

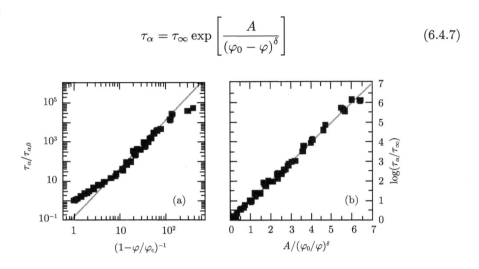

图 6.10　(a) 结构弛豫时间 τ_α 随 $(1 - \varphi/\varphi_c)^{-1}$ 变化的对数图，方块是实验数据，实线是通过方程 (6.4.6) 拟合的结果；(b) 结构弛豫时间 τ_α 随 $A/(\varphi_0 - \varphi)^\delta$ 变化的对数图，实线是通过方程 (6.4.7) 拟合结果 [41]

　　实际上方程 (6.4.7) 是由描述分子体系和温度的关系 (VFT) 演化而来。当 $\delta=1$ 时，方程 (6.4.7) 就是 VFT 形式。如果用该方程来拟合 Brambilla 等的数据，发现拟合的结果非常好，见图 6.10(b)。这些关系式为建立弛豫时间 (τ_α) 和堆积分数 (φ) 的具体关系提供了重要线索，然而依然存在诸多争议，需要更多的实验进行研究。

6.4.3　动力学不均匀性

　　对于过冷液体以及玻璃而言，体系中某些区域的动力学可能比另一些区域更快 (慢) 些，人们称这种现象为动力学不均匀性，或者被称为动力学异质性 (dynamical heterogeneity)。动力学不均匀性表征的是体系中不同区域、不同时间的动力学不同的物理现象 [42]。在过冷液体和玻璃中，弛豫的时间尺度和空间尺度通常相互耦合，也就是说较长的弛豫时间一般对应着较大的粒子团簇。在体系接近玻璃化转变时，粒子需要 "相互协同" 进行重排运动，会出现强烈的动力学不均匀性。因此，粒子的协同运动和体系的动力学不均匀性具有关联性。

　　如图 6.11 所示，人们已经可以直接观察到胶体样品的协同运动。左图是三维样品的二维剖面的激光共聚焦显微镜原始图片，右图是 60s 之后拍摄的图像。图中灰色区域表示粒子在这段时间内几乎没有移动。黑白相间的区域表示粒子成团簇一起从黑色区域运动到白色区域。从图中还可以看出，发生重排的近邻粒子表现出往同一方向运动的趋势。该图的样品浓度 $\phi = 0.46$，低于胶体实验中 $\phi_g = 0.58$ 的玻璃化转变点。当发生玻璃化转变时，重排粒子的区域将会变得更大，但是相对位移却会变小。总的来说，胶体实验体系的出现使人们可以通过光学显微镜直观地观察和定量地研究体系的不均匀运动现象 [33,43]。

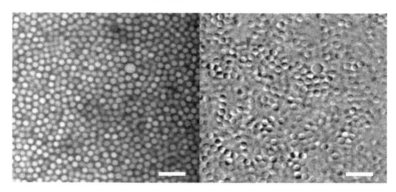

图 6.11　左图是胶体样品的激光共聚焦显微镜图片，右图中显示了 60s 后体系的变化。灰色区域表示粒子没有发生明显运动，黑白相间的区域表示粒子由黑色区域运动到白色区域

在较高堆积分数的胶体体系中，粒子的运动会因为粒子与周围近邻粒子发生碰撞而受到限制，即上文提到的"牢笼"效应。一个粒子的近邻粒子限制了该粒子的运动，该粒子同时也构成其周围粒子的笼子的一部分 [44,45]。在较长的时间尺度上来看，这些"笼子"会发生破坏，体系随之发生了重排。如图 6.12 所示，黑白相间的区域粒子总是成对或者成簇出现，即当一个粒子从"笼子"逃逸，另一个粒子将随着这个粒子发生逃逸，于是发生协同重排运动，体系呈现出典型的动力学不均匀现象。

当达到玻璃化转变点之后，体系中协同运动的粒子数目会增加，同时，协同运动也会在更大的时间尺度上出现 [33]。从图 6.12 中可以看出，重排的空间尺寸会随着玻璃化转变的发生而增大，但协同运动的团簇却变小。这是由于在实验上很难对玻璃样品中团簇尺寸进行定义，并且在玻璃样品中重排粒子的位移一般也都很小，因而粒子自扩散的噪音就可能覆盖了这些位移 [47]。

在玻璃化转变过程中，协同运动区域增大，但这是否与弛豫时间不断增大之间存在关系还不得而知 [48-50]。直观上讲，如果越来越多的粒子需要同时以协同的方式运动，这种粒子间的关联运动就可能是导致扩散时间延长的直接原因。从这个角度讲，动力学不均匀性和玻璃化转变之间存在重要的关联性。如果能找到粒子协同重排和体系结构之间存在关联性，也许就能阐明玻璃化转变过程的机理和本质，已经有关于这方面的研究尝试。例如，Widmer-Cooper 等人利用计算机模拟将初始构型经过分子动力学平衡，然后随机地赋予粒子初始速度，从而研究粒子重排运动和结构的关联性 [47]。然而，他们的结果表明重排运动导致的动力学不均匀性和结构之间的关联性很微弱。因此，对于玻璃化转变过程中动力学不均匀性和结构关联性还需要更多的理论和实验进行探索和研究。

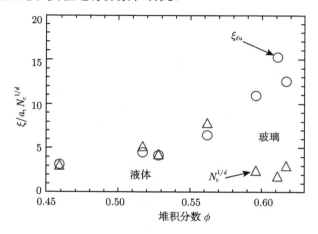

图 6.12　胶体体系中动力学不均匀性随堆积分数的变化图。纵轴表示发生协同关联运动的粒子簇尺寸。圆圈表示运动的空间关联尺寸，单位为一个粒子直径；三角表示团簇的平均尺寸，d 为分形维度 [33]

　　通过考虑粒子运动的瞬时波动情况，可以去定量研究体系的动力学不均匀性。可以通过定义四点极化率函数来定量表征这种波动 [51]。该函数结果与之前所说的协同运动之间存在着密切的相关性，而且还能够得到与动力学不均匀性相关的时间尺度。四点极化率函数不仅用在计算机模拟结果中，而且在近来的胶体实验中也得到了成功的应用，并且这两者之间的结果高度吻合，相互印证。

　　四点极化率函数的具体表达形式如下：

$$\chi_4\left(a, \Delta t\right) = N\left(\langle Q_2\left(a, \Delta t\right)^2\rangle - \langle Q_2\left(a, \Delta t\right)\rangle^2\right) \tag{6.4.8}$$

其中，N 为粒子总数，$Q_2\left(a, \Delta t\right)$ 是用于描述体系动力学的两点自相关函数：

$$Q_2\left(a, \Delta t\right) = \frac{1}{N}\sum_{i=1}^{N}\exp\left(\frac{-\Delta r_i^2}{2a^2}\right) \tag{6.4.9}$$

其中 a 是探测长度，Δr_i 是粒子在时间间隔 Δt 内的位移。如果粒子运动的距离大于 a，则 $Q_2\left(a, \Delta t\right)$ 的值接近于 0；如果运动距离小于 a，则 $Q_2\left(a, \Delta t\right)$ 的值接近于 1。四点极化率是体系两点自相关函数的方差，反映的是体系运动的均匀程度。例如，对于液体，体系中所有粒子都运动较快，或者对于晶体，体系中所有粒子都只在各自晶格格点附近振动，这两种体系中所有粒子的运动行为都比较均匀和相似，因此四点极化率的峰值较低；反之，在玻璃体系中，有的粒子运动较快，有的粒子

运动较慢，体系中的粒子运动很不均匀，或者大量粒子出现协同运动，这些情况都
会导致四点极化率的峰值相对较高。所以通过四点极化率的计算，我们可以得到体
系弛豫时粒子间的协同程度和参与程度，同时还能研究不同空间尺度和时间尺度
上，体系弛豫时粒子协同程度的变化规律。因此，四点极化率是用于探究玻璃体系
以及玻璃化转变的动力学行为特征的重要物理参量。

6.5 胶体玻璃的热力学

相对于晶体体系，非晶体系由于在微观结构上存在巨大差异，因此具有许多独
特的热力学性质。以比热容为例，在低温条件下，通常晶体材料的比热容变化符合
德拜 T^3 律，而非晶材料的低温比热容则明显偏离这一规律，存在异常的比热峰，
通常称为 "玻色峰"。研究非晶材料宏观热力学性质及这些热力学现象背后的微观
机理一直是非晶物理学研究的一大热点问题。

对胶体玻璃体系而言，直接测量胶体玻璃的热力学性质十分困难。由于胶体玻
璃一般存在于溶液中，系统中的胶体粒子数远远小于溶液分子，因此胶体粒子对于
系统比热的贡献几乎可以忽略不计。直接测量的胶体玻璃的热力学参量很大程度
上反映了胶体系统所处液体环境而非胶体玻璃自身的性质。因此无法通过对胶体
玻璃溶液进行传统热力学测量来研究非晶的热力学问题。由于固体的热性质主要
来自振动自由度的贡献，因此可以通过测量胶体玻璃的振动模式来间接测定胶体
热力学性质。

我们首先简要回顾固体元激发的相关物理知识，并以此为背景使用位移协变
矩阵分析方法分析胶体玻璃中的几个重要物理学参量。最后讨论胶体玻璃体系中
的独特热力学性质。

6.5.1 简谐近似与简正坐标

从经典力学的观点来看，在胶体玻璃并未发生塑性形变的时间尺度内，胶体玻
璃中胶体粒子在平衡位置附近的运动是一个典型的小振动问题。胶体粒子的位置
在热扰动下围绕其平衡位置作微小的涨落。在这里系统地介绍一下处理小振动问
题的一般方法 [52]。

在胶体玻璃并未发生塑性形变的时间尺度内，如果胶体玻璃中包含 N 个胶体
粒子，平衡位置为 R_n，偏离平衡位置的位移矢量为 $\mu_n(t)$，则任意时间胶体粒子
的位置 $R'_n(t) = R_n + \mu_n(t)$。在处理小振动问题时往往是选用与平衡位置的偏离
为宗量。把位移矢量 μ_n 用分量表示，N 个原子的位移矢量共有 $3N$ 个分量，写
成 $\mu_i(i = 1, 2, \cdots, 3N)$。$N$ 个胶体粒子的势能函数可以在平衡位置附近展开成泰勒

级数

$$V = V_0 + \sum_{i=1}^{3N} \left(\frac{\partial V}{\partial \mu_i} \right) \mu_i + \frac{1}{2} \sum_{i,j=1}^{3N} \left(\frac{\partial^2 V}{\partial \mu_i \partial \mu_j} \right) \mu_i \mu_j + o\left(u_i^2\right) \tag{6.5.1}$$

下脚标 0 表明是平衡位置时所具有的值。可以设 $V_0 = 0$，且胶体粒子在平衡位置时受力为零，有

$$\left(\frac{\partial V}{\partial \mu_i} \right) = 0 \tag{6.5.2}$$

忽略二阶以上的高阶项，就得到

$$V = \frac{1}{2} \sum_{i,j=1}^{3N} \left(\frac{\partial^2 V}{\partial \mu_i \partial \mu_j} \right) \mu_i \mu_j \tag{6.5.3}$$

体系的势能函数只保留至 μ_i 的二次方程，等效为一个弹簧的势能函数，称为简谐近似。对固体体系，在大部分情况下，简谐近似就足以描述材料的振动性质。

N 个胶体粒子体系的动能为

$$T = \frac{1}{2} \sum_{i=1}^{3N} m_i \dot{\mu}_i^2 \tag{6.5.4}$$

为了使问题简化，引入简正坐标

$$Q_1, Q_2, \cdots, Q_{3N} \tag{6.5.5}$$

简正坐标 Q_i 与胶体粒子位移坐标 μ_i 间存在着如下形式的正交变换关系

$$\sqrt{m_i} \mu_i = \sum_{j=1}^{3N} a_{ij} Q_j \tag{6.5.6}$$

引入简正坐标是为了使系统的势能函数和动能函数具有更简单的形式，即化为平方项之和而无交叉项。

$$T = \frac{1}{2} \sum_{i=1}^{3N} \dot{Q}_i^2$$

$$V = \frac{1}{2} \sum_{i=1}^{3N} \omega_i^2 Q_i^2 \tag{6.5.7}$$

由于势能函数 T 是正定的，根据线性代数的理论，存在线性变换使动能函数与势能函数同时化为平方项之和。势能系数为正值，这里写成 ω_i^2。由分析力学的一般方法，从动能与势能公式可以直接写出拉格朗日函数 $L = T - V$，得到正则动量

$$p_i = \frac{\partial L}{\partial \dot{Q}_i} = Q_i \tag{6.5.8}$$

并写出哈密顿量

$$H = \frac{1}{2}\sum_{i=1}^{3N}\left(p_i^2 + \omega_i^2 Q_i^2\right) \tag{6.5.9}$$

应用哈密顿正则方程得到

$$\ddot{Q}_i + \omega_i^2 Q_i^2 = 0, \ i = 1, 2, \cdots, 3N \tag{6.5.10}$$

这是 $3N$ 个相互独立的方程,表明各简正坐标描述独立的简谐振动,其中任意简正坐标的解为

$$Q_i = A\sin(\omega_i t + \delta) \tag{6.5.11}$$

ω_i 是振动的角频率 $\omega_i = 2\pi\nu_i$。由简正坐标所代表的,体系中多个粒子一起参与的共同振动,称为一个振动模。

　　由上所述,只要知道胶体玻璃在平衡位置附近的势能信息 V,就能够分析出胶体玻璃中所有的振动模式。对于胶体体系,因为胶体粒子的质量较大,一般情况下不需要考虑量子力学效应,使用经典的简谐近似模型就足够了。

6.5.2　球形胶体粒子的振动模式

　　在经典的固体简谐模型中,原子在平衡位置附近做简谐振动。因为原子之间是真空,这一模型不考虑原子受到的阻尼。胶体玻璃中,胶体粒子一直处在液体溶剂中,胶体粒子并不是在自身平衡位置附近做简谐振动,而是在其他胶体粒子、热涨落及溶液阻尼的共同作用下在平衡位置附近做随机运动。因此,无法直接通过胶体粒子的运动进行傅里叶分析得到体系的振动谱。为了消除液体阻尼的影响,一般通过位移协变矩阵分析 (displacement covariance matrix analysis) 方法来测量粒子在平衡位置附近的势能面。

　　以在 z 方向上受到限制的准二维胶体玻璃为例,假设各胶体粒子为大小不一的均质球形,在胶体玻璃未发生塑性形变的时间窗口内,胶体粒子在平衡位置附近做随机运动,设粒子偏离平衡位置的位移矢量为 $\mu_n(t)$,在直角坐标系下,对每一个胶体粒子,存在

$$\boldsymbol{\mu}_i(t) = \mu_{i,x}(t)\hat{\boldsymbol{i}} + \mu_{i,y}(t)\hat{\boldsymbol{j}} \tag{6.5.12}$$

在所观察的时间窗口 $\boldsymbol{T}_0$ 内定义平均位移协方差矩阵 $\boldsymbol{C}$

$$\boldsymbol{C} = \left\{ C_{ij\alpha\beta} | C_{ij\alpha\beta} = \langle u_{i,\alpha}u_{j,\beta}\rangle_{T_0}, i \wedge j = 1, 2, \cdots, N, \alpha \wedge \beta = x, y \right\} \tag{6.5.13}$$

$\langle\ \rangle_{T_0}$ 表示对在时间窗口 $\boldsymbol{T}_0$ 内取平均值。

　　当胶体粒子运动偏离平衡位置不远时,在简谐近似下,胶体粒子受系统中其他粒子的相互作用力可等效为粒子在偏离平衡位置时受到劲度系数为 $\boldsymbol{k}$ 的弹簧所提

供的回复力。胶体粒子在平衡位置时有

$$\left(\frac{\partial V}{\partial \mu_i}\right) = 0 \tag{6.5.14}$$

系统势能 V 与劲度系数矩阵 $\boldsymbol{k}$ 的关系为

$$V = \frac{1}{2}\boldsymbol{\mu}^{\mathrm{T}}\boldsymbol{k}\boldsymbol{\mu} \tag{6.5.15}$$

在系统处于热平衡时，系统各粒子受到热扰动偏离平衡位置的位移服从麦克斯韦–玻尔兹曼分布，如图 6.13 所示。系统的配分函数存在关系

$$Z \propto \int D\boldsymbol{\mu}\, \exp\left(-\frac{1}{2}\beta\boldsymbol{\mu}^{\mathrm{T}}\boldsymbol{k}\boldsymbol{\mu}\right) \tag{6.5.16}$$

其中 $\beta = 1/k_{\mathrm{B}}T$，这就是说，当胶体粒子偏离平衡位置的位移服从麦克斯韦–玻尔兹曼分布时，存在关系

$$\langle u_{i,\alpha} u_{j,\beta}\rangle = k_{\mathrm{B}}T\left(\boldsymbol{k}^{-1}\right)_{ij\alpha\beta} \tag{6.5.17}$$

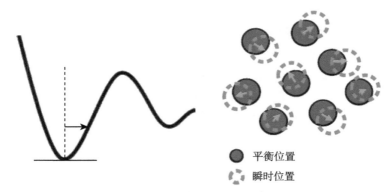

平衡位置

瞬时位置

图 6.13　位移协变矩阵方法原理示意图：粒子在平衡位置附近出现的概率服从
麦克斯韦–玻尔兹曼分布 [53]

现在，引入一个与原胶体玻璃系统结构、相互作用相同的影子系统。与原胶体玻璃系统相比，影子系统中不存在胶体玻璃溶液中的液体分子，即影子系统中的假想粒子运动不受液体阻尼的影响而在平衡位置附近做严格的简谐振动。由于结构与相互作用完全相同，当系统处于平衡态时，影子系统与实际系统拥有相同的平均位移协方差矩阵 C 与劲度系数矩阵 $\boldsymbol{k}$。但对于影子系统而言，其运动可以服从简谐近似，粒子在平衡位置附近做简谐振动，由牛顿第二定律，影子系统的劲度系数矩阵 $\boldsymbol{k}$ 与动力学矩阵 D 存在以下关系。

$$\frac{\partial^2 V}{\partial \mu_{i,\alpha}\partial \mu_{j,\beta}} = D_{ij\alpha\beta} = \frac{k_{ij\alpha\beta}}{\sqrt{m_i m_j}} = \frac{k_{\mathrm{B}}T\left(C^{-1}\right)_{ij\alpha\beta}}{\sqrt{m_i m_j}} \tag{6.5.18}$$

动力学矩阵 $\boldsymbol{D}$ 的本征矢量就是影子系统的振动模式 $\boldsymbol{Q}_i$,本征值就是振动频率的平方 ω^2。通过位移协方差矩阵方法,可以从受胶体粒子溶液干扰严重的实际系统提取出理想胶体玻璃系统的相关信息。得到胶体玻璃系统自身的振动模式相关信息,是研究胶体玻璃热力学性质的基础。

6.5.3 胶体玻璃中的玻色峰

在固体物理的学习过程中我们得知,晶体的振动模式可以用德拜模型进行描述。理想晶体中的振动模式都以平面波形式存在。由于在晶体中存在周期性边界条件,对于每一种简正坐标描述的振动模式,同样存在空间周期性,这一空间周期性可以用一个波矢 $\boldsymbol{K}$ 来描述。在德拜近似下,波矢 $\boldsymbol{K}$ 与振动模式频率 ω 的色散关系为

$$\omega = v\boldsymbol{K} \tag{6.5.19}$$

式中 v 为恒定声速。在这一近似之下,我们可以计算出晶体振动模式的态密度 $D(\omega)$ 存在着以下关系

$$D(\omega) \propto \omega^{d-1} \tag{6.5.20}$$

d 为晶体的空间维度。

大量实验表明,非晶体系中的振动态密度与晶体中的不同,非晶体系在低频下会出现超过德拜模型预言的过剩振动模式。这些振动模式在态密度曲线上表现为一个异常峰,通常被称作为玻色峰。玻色峰在各种非晶体系中普遍存在。玻色峰是非晶体系里的重要热力学现象,被认为是非晶系具有独特的低温热容与热导率的主要原因。胶体玻璃体系振动模式的性质受系统中多种因素共同制约,下一节中将对影响振动模式的几个最重要的因素进行讨论。

6.5.4 影响胶体玻璃振动模式的因素

有关玻色峰的起源一直是非晶物理学中的一个难题,非晶体系中玻色峰的起源问题一直没有一个公认的结论。借助位移协变矩阵分析方法,Chen 等的研究首次在胶体玻璃中观察到了振动态密度的玻色峰。作为一个可以通过光学显微镜直接观察的模型体系,在胶体玻璃体系中,探究影响振动模式的各种因素对于理解玻色峰的起源有着重要作用。

实验中将混合的不同粒径的温敏 pNIPAM 胶体粒子封装于两块载玻片之间,形成单层的准二维结构。不同粒径的粒子之间的结构阻挫能够有效地防止体系在二维条件下的结晶,从而得到无序的胶体玻璃。通过原位地改变样品的温度,能够改变体系的堆积比,实现从液体到胶体玻璃的转变。实验表明,胶体玻璃中的玻色峰强度随堆积比的升高而逐渐减小,同时玻色峰的频率也逐渐向高频移动。这与其他非晶系统在加压条件下振动模式的变化趋势相同。

为了研究引起玻色峰的低频振动模式的特点，我们可以定义参与比 $p(\omega)$ 以衡量不同振动模式在胶体系统中的广延度

$$p(\omega) = \frac{\left(\sum\limits_i |\boldsymbol{e}_{\omega,i}|^2\right)^2}{N\sum\limits_i |\boldsymbol{e}_{\omega,i}|^4} \tag{6.5.21}$$

其中 $\boldsymbol{e}_{\omega,i}$ 表示振动频率为 ω 的振动模式的本征矢量在 i 粒子上的分量，N 是系统的总粒子数。当系统中所有粒子在此频率下做整体振动时，所有粒子均等地参与振动，存在关系

$$\boldsymbol{e}_{\omega,i} = \frac{1}{N}\hat{\boldsymbol{l}}, \quad p(\omega) = 1 \tag{6.5.22}$$

$\hat{\boldsymbol{l}}$ 是表征振动方向的单位矢量。同理，在系统中只有编号为 j 的一个粒子参与振动时，存在关系

$$\boldsymbol{e}_{\omega,i} = \delta_{ij}\hat{\boldsymbol{l}}, \quad p(\omega) = \frac{1}{N} \tag{6.5.23}$$

通过计算参与比 $p(\omega)$，可以得出各振动模式在空间上的分布。

借助胶体玻璃体系，Chen 等首次观察到了软模的空间分布特征 (图 6.14)。实验结果表明，对玻色峰强度贡献明显的低频振动模式是准局域的，这种模式的振动不再是类似于平面波的整体激发，而是由少数粒子主导的一种局部振动模式，这种振动模式被称为软模 (soft mode)。在胶体玻璃体系中，软模对应了系统的玻色峰，是胶体系统热力学性质的一大重要指标。

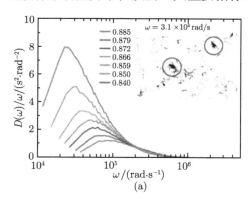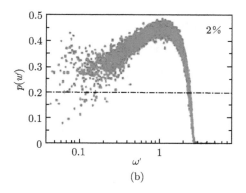

图 6.14 (a) 不同堆积比下准二维胶体系统的玻色峰与低频振动模式的空间分布；(b) 胶体系统中各振动模式的参与比 $\omega' = \omega/\langle\omega\rangle$ [45]

在前面的章节中我们得知，由于相互吸引作用的存在，一般而言，在其他条件相同的情况下，相比于相互排斥的粒子，在相互吸引的胶体粒子组成的玻璃系统中

有着时间更长，空间范围更大的不均匀动力学。因此，有理由推测胶体粒子间的相互作用力是影响胶体玻璃振动模式的一个重要因素。为了判明胶体粒子间相互作用力对系统振动模式的影响，Gratale 等在二氧化硅微球组成的准二维胶体玻璃系统中，加入了温敏性胶团 $C_{12}E_6$，此种胶团体积远小于二氧化硅颗粒，且在温度升高时胶团体积减小。由于排空效应，二氧化硅微球间出现一个随温度升高而增强的等效相互吸引力。Gratale 等利用这个系统，探究了从硬球排斥相互作用到较强的吸引相互作用间胶体系统的振动模式分布。从图 6.15 可以看出，随着胶体粒子间的吸引势增加，系统的玻色峰强度降低，同时软模数目减少。根据这一规律，可以大致用胶体系统中软模数量的多少估计胶体粒子间相互作用的大小。

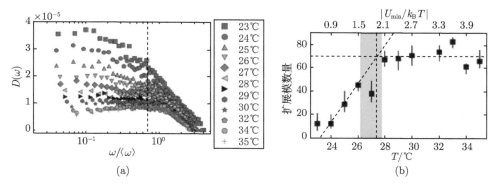

图 6.15　(a) 实验中在不同温度下系统振动模式的分布，随胶体粒子间相互作用增强，玻色峰强度降低；(b) 系统中频率最低的 100 个振动模式中参与比 $p(\omega) > 0.2$ 的振动模式数随粒子间相互作用的增强而增多 [55]

　　除了粒子间相互作用外，影响非晶体系性能的另一重大因素是系统的结构。为了探究结构对胶体玻璃振动模式的影响，Yunker、Liu 等研究者就这一问题展开了一系列的相关研究。首先对块体玻璃的结构描述是一个长期存在的难题，因为玻璃中各处的结构都不尽相同。因此，Yunker 等决定先研究小的玻璃团簇的振动模式与结构的关联。这些小的玻璃团簇通过胶体粒子间的吸引势组装而成。团簇之间相对独立，能够较好地建立孤立团簇结构与振动模式的关联。在尝试多种结构参数后，Yunker 等发现，在有相互吸引作用的胶体玻璃体系中，与振动模式间具有最明显联系的结构参量为系统的平均最近邻粒子数 $\overline{NN}$，定义为系统中所有粒子最近邻粒子数的平均值。实验结果表明，相互吸引粒子组成的准二维胶体玻璃体系具有以下关系：

$$\omega_{\text{Med}} \propto \overline{NN} \quad (\overline{NN} \geqslant 2) \tag{6.5.24}$$

其中 ω_{Med} 为测量得到的振动频率中值 (图 6.16)。

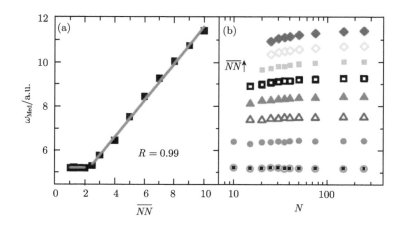

图 6.16　(a) 胶体玻璃体系中平均最近邻粒子数 $\overline{NN}$ 与中值振动频率 ω_{Med} 成线性相关；(b) 胶体玻璃体系中粒子数 N 与中值振动频率 ω_{Med} 几乎没有关联 [56]

　　此外，Liu 等还研究了在二元准二维胶体玻璃中，大小胶体粒子的加入比与振动模式的关系 (图 6.17)。

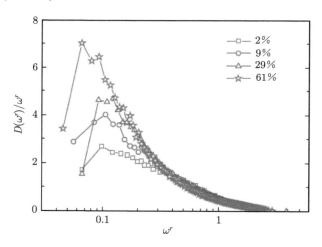

图 6.17　随掺杂比 (小粒子占总粒子数目的比例) 上升胶体系统玻色峰强度增加 [54]

　　在二维条件下，单一粒径的胶体粒子总是会排列成六角晶格结构，这些结构中偶尔会有缺陷或者晶界，但其热力学性质包括振动模式的分布符合晶体的一般规律。当在单一粒径的胶体系统中引入另外一种粒径差异比较大的粒子时就会逐渐地破坏晶体的周期性结构。当引入的掺杂粒子足够多时，系统的晶体结构特征被完全破坏，形成胶体玻璃。通过研究掺杂过程中振动模式的变化，可以探索玻璃中过剩振动模式的结构根源。Liu 等的实验表明，在所测试的范围内，随着二元胶体系统中的掺杂粒子数目增加，系统的玻色峰强度增加。这说明过剩振动模式或玻色峰反映了系统结构中的无序度，结构无序度越高，相应的玻色峰也越强。

Yunker 和 Liu 的两个实验对胶体玻璃中的软模与结构进行了初步的探讨，得到了一些定性的结果，但是这并没有解决关于非晶中软模的根本问题，软模的结构起源，这一问题仍然是一个悬而未决的难题，研究者一直在寻找与软模对应的特征结构，试图将这些结构与玻璃地其他结构清晰地区分开来，目前还没有找到公认的普适结构指标。

胶体系统中普遍存在着玻色峰与软模，并且它们与胶体玻璃的结构、胶体粒子间的相互作用等因素有着密切的联系，事实上，软模还与胶体玻璃系统的演化与形变有着重要联系，关于软模与胶体玻璃系统的形变将在下一节的内容中具体讨论。

6.5.5 非球形胶体粒子中的振动模式

在之前的位移协方差矩阵分析中，假设了胶体粒子是球形粒子，其相互作用是各向同性的，胶体粒子相对于平衡位置的偏移只有中心位置的偏移。然而在实际材料中，原子/分子间的相互作用可能和方向有关，例如离子键、共价键等。当组成玻璃的分子本身结构比较复杂的时候，简单地简化成球形粒子就不再适用了。特别是当粒子为非球形时，就需要考虑一个新的自由度 —— 转动自由度。此时，对于 N 个胶体粒子组成的准二维系统，由于二维旋转操作的不具有唯一性，定义对于 i 粒子，在 t 时刻偏离平衡位置的位移 —— 旋转矩阵 $\boldsymbol{u}(t)$ 为

$$\boldsymbol{\mu}_i(t) = \left(\mu_{i,y}(t)\hat{\boldsymbol{j}} \times \mu_{i,x}(t)\hat{\boldsymbol{i}}\right) \times \boldsymbol{\mu}_i(\theta_t) \tag{6.5.25}$$

其中，$\boldsymbol{\mu}(\theta_t)$ 为粒子在 t 时刻，将粒子中心位置平移回平衡位置后，将 0 时刻粒子旋转至 t 时刻位置所对应的旋转矩阵

$$\boldsymbol{\mu}_{i,\theta}(t) = \begin{bmatrix} \cos\theta & -\sin\theta \\ \sin\theta & \cos\theta \end{bmatrix} \quad (0 \leqslant \theta \leqslant 2\pi) \tag{6.5.26}$$

可以看出，在 t 确定时，该旋转方式下 $\boldsymbol{u}_i(t)$ 唯一，且只由 $\mu_{i,x}(t)$、$\mu_{i,y}(t)$ 及 θ_t 三个独立参量决定，系统的整体位移旋转矩阵 $\boldsymbol{u}(t)$ 可分解为 $3N$ 个独立分量 $u_i(t)$ 组成的矩阵。仿照球形粒子的位移协变矩阵分析方法，定义所观察的时间窗口 T_0 内平均位移 —— 旋转协方差矩阵 $\boldsymbol{C}$ 为

$$\boldsymbol{C} = \left\{ C_{ij} | C_{ij} = \langle u_i u_j \rangle_{T_0}, i \wedge j = 1, 2, \cdots, 3N \right\} \tag{6.5.27}$$

类似地，在考虑粒子位移与旋转间的耦合关系后，可以构造影子系统位移 —— 旋转动力学矩阵 $\boldsymbol{k}$，它们之间存在关系

$$\langle u_i u_j \rangle = k_{\mathrm{B}} T \left(\boldsymbol{k}^{-1}\right)_{ij} \tag{6.5.28}$$

同样可以构造动量学矩阵

$$D_{ij} = \frac{k_{ij}}{\sqrt{m_i m_j}} \tag{6.5.29}$$

这里,对于平移自由度,m_i 表示该胶体粒子的惯性质量,而对于转动自由度,m_i 对应于该胶体粒子的转动惯量 I_i。

利用包括转动自由度的动力学矩阵,Yunker 等人对不同高宽比 α 的椭球形胶体粒子系统的振动模式进行了分析。在分析非球形胶体系统的振动模式性质前,需要对系统振动 $e_\omega(m, n)$ 进行归一化操作

$$\sum_{m,n,\omega} e_\omega(m,n)^2 = 1 \tag{6.5.30}$$

其中,m 为可以取到的粒子编号,n 为粒子的某个独立自由度。对于振动频率为 ω 的振动模式,所有粒子的参与分数定义为

$$P_F(\omega) = \sum_{m,n} e_\omega(m,n)^2 \tag{6.5.31}$$

此时,该粒子的平动参与分数 $P_{F,XY}(\omega)$ 与转动参与分数 $P_{F,\theta}(\omega)$ 分别为

$$P_{F,XY}(\omega) = \sum_{m=1,\cdots,N; n=X,Y} e_\omega(m,n)^2 \tag{6.5.32}$$

$$P_{F,\theta}(\omega) = 1 - P_{F,XY}(\omega) = \sum_{m=1,\cdots,N} e_\omega(m,\theta)^2 \tag{6.5.33}$$

此外,为了研究粒子高宽比 α 和多分散性对振动模式的影响,同样定义参数

$$\bar{\alpha}_\omega = \sum_{m,n} \alpha_m e_\omega(m,n)^2 \tag{6.5.34}$$

这个参数表征了参与振动的粒子平均高宽比的大小。

最后需要参数对振动模式的空间分布进行表征。定义粒子的参与比 $P_R(\omega)$ 为

$$P_R(\omega) = \frac{\left[\sum\limits_{m,n} e_\omega(m,n)^2\right]^2}{N_{\text{tot}} \sum\limits_{m,n} e_\omega(m,n)^4} \tag{6.5.35}$$

经由实验观测,Yunker 等利用以上定义的参数对非球形胶体粒子的振动模式进行了分析。图 6.18 和图 6.19 分别给出了 Yunker 等对不同高宽比的粒子振动模式分析的一些结果。

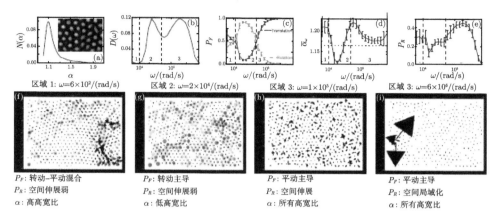

图 6.18　低高宽比的椭球胶体系统的各物理量间的关系 [57]。(a) 实验体系的高宽比 α 的分布，附图为系统的实拍图片；(b) 粒子振动模式的态密度，竖直虚线所分割的各个区域所对应的振动模式于图 (f)~(i) 中画出；(c) 参与分数随振动频率 ω 的变化；(d) $\bar{\alpha}_\omega$ 随振动频率 ω 的变化；(e) 参与比随振动频率的变化；(f)~(i) 是由最低频振动本征矢量 (f) 至最高振动本征矢量 (i) 的振动本征矢空间分布矢量图。箭头的大小与该粒子特定频率下平动参与分数成正比。颜色深度与转动参与分数成正比。颜色越深转动参与分数越大。图中同时给出了振动频率与高宽比的相关信息

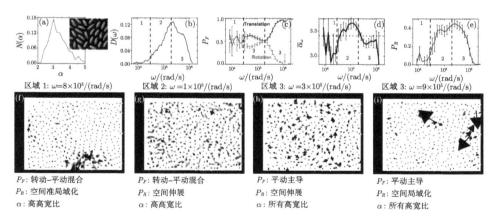

图 6.19　高高宽比的椭球胶体系统的各物理量间的关系 [57]。(a) 实验体系的高宽比 α 的分布，附图为系统的实拍图片；(b) 粒子振动模式的态密度，竖直虚线所分割的各个区域所对应的振动模式于图 (f)~(i) 中画出；(c) 系统参与分数随振动频率 ω 的变化；(d) $\bar{\alpha}_\omega$ 随振动频率 ω 的变化；(e) 参与比随振动频率的变化；(f)~(i) 由最低频振动本征矢量 (f) 至最高振动本征矢量 (i) 的振动本征矢空间分布矢量图。箭头的大小与该粒子特定频率下平动参与分数成正比。颜色深度与转动参与分数成正比。颜色越深转动参与分数越大。图中同时给出了振动频率与高宽比的相关信息

6.5.6   胶体玻璃的弹性模量

在宏观上, 一般通过测量材料的色散关系或者声速来推算材料的弹性模量。而在胶体玻璃体系中, 胶体粒子不存在空间上的周期性, 因此胶体中的振动模式一般不以平面波形式存在。振动模式的本征矢量在空间上也是无序的, 缺乏明显的空间周期。同时, 由于频率的展宽, 实际测得的本征矢量往往是多个振动模式的叠加, 通过测量胶体玻璃的色散曲线计算体系的弹性模量的方法遇到了困难。为了解决这一问题, Still 等利用了谱函数的方法对胶体玻璃中的振动模式进行了分析, 测得了准二维胶体玻璃的弹性模量随体系堆积比的演化。

利用位移协方差矩阵方法, 通过对动力学矩阵 $\boldsymbol{D}$ 的求解可以得到胶体玻璃中的振动模式 $Q_n(\omega)$, 为了得到胶体玻璃中振动模式的空间频率, Still 等对振动模式 $Q_n(\omega)$ 进行傅里叶变换, 构造了振动本征矢量的谱函数:

$$f_{\mathrm{T}}\left(\boldsymbol{K},\omega\right) = \left\langle \left| \sum_n \hat{K} \times Q_n(\omega) \exp(\mathrm{i}K \cdot r_n) \right|^2 \right\rangle \tag{6.5.36}$$

$$f_{\mathrm{L}}\left(\boldsymbol{K},\omega\right) = \left\langle \left| \sum_n \hat{K} \cdot Q_n(\omega) \exp(\mathrm{i}K \cdot r_n) \right|^2 \right\rangle \tag{6.5.37}$$

其中 $f_{\mathrm{T}}(\boldsymbol{K},\omega)$ 对应于横波的谱函数, $f_{\mathrm{L}}(\boldsymbol{K},\omega)$ 对应于纵波的谱函数。对于理想的平面波, 谱函数为相应的波矢 $k(\omega)$ 处的函数。在胶体玻璃中, 振动的本征矢量在空间上的分布没有明显的周期性, 同时也没有显然的特征方向 (例如晶体中的基矢方向), 为了得到一个合理的波矢, Still 等选择对谱函数在空间各个方向进行平均。平均所得的结果如图 6.20 所示, 在给定频率下, 存在信号较强的 $\boldsymbol{K}$ 值 $K_{\max}$, 可以将这一波矢认为是该频率下的特征波矢, 从而获得胶体玻璃中的色散曲线。

在胶体玻璃中, 低频部分的振动频率与波矢 $\boldsymbol{K}_{\max}$ 有比较好的对应关系。长波极限下, 波矢 $\boldsymbol{K}$ 与振动模式频率 ω 成线性关系。胶体玻璃中的声速 $c_{t,l}$ 为

$$c_{t,l} = \lim_{\boldsymbol{K} \to 0} \left(\frac{\partial \omega}{\partial \boldsymbol{K}} \right) \tag{6.5.38}$$

在长波极限下, 胶体玻璃可以看成连续介质, 其中纵波和横波的传播分别满足连续介质的波动方程:

$$\rho_{2\mathrm{D}} \frac{\mathrm{d}^2 u(x)}{\mathrm{d}t^2} - M \frac{\mathrm{d}^2 u(x)}{\mathrm{d}x^2} = 0 \tag{6.5.39}$$

$$\rho_{2\mathrm{D}} \frac{\mathrm{d}^2 u(x)}{\mathrm{d}t^2} - G \frac{\mathrm{d}^2 u(x)}{\mathrm{d}x^2} = 0 \tag{6.5.40}$$

其中 M 为系统的弹性模量, G 为系统的剪切模量, $\rho_{2\mathrm{D}}$ 为系统的面密度。

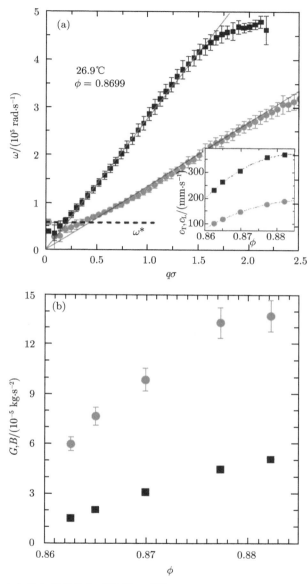

图 6.20 胶体玻璃中的色散曲线与弹性模量 [53]。(a) 胶体玻璃中的色散曲线 (黑色方块为纵波，红色圆圈为横波) 内插图为声速随胶体玻璃堆积比的变化；(b) 胶体玻璃中体模量与剪切模量随堆积比的变化

参照标准的波动方程

$$\frac{\mathrm{d}^2 u(x)}{\mathrm{d}t^2} - c_l^2 \frac{\mathrm{d}^2 u(x)}{\mathrm{d}x^2} = 0 \tag{6.5.41}$$

可以推导出声速与弹性模量之间的关系, 对于纵波与横波分别有

$$M = \rho_{2D} c_l{}^2 \tag{6.5.42}$$

$$G = \rho_{2D} c_t{}^2 \tag{6.5.43}$$

同时, 系统的体模量定义为

$$B = M - G \tag{6.5.44}$$

因此, 在长波极限下, 通过对胶体系统谱函数的测量, 可以较好地给出有关系统弹性的相关物理性质。通过此方法, Still 等发现胶体玻璃中的弹性模量和剪切模量都随堆积比的下降而减少, 并且在阻塞相变点附近按照一定的标度律趋近于零。这在微观机制上对非晶体系中的弹性起源给出了一种合理的理论模型。

由于胶体玻璃体系的自身特点, 胶体玻璃溶液中存在大量液体分子, 这些液体分子极大地干扰了对胶体玻璃体系的热力学直接测量。本节中, 我们从简正坐标出发, 通过位移协变矩阵方法, 绕开热力学测量, 直接通过分析振动模式对胶体玻璃体系的弹性模量及软模等热力学性质进行了探究。通过振动模式研究胶体玻璃热力学性质是一条研究胶体玻璃体系热力学性质的常用路径。胶体作为一个研究非晶体系的有效模型系统, 由于其易于观察及调控等特点, 胶体玻璃体系特别合适探究一些非晶物理中的基本问题, 为建立理论模型与理解原子材料中的实验现象提供了一个较好的介观平台。在探究非晶体系的热力学问题中, 胶体玻璃能够提供其他实验体系难以给出的大量微观细节信息。但需要注意的是, 位移协变矩阵分析方法在研究胶体玻璃热力学性质上并不是完美的解决方案: 本质上, 胶体玻璃体系作为非晶系统, 是一个典型的非平衡态系统。位移协变矩阵分析方法会在研究热膨胀等几乎一定会发生塑性形变的热力学过程中失效; 在许多情况下, 胶体玻璃体系的简谐近似也无法成立, 各振动模式间的相互作用与其在传播过程中的衰变在非晶体系中很多时候是不可忽略的, 必须考虑粒子间相互作用的非谐项 (即高于二次的项)。目前, 胶体玻璃体系乃至整个非晶研究体系依旧存在着大量悬而未决的难题, 正是处于 "广阔天地, 大有作为" 的状态。

6.6   胶体玻璃的形变

本章前面的内容让我们了解了什么是胶体玻璃, 胶体玻璃有哪些结构、动力学和热力学的特征。接下来我们介绍胶体玻璃的力学行为, 主要是胶体玻璃的形变问题。首先我们会回答为什么人们会如此关注玻璃材料和玻璃态物质的形变问题, 而胶体玻璃形变在理解玻璃形变的微观机理方面有独特的意义。其次, 我们会介绍传统胶体玻璃流变学的研究。接下来, 我们重点总结引入粒子追踪技术之后胶体玻璃

形变研究的新进展，同时指出还需要解决的实验和理论问题。最后我们会给出胶体玻璃形变机理在颗粒形变、地震预测和细胞生物学等方面的应用。

6.6.1 为什么要关注胶体玻璃形变

广义而言，玻璃态材料是具备无序原子排列的一大类固体的统称，包括氧化物玻璃、金属玻璃、聚合物玻璃和软物质中的胶体玻璃等。与晶体相比，玻璃材料有很多独特和优异的性能。其中应用最广泛的玻璃材料是氧化物玻璃材料。氧化物玻璃具有其他材料很难同时具备的光学透明、化学惰性、环境友好和强度高等特点，广泛应用在容器、建筑、汽车、光学元件和智能手机等领域 [58]。金属玻璃相比于普通金属晶体材料，具有强度高、耐腐蚀、容易加工成型、遗传、记忆、软磁、大磁熵和蓄冷效应等独特性能，在日常生活、电力传输、精密制造和军工等很多领域均有应用 [59]。聚合物玻璃更是无处不在，我们生产生活中用到的塑料和橡胶制品多数都是玻璃态的。玻璃材料在服役过程中都会不同程度地承受外力，在耗散外力的过程中，就会发生一定程度的弹性或塑性形变。这些力学性能和形变特征在很大程度上决定了玻璃材料的应用。例如氧化物玻璃容易发生脆性断裂，如果不能很好地控制裂纹扩展，提高强度，就很难将其应用在高铁车窗、手机屏幕等对安全性、稳定性要求很高的领域。

尽管玻璃材料应用广泛，但人们对其形变机理，尤其是玻璃在原子层面如何响应应力并不清楚。首先，玻璃材料的无序结构令研究者很难在玻璃样品中找到类似晶体中位错缺陷的形变结构起源。其次，这些形变如何从局域缺陷中产生并关联起来产生更大尺度的剪切带，最终引起脆性断裂或塑性屈服也不清楚。要搞清楚这些问题，需要能够从原子尺度观察形变过程中材料的微观响应。而现在的技术很难直接跟踪单个原子或分子的运动。胶体因其微米尺度可以直接用光学显微镜来观察其成像及可以用数字图像处理方法来实现单粒子跟踪的特点，作为"大原子"体系，在揭示包括晶体熔化、玻璃转变和玻璃老化的微观机理等基本物理问题上有独特的优势。对胶体玻璃体系加载，实现变形的同时也可以从单个粒子尺度上观察形变产生和发展的过程，有望得到玻璃原子层面的形变机理和发展规律。只有了解了这些微观层面的机理，才能真正在原子层面上设计生活和生产中需要的玻璃材料。另外，从统计物理和理论物理的角度来看，借鉴玻璃态材料这类典型的无序体系的研究，人们也可以更深入地理解颗粒发生、地震预测、胚胎发育和癌细胞转移等问题。

6.6.2 传统宏观胶体玻璃流变学

胶体玻璃是典型的黏弹性体系，即胶体玻璃既能像其他固体材料一样抵抗变形，有弹性模量、剪切模量和泊松比等弹性特征，也具备类似液体的黏性流动特征。

通常可以用宏观流变的方法表征黏弹性。流变方法用流变仪测量在施加一定应力的情况下物体的形变或流动。流变仪的基本工作原理如图 6.21 所示 [14]。流变仪包含两块水平面板，间距为 h，下面板固定，通过移动上面板实现两种不同的测量原理。图 6.21 左图反映的是流变仪的第一种工作原理，对应典型弹性体的应力应变测量，即施加固定位移 Δx，应变 $\gamma = \Delta x / h$，测量对应的应力 σ。其中应力和应变是线性依赖关系，对应线性系数是剪切模量 G，即

$$\sigma = G \frac{\Delta x}{h} = G \gamma \tag{6.6.1}$$

图 6.21 右图表示的是简单液体 (例如水) 的流变测量。以固定速度 v_x 移动上面板，可以产生一个稳定的速度梯度 (如箭头所示)。维持这个稳定的速度梯度所需要的剪切应力为

$$\sigma = \eta \frac{\partial v_x}{\partial y} = \eta \frac{v_x}{h} = \eta \dot{\gamma} \tag{6.6.2}$$

公式定义了液体的剪切黏度 $\eta = \sigma / \dot{\gamma}$，其中 $\dot{\gamma}$ 是剪切速率。符合这个关系的液体称为牛顿液体。

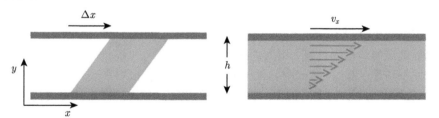

图 6.21   流变仪的工作原理示意图 [14]。(左) 对理想弹性体施加固定应变 $\gamma = \Delta x / h$，应力应变之间是线性依赖关系，线性系数是弹性模量；(右) 对简单的牛顿液体施加固定剪切速率 $\dot{\gamma} = v_x / h$，应力与剪切速率之间是线性关系，线性系数是黏度

对于胶体玻璃这样的黏弹性体来说，流变特性依赖于测量频率 ω。测量时，通常会施加一个幅度比较小的按照正弦规律变化的应变 $\gamma = \gamma_0 \sin(\omega t)$。按照弹性应力应变的线性依赖关系，弹性应力取决于 $\sin(\omega t)$；而黏性应力跟应变速率成正比，即由 $\cos(\omega t)$ 决定。因此，对于一个黏弹性的材料，应力满足如下关系：

$$\sigma(t) = \gamma_0 [G'(\omega) \sin(\omega) t + G''(\omega) \cos(\omega) t] \tag{6.6.3}$$

其中，$G'(\omega)$ 是存储模量，描述材料储存弹性能的能力，$G''(\omega)$ 是损耗模量，描述材料耗散能量的能力。值得一提的是，有一种微流变技术，可以通过光学成像、粒子跟踪和光散射来测量体系的黏弹性 [60]。与宏观块状样品的流变测量不同的是，微流变测量的是局域微观的性能。

Anindita Basu 和 Ye Xu 等把宏观流变方法应用在亚微米温敏性水凝胶 pNIPAM 体系，研究了胶体玻璃体系在有限温度下玻璃转变过程中的流变行为[61]。利用 pNIPAM 粒子直径随温度降低不断增大的特点，可以通过调控温度来调节胶体玻璃的堆积比，实现从过冷液体到玻璃固体的转变。首先，通过对玻璃转变点 $\Phi_c = 0.62$ 附近不同堆积比的样品施加稳定的剪切，可以得到如图 6.22(a) 所示的应力–应变速率曲线。对比样品在不同温度下的曲线，发现 297K 时样品可以承受有限的屈服应力，即发生了从液体到固体的转变。对于低于 297K 的固体样品，可以用 Herschel–Bulkley(HB) 唯象模型 $\sigma = \sigma_y + k\dot{\gamma}^n$ 来表征胶体玻璃体系中的非牛顿流体行为。其中，σ_y 是屈服应力，k 是跟材料相关的常数，n 是模型的标度指数。为了与理论研究和先前的实验结果对照，需要对应力–应变速率曲线进行约化，如图 6.22(b) 所示。其中，$\Phi_J = 0.64$ 是阻塞堆积比，E 是 pNIPAM 粒子的杨氏模量，η_s 是溶剂的黏度，Δ 和 Γ 是标度系数。Δ 跟粒子间的相互作用有关，对

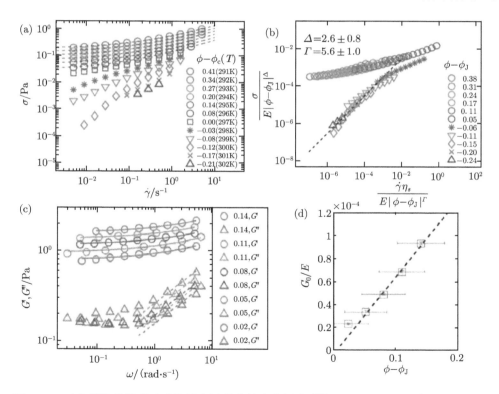

图 6.22　双分散胶体体系玻璃化转变过程中的流变行为[61]。(a) 不同堆积比样品的剪切应力–剪切速率曲线；(b) 约化后的应力–应变速率曲线分化为液体和固体两支；(c) 不同堆积比样品的储能模量 G' 和损耗模量 G'' 随频率的变化曲线；(d) 静态模量随堆积比线性变化

于赫兹作用势，$\Delta = a - 0.5$，其中 a 为 2.5。从图 6.22(b) 可以看出不同温度 (对应不同堆积比) 下的样品数据分为两支，一支对应液体的数据，一支对应固体的数据，这与其他 pNIPAM 体系的实验和乳胶体系在固液转变过程中的标度行为吻合 [62,63]。另一方面，按照上面介绍的方法，通过改变测量频率 ω，可以得到 $\varPhi_J$ 附近的胶体玻璃存储模量 $G'(\omega)$ 和损耗模量 $G''(\omega)$ 变化，如图 6.22(c) 所示。用公式 $G^* = G_0(1 + \sqrt{i\omega/\omega_n})$ 拟合模量–频率关系可以得到材料的静态模量 G_0。其中 $G^* = G' + iG''$，ω_n 是拟合参数。具体来说 G' 用 $G' = G_0(1 + \sqrt{\omega/(2\omega_n)})$ 拟合，G'' 用 $G'' = G_0(\sqrt{\omega/(2\omega_n)})$。图 6.22(c) 中的实线可以在很大的频率范围内很好地拟合 G' 的数据；而对于 G'' 只在频率大于 0.4rad·s^{-1} 时能够比较好地拟合，而小于 0.4rad·s^{-1} 的频率范围偏离了点划线，这种偏离是由于弛豫导致的 [64]。拟合得到静态模量与堆积比的关系符合图 6.22(d) 中的线性关系，与理论预测一致 [65]。

6.6.3   结合粒子追踪技术的胶体玻璃形变研究

在用胶体实验研究玻璃形变之前，一些块体玻璃实验和数值模拟的结果已经对玻璃形变有一定了解。以金属玻璃这一典型体系为例，人们发现金属玻璃的塑性主要来源于厚度为几十纳米的剪切带；剪切带之外几乎没有塑性流变。在拉伸过程中，剪切带一旦形成便迅速扩展导致断裂，导致金属玻璃几乎没有拉伸塑性。剪切带作为块体金属玻璃室温形变的普遍特征，其产生和内部性质演化过程与材料的塑性和断裂失稳密切相关，被认为是理解金属玻璃形变，提高室温塑性的关键问题之一。大量数值模拟结果表明，剪切带产生过程中原子响应局部的剪切应变，会发生原子重排，即部分原子从一个能量比较低的构型转换到另外一个能量较低的构型 [66]。这个局部原子重排通常包含几个到上百个原子，在理论上被称为剪切转变区。首先，需要在实际体系中观察到剪切转变区的存在，才能够验证数值模拟的正确性。其次，即使在实际体系中观察到了剪切转变区，也没有办法预测剪切转变区的发生，因为剪切转变区只是玻璃形变过程中的一个微观事件，而并不是像晶体形变中的位错缺陷一样的结构缺陷。很多理论模型都对结构重排的起源问题做了研究，但由于原子体系无法直接跟踪单个原子的运动，很难对这些理论进行筛选和检验。再次，剪切转变区如何扩展成剪切带，也需要直接的实验观察和理论探索。在胶体玻璃结合数字图像技术实现粒子实时跟踪之后，人们才真正能够直接从实验上观察玻璃微观重排的起源和扩展等重要问题。目前，胶体玻璃的研究已经确认了局域重排是胶体玻璃微观形变的主要方式；对重排的结构特征也有了一定的了解，并可以在一定概率下预测结构重排；对重排区如何演化和发展成更大尺度的形变，并最终影响材料的屈服等宏观形变行为也有了一定的了解。

首先需要确认局域粒子重排或剪切转变区是否是胶体玻璃形变中响应应力的主要方式。加载下，材料中的原子位移可以分为两类：一类是仿射位移，另一类是

非仿射位移 [67]。如图 6.23(a) 所示，剪切下原子沿着剪切方向固定梯度的位移分布即为仿射位移；非仿射位移是实际位移相对仿射位移的偏离。通常认为，仿射位移均匀地分布在整块玻璃材料中，在球形原子体系中主要对应可恢复的弹性形变；而非仿射位移在局域的富集是剪切带形成和材料脆性断裂或者屈服的主要原因。非仿射位移发生时，每个粒子偏离剪切场的方向不同，粒子之间会有相对运动，原来的拓扑结构或近邻关系会因此改变，即发生结构重排 [68]。如图 6.23(b) 加载之后变为图 6.23(c)，深颜色粒子对应非仿射位移场的分布，颜色越深对应非仿射位移强度越大，非仿射位移场中心的四个粒子 (椭圆圈内) 发生了明显的结构重排。根据近邻关系的变化也可以直接定义结构重排。通常有两种方式定量判断粒子之间是否是近邻关系 [69]。第一种是根据径向分布函数的第一个谷底的位置选择一个截断距离，粒子中心间距在截断距离以内的定义为近邻；另外一种是通过 Voronoi 划分多边形的方法，对应的 Voronoi 多边形共享同一条边的两个粒子定义为近邻。实验表明，两种定义方法得到的结果相似，采用不同定义方法对于多数问题不会有本质区别。粒子重排通常也有两种定义方法。一种是定义最小的重排单元 T1 [70]。一个 T1 事件对应图 6.24(a) 到图 6.24(b) 变化的过程。初始状态下两个红色圈中的胶体粒子是近邻关系，两个蓝色圈中的粒子没有近邻关系；剪切形变发生之后红色圈中的粒子被局部应力分开，近邻关系被打破，两个蓝色圈中的粒子建立近邻关系。图 6.24(b) 到图 6.24(c) 发生的逆过程是一个新的 T1 事件。只要有一组粒子改变近邻关系，T1 事件就会认定发生了重排，因此 T1 方法对于重排很敏感，可以区分很小的局域重排。T1 一般只能用于二维体系中，而且 T1 没有考虑近邻丢失个数不同对形变贡献的大小也不同这一状况。另外一种方法直接通过丢失近邻的个数定出重排，不受维度的限制，而且还能根据丢失近邻的个数区分不同粒子重排对形变的贡

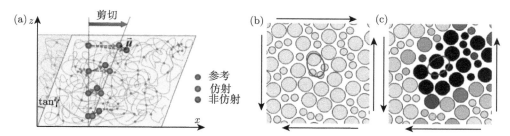

图 6.23 非仿射位移与结构重排。(a) 剪切形变过程中对应仿射位移和非仿射位移的示意图，灰色是参考位置，绿色箭头对应仿射位移，红色箭头是实际位移与仿射位移的差值，定义为非仿射位移 [67]；(b) 剪切形变前和 (c) 剪切形变后粒子在空间的分布。椭圆圈内的粒子在剪切力下 (箭头) 发生重排，重排导致附近粒子都产生了不同程度的非仿射位移，非仿射位移的大小用 (c) 图中不同的颜色表示，颜色越深，对应非仿射位移越大 [68]

献大小。如图 6.24(d)～图 6.24(g) 所示，以蓝色粒子为中心粒子，我们看到中心粒子丢失了一个到三个近邻的过程。二维、三维胶体剪切实验和温敏胶体体系变温实验都观察到 T1 或者近邻改变定义的重排作为耗散局部应力的主要方式。

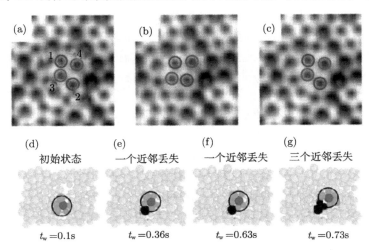

图 6.24　定义局域重排。(a)～(c)T1 事件表征局域重排。重排前红色和蓝色粒子是近邻关系，随着蓝色和红色分开，粉色和绿色成为近邻，一个 T1 事件完成 [70]；(d)～(g) 近邻改变个数定义不同程度的重排。以蓝色粒子为中心粒子，初始状态下有五个近邻，随着重排发生，其中一个近邻会失去 (黑色粒子)，重排继续发展，左下角的三个近邻都失去 [69]

　　在胶体实验体系中观察到局域重排作为胶体玻璃"元形变"只是第一步。那么接下来首先要面临的问题就是这些局域重排事件是如何发生的：是随机发生，无法预测，还是对应一定的结构起源？参考晶体中的形变是从位错和晶界等结构缺陷处发展出来的规律，我们需要先在玻璃中定义出结构缺陷，然后才能看局域重排是否是从缺陷处产生的。通过前面与胶体玻璃结构相关的章节我们了解到胶体玻璃的结构并不是杂乱无章的，而是存在一些结构序，例如自由体积、低频准局域的振动模式 (软模) 和结构熵等。Spaepen 等提出的非晶形变的自由体积模型应该是物理图像上最为直观的玻璃结构模型，粒子自由体积大，对应疏松的结构，借助自由体积，粒子跨越很小的势垒就可以发生局域重排，如图 6.25(a) 所示 [71]。自由体积模型在早期主要针对硬球体系，Egami 等通过计算机模拟，提出软球体系 (例如金属玻璃和水凝胶胶体粒子组成的玻璃等) 存在"负自由体积"的概念，即自由体积小的原子通常受比较大的挤压，也有更大的概率发生局域重排 [72]。如图 6.25(b)，正自由体积或者负自由体积的粒子都是玻璃中的缺陷 (灰色区域)，在形变过程中会优先重排。尽管自由体积模型和负自由体积模型在解释一些块体玻璃形变方面有着较为广泛的应用，但是微观上自由体积 (对应局域密度) 是否跟局域重排有很好的关联还没有直接的实验验证。Yang 等利用光加热技术对温敏胶体玻璃体系周期性变温来产生局域重排，然后看重排事件跟重排前的自由体积分布是否有一定的关联 [73]。与整体剪切不同，改变温敏水凝胶玻璃体系的温度会同时改变每个粒子的有效作用范围，进而改变每个粒子的受力分布，所以原则上，这种变温引发的位移在本质上是非仿射的。实验上也确实看到这种方法出发的局域近邻改变和非仿射位移在空间上有很好的对应。图 6.25(c) 分别统计了重排粒子在重排前和重排后的自由体积分布，与体系所有粒子的自由体积分布进行比较。二维自由体积定义为 Voronoi 多边形的面积减掉粒子的横截面积。胶体玻璃中粒子的直径并不相同，需要在划分 Voronoi 多边形时考虑不同粒子的不同直径。根据图 6.25(c) 可以看出粒子重排前后自由体积有一定的变化。把重排概率画成重排前初始自由体积的概率函数图 6.25(d)，发现与图 6.25(b) 中的理论结果类似，只有自由体积特别大 (局域环境稀疏) 和自由体积特别小 (局域环境拥挤，应力集中) 的粒子都更容易发生结构重排。同时，我们可以注意到最容易发生重排的粒子的重排概率只是最不容易发生重排的粒子的重排概率的 3 倍，也就意味着自由体积对粒子是否发生重排并没有很好的区分度。

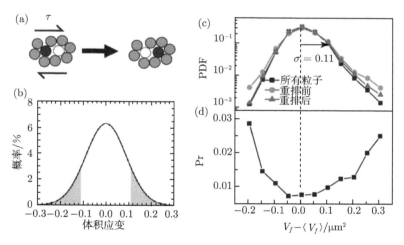

图 6.25   自由体积和负自由体积。(a) 剪切应力下原子借助自由体积发生跳跃 [71]；(b) 软球体系中自由体积或者体积概率的分布，左右两侧的灰色区域表示自由体积大的和自由体积小 (应力大) 的粒子都是玻璃中的缺陷，更容易响应应力发生形变 [72]；(c) 局域重排前后的粒子自由体积与系统中所有粒子自由体积的分布；(d) 重排概率随粒子重排前自由体积分布的函数 [73]

自由体积只考虑了第一近邻组成的粒子结构。然而结构重排通常需要几层原子的协同运动，而且理论研究表明玻璃体系中的结构关联也不仅仅只有第一层原子起作用。Chen 等在同样的温敏性水凝胶胶体玻璃体系探索了软模和结构熵这两个非局域结构量与结构重排之间的关联 [74]。参考上节胶体玻璃热力学的内容,我们知道位移协方差矩阵的方法可以在重排前确定出体系中低频准局域模式,即软模的分布。理论上软模集中的区域有更低的重排势垒,应该比其他区域更容易响应应力发生结构重排。图 6.26(a) 所示,等高图对应的是结构重排发生前软模在空间的分布,而小圆圈表示加载 (这里是通过变温改变温敏粒子的粒径) 过程中发生结构重排的粒子。对比结构重排和软模在空间的分布可以看到低频准局域的区域会有很大的概率发生重排。定量描述这种关联可以用对每个粒子对应的软模的分量和每个粒子的形变位移做关联函数,得到关联系数在 0.3 左右。模拟表明如果排除热扰动造成的随机效应,零温下软模与形变的关联可以超过 0.5 甚至更高。虽然软模比之前的结构参数 (例如自由体积和配位数) 能够更好地与结构重排关联起来,但是在胶体实验中测量软模通常需要几万帧的构型获得统计量,而且软模本身并没有直接对应粒子分布的信息。结构熵直接利用粒子在空间的分布信息 (径向分布函数) 来描述玻璃的结构。简单来讲,结构熵反映的是局域结构关联的大小。理想气体中粒子之间没有关联,定义结构熵为 0;随着密度增加粒子之间开始出现关联,互相限制,导致构型数减少,体系中的混乱度减小,这种由关联出现导致液体或者玻璃相对于理想气体减小的熵被称为结构熵。Yang 等探索了结构重排前结构熵在空间的分布 (彩色等高图) 和重排原子 (黑色圆圈) 在空间的分布,如图 6.26(b) 所示 [73]。可以看到结构重排跟结构熵比较高的区域有很好的重合。定量计算发现结构熵与局域重排之间的关联与软模和结构重排的关联近似,也在 0.3 左右。给予这个关联可以定义结构熵高的区域为玻璃中的缺陷区域。实验还发现,结构熵高的区域定义的缺陷分为两种:一类是较为稳定的缺陷,可以发生多次结构重排而不湮灭;而另一类缺陷则会在重排后湮灭,变成稳定区域不再重排。

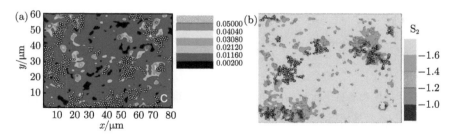

图 6.26　重排与结构参数的关联。圆圈表示发生结构重排的粒子在空间的分布,等高图表示
发生结构重排前的 (a) 软模 [74] 和 (b) 结构熵在空间的分布 [73]

与局域重排结构起源同样重要的问题是局域的重排之间是如何关联起来形成更大尺度的重排。只有搞清楚重排区之间的时间空间关联,才有可能理解剪切带

如何从局域几个原子尺度的结构重排中产生。探索重排区的关联，一个关键的实验问题是如何控制重排区的扩展，把局域重排一步一步慢慢释放出来。Yang 等通过小幅度周期性变温在温敏性胶体玻璃中连续引发多组局域的结构重排[73]。具体来讲，每个周期内对样品进行小幅度的升温引发重排，然后降回原来温度重新将结构稳定住，这样连续十个周期，多数周期都有且仅有比较小的结构重排，如图 6.27 所示。单独看每个周期，重排团簇随机分布在样品中。而不同周期的重排团簇往往在空间上挨着，可以组成更大的重排团簇 (如蓝色的大圈所示)。这说明新重排团簇的产生跟原来的重排团簇之间并非完全无关，后来的重排通过某种方式与先前的重排在空间上关联起来，总是倾向于在原来的重排附近发生。由于系统大小 (3000~4000 个粒子左右) 有限，这种结构重排之间的关联与数以万计原子的剪切带的形成之间还有一定差距。最近 Antina Ghosh 等用了 25 000 个粒子的三维胶体玻璃体系做剪切实验，观察到了剪切过程中的形变区域的扩展过程[75]。小立方体中填充胶体玻璃，然后在垂直 z 轴的上表面缓慢施加剪切形变，如图 6.28(a)~(c) 是剪切应变从 2.1% 到 10.1% 变化的过程中发生结构重排的粒子 (以非仿射位移的大小确定) 在空间的分布。在应变为 2.1%(6.28(a)) 的时候，只有几个小的重排团簇随机分布在空间中；随着应变继续增加到 4.9%，新团簇产生，小的团簇扩展连接成更大的团簇；最后在应变达到 10.1% 的时候体系中最大的团簇达到系统尺寸。在应变达到 10% 的时候，随着重排团簇连接发生渗流转变 (percolation)，整个体系发生屈服。重排团簇的尺寸标度关系也定量给出了同样渗流转变点。

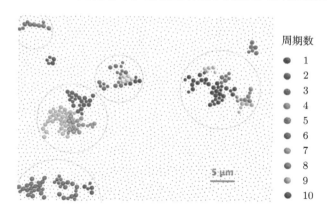

图 6.27　结构重排之间的时间空间关联[73]。不同的颜色表示不同周期中产生的重排团簇。单独看每个周期中产生的重排团簇，随机分布在样品中；但是注意到后来产生的重排团簇，总是倾向于发生在原来团簇的旁边，于是出现了团簇的增长 (图中蓝色大圆圈)

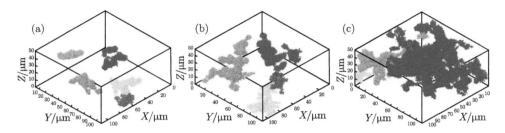

图 6.28　三维胶体玻璃剪切过程中形变区的扩展 [75]。剪切应变从 (a)2.1% 到 (b)4.9%，再到 (c)10.1% 变化过程中非仿射位移团簇在空间的分布。剪切应变在 2.1% 的时候，少量小团簇随机分布在样品中；随着应变增加，新团簇产生，原来团簇长大；在应变为 10.1% 的时候样品屈服，体系中最大的团簇贯通整个样品

　　胶体玻璃形变的这些研究进展在很大程度上加深了人们对于玻璃形变微观机理的认识。但仍然存在一些需要解决的实验和理论问题。实验方面的问题主要来自胶体体系与实际体系的差异，表现在下面两个方面。首先，实际原子分子材料中一个剪切带就有几十万个原子，胶体体系能够同时观察的粒子数通常只有几千到几万，与实际玻璃材料中的原子数相差甚远。因此，没有办法直接观察到剪切带的产生和一些宏观形变行为，距离直接指导材料宏观性能设计还存在一定距离。可以尝试一些高通量的方法制备并观察胶体体系。另外，胶体体系的作用势函数类型比较少，主要是接触或者静电相互作用下的短程势，这与实际材料中的各向异性的长程复杂相互作用差别较大。这导致胶体玻璃的一些形变行为研究跟金属玻璃等少数玻璃体系有比较直接的对应，例如上面汇总的胶体玻璃形变的微观机理可能对金属玻璃的塑性形变有一定指导，而对于氧化物玻璃这类以共价键主导的体系，胶体玻璃的形变规律就很难用来解释氧化物玻璃容易脆性断裂的本质。但是通过很多巧妙的化学和物理方法可以在一定程度上设计胶体粒子之间的相互作用，尤其是如果能够在得到胶体玻璃之后原位调节粒子间的相互作用类型，就可以拓宽胶体体系对应的实际材料的范围，发现更多新现象、新规律。理论方面，胶体玻璃结构重排的产生机理和扩展机理还都不够清楚。结构重排的结构起源的探索依赖于玻璃结构理论的发展。人们借助物理直觉或机器学习等一些新的方法能够为玻璃态物质提出一些比较有效的结构参数，胶体实验和数值模拟都可以证明结构在玻璃的动力学和形变过程中确实存在一定的作用，但是这些结构在热和力等外场下对玻璃的性能有什么影响还并不清楚。新的、更有效的结构参数也需要继续探索。在没有很完善的结构–重排对应关系的情况下，重排区的关联、扩展的内在机制也很难搞清楚。例如新的重排区为何更倾向于在原来重排区附近发生，是因为原来的重排区附近是缺陷集中的区域，还是因为先前的重排把缺陷区域传递到了附近。再例如重排区域的扩展是一步步增加还是类似雪崩一样有一个先快后慢的转变过

程。这些理论的问题需要理论和实验方面的专家一起合作，才有可能有新的突破。

6.6.4　胶体玻璃力学的应用和推广

作为一个包含多体相互作用的典型复杂体系，胶体玻璃领域的部分研究成果可以被借鉴到其他复杂体系，例如颗粒体系、地震和雪崩等地质灾害、细胞组成的生物组织等。颗粒系统作为胶体的 "近亲"，也是由单个粒子相互接触构成的复杂系统，与胶体系统的主要区别是热涨落效应在颗粒比较大时可以忽略不计，所以颗粒系统相当于零温下的胶体体系。常见的颗粒系统有沙堆、米粒和面粉等。我们以沙堆为例，沙堆在承受剪切的过程中会伴随局部自由体积的变化。如果沙堆的初始密度比较大，类似于密排的玻璃原子，处于一种阻塞的状态，那么剪切会增加沙堆体系的自由体积，使堆积密度降低，即发生体积膨胀，通常被称为剪切膨胀。其实不只是剪切过程，即使在压缩密排沙堆的过程中沙堆也会发生体积膨胀，这与多数物质受压缩体积变小相反，是颗粒类物质的特有行为。如图 6.29(a) 所示，颗粒粒子在加载前排成密排结构，平均每个原子的自由体积可以用四个圆心连线组成的菱形中间的空白表示，通过计算得到空白处的面积为 $0.08R^2$ (R 是粒子直径)。剪切之后四个粒子中心排列成正方形时自由体积最大，计算得到空白区域面积为 $0.215R^2$，自由体积扩大到原来的 2～3 倍。这就是为什么我们在海边的沙滩上走过时，脚踩过的地方沙子会变干 (因为脚给沙堆力，沙堆变形导致体积膨胀，自由体积增加)[76]。实际上，实验观测发现颗粒在加载作用下只有产生一定的自由体积才能发生流动。在增加的自由体积的帮助下，体系发生结构重排，结构重排连接起来，最终导致整个颗粒体系发生流动。这种颗粒体系中的剪切膨胀产生自由体积协助形变发生的机制也是自由体积模型在玻璃形变领域流行的一个重要原因。

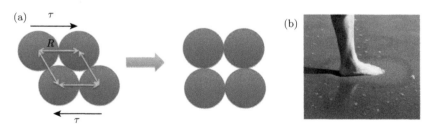

图 6.29　密排颗粒剪切膨胀。(a) 对密排颗粒剪切，颗粒间的自由体积增加；(b) 剪切膨胀导致在沙滩上行走时，脚踩过的地方沙子会变干 [76]

颗粒的尺度范围很广，小到几个微米的粉末，大到沙粒、石块，甚至地球板块，都可以当作颗粒。把地壳和地幔作为大尺度的离散的粒子系统，利用玻璃系统形变规律研究地震已经成为预测地震发生的重要方法 [77]。研究地震的常规方法是从连续介质理论出发，基于连续介质中的应力–应变关系，根据机械波在连续介质中

的传播规律，可以比较好地解释地震波的传播，和地震发生时岩石受压破裂时的应
力–应变关系。然而，地震的孕育是一个准静力学过程，连续介质力学不再适用，因
此连续介质力学下发展的方法很难获取地震的前兆，提前预测地震的发生。中学地
理课中，我们了解到地球外部的地壳并不是完整的一块，而是由不同的板块组成。
板块又由很多大小不同的断层组成，断层的尺寸在 $1 \sim 10^2$km 范围内。把断层当
成单个粒子，那整个地壳就可以当成一个无序的玻璃系统，而地震就相当于一个比
较大尺度的结构重排事件。如图 6.30 所示，我们以 2008 年四川汶川大地震为例，
印度洋板块运动导致西藏地块向东运动，挤压四川地块 [78,79]。四川地块中龙门山
附近的汶川和北川地质断层之间的关联弱，相当于玻璃中的缺陷区域，在挤压下发
生结构重排。从玻璃形变的角度看，预测形变需要预先知道地质断层的分布，找到
关联比较弱的缺陷区域，然后结合施加力的不同形式和不同方向就能在一定程度
上预测断层重排的可能性大小。具体来说还要考虑断层之间的应力的不均匀分布
和力链结构等复杂情况。

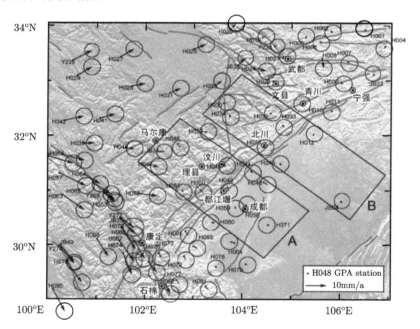

图 6.30　西藏地块向东挤压四川地块，在比较薄弱的龙门山断裂带引发 2008 汶川大地震。
箭头表示断层移动的方向 [77]

　　胶体玻璃的形变理论除了可以应用到没有生命的颗粒体系，也可以扩展到细
胞生物学等生命科学领域。细胞生物学是研究胚胎发育，组织分化、再生、修复，
癌细胞扩散转移等关键问题的一个重要生物学分支。很多细胞紧密堆积在一起，形

成组织。细胞在组织中运动时，与不同的近邻细胞接触，不断发生结构重排。这些结构重排是否依然可以用力学规律解释，还是完全由复杂的生物化学反应所主导？通过研究影响细胞迁移过程中发生 T1 形变激活能的影响因素，Lisa Manning 等理论建模发现细胞的形状可以从根本上改变组织的力学性质 [80]。二维情况下，形状因子 p_0 定义为周长除以面积的算术平方根。如图 6.31，形状因子 p_0 小于 3.81 的时候 T1 重排的激活能为有限值，能够抵抗一定大小的应力，体系表现为固体，细胞都被限制在一个平衡位置附近振动；而当 p_0 大于 3.81 时，细胞之间发生 T1 重排所需克服的能垒几乎为 0，体系不能够承受有限的剪切，表现出类似液体的力学状态。细胞实验也直接证明了形状因子在决定细胞力学状态方面的关键作用 [81]。这些理论与实验的结果表明，组织中的细胞迁移并非完全由复杂的生物化学反应主导，玻璃力学依然起到很关键的作用。如果临床能够通过一些生化方法改变细胞的形状，那么就可以在限制癌细胞扩散和促进组织修复等方面广泛应用。

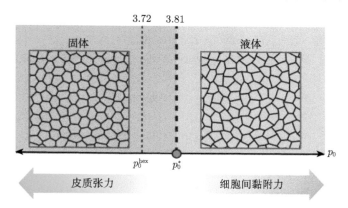

图 6.31 细胞的形状因子从根本上决定了细胞的力学性质 [81]。细胞的形状因子 (二维情况下为周长除以面积的平方根) 小于 3.81 时组织可以承受有限的剪切，表现为类似固体的性质；形状因子大于 3.81 时，组织不能承受有限剪切，表现出类似液体的性质

参 考 文 献

[1] Anderson P W. Through the glass lightly. Science, 1995, 267: 1615.

[2] Lindsay H M, Chaikin P M. Elastic properties of colloidal crystals and glasses. J. Chem. Phys., 1982, 76: 3774.

[3] Edgeworth R, Dalton B J, Parnell T. The pitch drop experiment. Euro. J. Phys., 1984, 5: 198.

[4] Pusey P, van Megen W. Phase behaviour of concentrated suspensions of nearly hard colloidal spheres. Nature, 1986, 320: 340.

[5] Donev A, Stillinger F H, Torquato S. Configurational entropy of binary hard-disk glasses: Nonexistence of an ideal glass transition. J. Chem. Phys., 2007, 127: 124509.

[6] Sciortino F, Tartaglia P. Glassy colloidal systems. Adv. Phys., 2005, 54: 471.

[7] Wood W W, Jacobson J D. Preliminary results from a recalculation of the Monte Carlo equation of state of hard spheres. J. Chem. Phys., 1957, 27: 1207.

[8] Pusey P, Van Megen W. Observation of a glass transition in suspensions of spherical colloidal particles. Phys. Rev. Lett., 1987, 59: 2083.

[9] Zaccarelli E, Valerians C, Sanz E, et al.Crystallization of hard-sphere glasses. Phys. Rev. Lett., 2009, 103: 135704.

[10] Torquato S, Truskett T M, Debenedetti P G. Is random close packing of spheres well defined?Phys. Rev. Lett., 2000, 84: 2064.

[11] Bernal J D, Mason J. Packing of spheres: Co-ordination of randomly packed spheres. Nature, 1960, 188: 910.

[12] Auer S, Frenkel D. Suppression of crystal nucleation in polydisperse colloids due to increase of the surface free energy. Nature, 2001, 413: 711.

[13] Hunter G L, Weeks E R. The physics of the colloidal glass transition. Rep. Prog. Phys., 2012, 75: 066501.

[14] Mayer C, Zaccarelli E, Stiakakis E, et al. Asymmetric caging in soft colloidal mixtures. Nat. Mater., 2008, 7: 780.

[15] Truzzolillo D, Marzi D, Marakis J, et al. Glassy states in asymmetric mixtures of soft and hard colloids. Phys. Rev. Lett., 2013, 111: 208301.

[16] Coslovich D, Bernabei M, Moreno A J. Cluster glasses of ultrasoft particles. J. Chem. Phys.,2012, 137:184904.

[17] Lenz D A, Blaak R, Likos C N, et al. Microscopically resolved simulations prove the existence of soft cluster crystals. Phys. Rev. Lett., 2012, 109:228301.

[18] Sciortino F, Zaccarelli E. Computational materials science: Soft heaps and clumpy crystals. Nature, 2013, 493:30.

[19] Berthier L, Moreno A J, Szamel G. Increasing the density melts ultrasoft colloidal glasses. Phys. Rev. E., 2010, 82:060501.

[20] Sengupta S, Vasconcelos F, Affouard F, et al. Dependence of the fragility of a glass former on the softness of interparticle interactions. J. Chem. Phys., 2011, 135:194503.

[21] Wang L, Duan Y, Xu N. Non-monotonic pressure dependence of the dynamics of soft glass-formers at high compressions. Soft Matter, 2012, 8: 11831.

[22] Zhang Z, Xu N, Chen D, et al. Thermal vestige of the zero-temperature jamming transition. Nature, 2009, 459:230.

[23] Paloli D, Mohanty P S, Crassous J J, et al. Fluid–solid transitions in soft-repulsive colloids. Soft Matter, 2013, 9: 3000.

[24] Asakura S, Oosawa F. On interaction between two bodies immersed in a solution of macromolecules. J. Chem. Phys., 1954, 22: 1255.

[25] Sciortino F. Disordered materials: One liquid, two glasses. Nat.Mater., 2002, 1: 145.

[26] Zaccarelli E, Loewen H, Wessels P, et al. Is there a reentrant glass in binary mixtures? Phys. Rev. Lett. 2004, 92:225703.

[27] Eckert T, Bartsch E. The effect of free polymer on the interactions and the glass transition dynamics of microgel colloids. Faraday Discuss, 2003, 123: 51.

[28] Pham K N, Puertas A M, Bergenholtz J, et al. Multiple glassy states in a simple model system. Science, 2002, 296: 104.

[29] Zhang Z, Yunker P J, Habdas P, et al. Cooperative rearrangement regions and dynamical heterogeneities in colloidal glasses with attractive versus repulsive interactions. Phys. Rev. Lett., 2011, 107:208303.

[30] Zheng Z, Wang F, Han Y. Glass transitions in quasi-two-dimensional suspensions of colloidal ellipsoids. Phys. Rev. Lett., 2011, 107: 065702.

[31] Zheng Z, et al. Structural signatures of dynamic heterogeneities in monolayers of colloidal ellipsoids. Nat. Commun., 2014, 5: 3829.

[32] Mishra C K, Rangarajan A, Ganapathy R. Two-step glass transition induced by attractive interactions in quasi-two-dimensional suspensions of ellipsoidal particles. Phys. Rev. Lett., 2013, 110: 188301.

[33] Weeks E R, et al. Three-dimensional direct imaging of structural relaxation near the colloidal glass transition. Science, 2000, 287: 627.

[34] Kawasaki T, Araki T, Tanaka H. Correlation between dynamic heterogeneity and medium-range order in two-dimensional glass-forming liquids. Phys. Rev. Lett., 2007, 99: 215701.

[35] Angell C A. Formation of glasses from liquids and biopolymers. Science, 1995, 267: 1924.

[36] Poon W C K, Weeks E R, Royall C P. On measuring colloidal volume fractions. Soft Matter, 2012, 8: 21.

[37] Marshall L, Zukoski C F. Experimental studies on the rheology of hard-sphere suspensions near the glass transition. J. Phys. Chem., 1990, 94: 1164.

[38] Doolittle A K. Studies in Newtonian flow. II. The dependence of the viscosity of liquids on free-space. J. Appl. Phys., 1951, 22: 1471.

[39] Hecksher T, Nielsen A I, Olsen N B, et al. Little evidence for dynamic divergences in ultraviscous molecular liquids. Nat. Phys., 2008, 4: 737.

[40] Ediger M D. Spatially heterogeneous dynamics in supercooled liquids. Annu. Rev. Phys. Chem., 2000, 51: 99.

[41] Brambilla G, et al. Probing the equilibrium dynamics of colloidal hard spheres above the mode-coupling glass transition. Phys. Rev. Lett., 2009, 102: 085703.

[42] Senff H, Richtering W. Temperature sensitive microgel suspensions: Colloidal phase behavior and rheology of soft spheres. J. Chem. Phys., 1999, 111: 1705.

[43] Kegel W K, van Blaaderen A. Direct observation of dynamical heterogeneities in colloidal hard-sphere suspensions. Science, 2000, 287: 290.

[44] Wahnström G, Sjögren L. Incoherent scattering function in simple classical liquids. J. Phys. C, 1982, 15: 401.

[45] Schweizer K S, Saltzman E J. Entropic barriers, activated hopping, and the glass transition in colloidal suspensions. J. Chem. Phys., 2003, 119: 1181.

[46] Doliwa B, Heuer A. Hopping in a supercooled Lennard-Jones liquid: Metabasins, waiting time distribution, and diffusion. Phys. Rev. E, 2003, 67: 030501.

[47] Widmer-Cooper A, Harrowell P, Fynewever H. How reproducible are dynamic heterogeneities in a supercooled liquid? Phys. Rev. Lett., 2004, 93:135701.

[48] Kob W, et al. Dynamical heterogeneities in a supercooled Lennard-Jones liquid. Phys. Rev. Lett., 1997, 79: 2827.

[49] Donati C, et al. Stringlike cooperative motion in a supercooled liquid. Phys. Rev. Lett., 1998, 80: 2338.

[50] Karmakar S, Dasgupta C, Sastry S. Growing length and time scales in glass-forming liquids. Proc. Natl. Acad. Sci., 2009, 106: 3675.

[51] Berthier L, Chandler D, Garrahan J P. Length scale for the onset of Fickian diffusion in supercooled liquids. Europhys. Lett., 2005, 69: 320.

[52] 黄昆. 固体物理学. 北京: 高等教育出版社, 1988: 79-82.

[53] Chen K. Applications of colloids in glass researches. Acta Phys. Sin., 2017, 66: 178201 (in Chinese).

[54] Liu H X, Chen K, Hou M Y. Boson peaks in doped colloid glasses. Acta Phys. Sin., 2015, 64: 116302 (in Chinese).

[55] Gratale M D, et al. Vibrational properties of quasi-two-dimensional colloidal glasses with varying interparticle attraction. Phys. Rev. E, 2016, 94: 042606.

[56] Yunker P J, Chen K, Zhang Z, et al. Phonon spectra, nearest neighbors, and mechanical stability of disordered colloidal clusters with attractive interactions. Phys. Rev. Lett., 2011, 106: 225503.

[57] Yunker P J, et al. Rotational and translational phonon modes in glasses composed of ellipsoidal particles. Phys. Rev. E, 2011, 83: 011403.

[58] Bourhis E L. Glass: Mechanics and Technology. Weinheim: Wiley-VCH Verlag GmbH & Co.KGaA, 2014.

[59] Wang W H. The nature and properties of amorphous matter. Prog. Phys., 2013, 33: 177 (in Chinese).

[60] Waigh T A. Microrheology of complex fluids. Rep. Prog. Phys., 2005, 68: 685.

[61] Basu A, et al. Rheology of soft colloids across the onset of rigidity: Scaling behavior, thermal, and non-thermal responses. Soft Matter, 2014, 10: 3027.

[62] Nordstrom K N, et al. Microfluidic rheology of soft colloids above and below jamming. Phys. Rev. Lett., 2010, 105: 175701.

[63] Paredes J, Michels M A J, Bonn D. Rheology across the zero-temperature jamming transition. Phys. Rev. Lett., 2013, 111: 015701.

[64] Mason T G, Bibette J, Weitz D A. Elasticity of compressed emulsions. Phys. Rev. Lett., 1995, 75: 2051.

[65] O'Hern C S, Silbert L E, Liu A J, et al. Jamming at zero temperature and zero applied stress: The epitome of disorder. Phys. Rev. E, 2003, 68: 011306.

[66] Schuh C A, Hufnagel T C, Ramamurty U. Mechanical behavior of amorphous alloys. Acta Mater., 2007, 55: 4067.

[67] Wen Q, Basu A, Janmey Paul A, et al. Non-affine deformations in polymer hydrogels. Soft Matter, 2012, 8: 8039.

[68] Falk M L, Langer J S. Dynamics of viscoplastic deformation in amorphous solids. Phys. Rev. E, 1998, 57: 7192.

[69] Yunker P, Zhang Z, Aptowicz K, et al. Irreversible rearrangements, correlated domains, and local structure in aging glasses. Phys. Rev. Lett., 2009, 103: 115701.

[70] Keim N C, Arratia P E. Yielding and microstructure in a 2D jammed material under shear deformation. Soft Matter, 2013, 9: 6222.

[71] Spaepen F. A microscopic mechanism for steady state inhomogeneous flow in metallic glasses. Acta Metall., 1977, 25: 407.

[72] Egami T. Atomic level stresses. Prog. Mater. Sci., 2011, 56: 637.

[73] Yang X, Liu R, Yang M, et al. Structures of local rearrangements in soft colloidal glasses. Phys. Rev. Lett., 2016, 116: 238003.

[74] Chen K, et al. Measurement of correlations between low-frequency vibrational modes and particle rearrangements in quasi-two-dimensional colloidal glasses. Phys. Rev. Lett., 2011, 107: 108301.

[75] Ghosh A. Direct observation of percolation in the yielding transition of colloidal glasses. Phys. Rev. Lett., 2017, 118: 148001.

[76] Wang J Q, Ouyang S. Extended elastic model for flow of metallic glasses. Acta Phys. Sin., 2017, 66: 176102 (in Chinese).

[77] 陆坤权, 厚美瑛, 姜泽辉, 等. 以颗粒物理原理认识地震 —— 地震成因、地震前兆和地震预测. 物理学报, 2012, 61: 119103.

[78] Zhang P Z, Xu X W, Wen X Z, et al. Slip rates and recurrence intervals of the Longmen Shan active fault zone and tectonic implications for the mechanism of the May 12 Wenchuan earthquake, 2008, Sichuan, China. Chin. J. Geophys., 2008, 51: 1066 (in Chinese).

[79] Shen Z K, Sun J, Zhang P, et al. Slip maxima at fault junctions and rupturing of barriers during the 2008 Wenchuan earthquake. Nat.Geosci., 2009, 2: 718.

[80] Bi D, Lopez J H, Schwarz J M, et al. A density-independent rigidity transition in biological tissues. Nat. Phys., 2015, 11: 1074.

[81] Park J-A, Kim J H, Bi D, et al. Unjamming and cell shape in the asthmatic airway epithelium. Nat. Mater., 2015, 14: 1040.

第7章　活性胶体

王　威
哈尔滨工业大学 (深圳)

张何朋
上海交通大学

杨明成
中国科学院物理研究所, 中国科学院大学

7.1　活性胶体简述

胶体普遍存在于自然界和人造环境中, 一般由充当溶剂的连续相和悬浮于其中的胶体颗粒组成。典型胶体颗粒的尺寸在 1nm 到 $10\mu m$ 之间, 这个尺寸范围的颗粒运动受热激发影响, 一般表现出扩散行为。活性胶体颗粒可以吸收环境中的能量, 实现自我驱动, 其驱动力独立起源并作用在个体本身, 这与传统系统中依靠宏观梯度来实现驱动有本质不同。运动的细菌是活性胶体的典型例子, 比如大肠杆菌 (*Escherichia coli*) [1] 的细胞体在微米尺寸, 能够以每秒数十个身长的速度在液体环境中游泳。近年来人工合成的活性胶体颗粒 (在其他领域也被称为 "胶体马达" 或者 "微纳米马达") 也逐渐受到越来越多软物质领域研究人员的关注, 其良好的可控性及合成的多样性为研究活性物质提供了极佳的平台与手段。

活性胶体能在微观尺度实现主动和可控的输运, 因此对其个体驱动机制的研究将可能有众多工程应用, 比如药物输运、精确诊断、环境监测治理等。另一方面, 含有大量活性胶体的系统表现出丰富的动力学过程, 如集体运动、相分离等, 使得该系统具有特殊的性质, 如巨密度涨落等。针对活性多体系统的研究将为理解和调控这一类系统的行为奠定坚实的基础, 拓展我们对生命系统中自组织行为的认识。

活性胶体是一个学科高度交叉的研究领域, 其研究内容既包含微生物的培养、繁殖等, 也包括胶体颗粒的制备、表征及表面功能化等材料、化学知识点, 以及胶体物理、流体力学、群体行为等软物质物理知识点, 更包含生物工程、微流体、超声学、微纳加工等工程背景深厚的学科。限于篇幅及笔者知识面, 更考虑到本文的目标读者及写作目的, 本章主要讨论与软物质物理领域相关的一些活性胶体研究内容, 包括活性胶体的运动机理, 以及胶体颗粒之间的相互作用, 重点为相关实验及模拟的研究进展。希望通过我们的介绍，能够让读者对于活性胶体这个软物质的前沿热点研究领域有一个更清晰更充分的认识，吸引更多的科学工作者投入相关的研究。

以下我们简单介绍一下本领域研究的发展历史。

列文·虎克在 300 多年前利用自制的显微镜观察了众多的标本；在他 1683 年完成的标本绘图中，我们能发现科学史上第一次对细菌的记录 [2]。之后到 1836 年，德国科学家埃伦伯格发现一种体形较大的细菌，其身体一段有约 40 条鞭毛形成鞭毛束 [3]。近代对细菌个体运动的系统研究开始于 20 世纪六七十年代。Adler [4]，Berg [5]，Macnab [6] 等发现细菌由转动鞭毛驱动；正常前进 (run) 时，多根鞭毛可在细菌体一端成束；鞭毛束散开后，细菌身体转动 (tumble)，调整前进方向；细菌可调控 run 和 tumble 的频率实现化学趋向性 [7]。同时物理学家对旋转鞭毛产生驱动的力学机制开展研究，提出了抗力理论、细长体理论等系列理论 [8]。近年对单个细菌运动的研究包括：鞭毛成束机制、细菌与边界相互作用、细菌在非牛顿流体中的运动、化学趋向性和马达调控等。

自然界中很多细菌都是生活在菌落中；在这种高密度环境里，细菌能形成有长程时空关联的集体运动 (swarming motion)，该运动形式对生物膜形成、细菌间通信等生物过程有重要意义 [9]。同时作为研究生物集体运动的重要模型，物理学家对细菌系统进行了广泛的实验、数值和理论研究。虽然细菌系统呈现出多样的动力学行为，却也有诸多的研究困难。例如不同的菌种行为差别大，而细菌在不同的环境下、不同的生命周期中行为迥异。为了弥补这些缺陷，研究人员开始人工合成活性胶体颗粒，希望获得一个具有高可控性，并且方便调节各种参数的人工体系。

活性胶体的人工合成在 2003 年取得了突破。美国宾州州立大学 Sen 与 Mallouk 课题组用电化学方法合成了双金属的微米棒，一端为金 (Au)，一端为铂 (Pt)，长度约为 $2\sim3\mu m$，直径为 $200\sim300nm$。他们将这种微米棒与 5% 质量分数的过氧化氢 (H_2O_2) 溶液混合。因为铂能够催化分解 H_2O_2，所以他们预期反应产生的氧气气泡将推动微米棒向铂的反方向运动。然而事实与此恰恰相反。在金属棒附近没有观察到任何的气泡，并且微米棒是朝向金的反方向以每秒 $10\sim20\mu m$ 的速度运动。加拿大多伦多大学 Ozin 等人也独立地报道了相似的实验现象 [10]。

这一与预期相反的实验结果引发了科研人员的高度兴趣，人们也提出了不同的机理进行解释。最终，基于非对称电化学反应的自电泳机理 (self-electrophoresis) 从各种假说中脱颖而出，成为目前国际学术界公认的最佳解释。在此后的十年间，各类基于不同驱动机理的人工活性胶体体系如雨后春笋般不断涌现，至今人们已经探索了利用化学能、声能、电场、磁场、光能、热能等多种方式驱动胶体的方法 [11]，并利用人工活性胶体自发运动及表面功能化的特点，在诸如环境与生物探测、药物与微颗粒输运、微流体混合、组织切割等多个应用领域取得了令世人瞩目的成绩 [12]。

除实验研究之外,学术界对于活性胶体的相互作用、群体行为、自组装等现象有大量的理论研究和模拟工作。特别地,由于活性胶体系统的极端复杂性和固有非平衡的特点,计算机模拟已成为研究活性胶体非平衡现象物理本质的最常用的理论工具。此外,较为真实的模拟研究也有助于澄清活性胶体粒子的自驱动机制。目前活性胶体的模拟研究已经取得了大量有趣的结果,为已有的实验研究提供了重要的补充。

7.2　细菌作为活性胶体的研究

近年来细菌方面的研究进展迅猛,结果层出不穷,详情可参见最近的多篇综述论文[13]。下面笔者从自己的学术视角,对部分工作做梳理。

7.2.1　单个细菌的运动行为和机制

近年来,学者对单个细菌的运动行为做了多项定量研究。Chattopadhyay 等利用光镊俘获细菌,并测量了鞭毛产生的皮牛顿量级的驱动力,该结果和传统抗力理论的预言定性吻合[14]。Rodenborn 等系统测量了不同仿生细菌鞭毛的驱动效率,找到产生最大驱动力的优化外形,证明自然界中现有细菌鞭毛的外形趋近于优化外形;同时还证明广泛使用的抗力理论因为忽略流体力学相互作用,不能定量描述细菌驱动[15]。Liu、Powers 和 Breuer 测量了仿生细菌模型在非牛顿流体中的游动速度,发现当流体的弛豫时间和鞭毛的转动周期一致时,模型的游动速度达到最大值,说明液体环境的性质对细菌的运动行为有重要影响[16]。

7.2.2　细菌和边界的相互作用

细菌游动经常发生在边界附近,前人研究表明细菌可与边界通过流体力学或者排斥体积效应发生强烈相互作用。比如,Lauga[17] 和唐建新[18] 等发现,细菌在固体边界产生富集。界面附近的细菌常常呈现出圆形的运动轨迹,且在固体和气体界面上的轨迹旋转方向相反,该现象可用细菌泳动产生的旋转流场和边界的相互作用来解释[19]。Spagnolie 和 Lauga 利用多级展开的解析方法和数值计算对细菌和界面的流体力学相互作用做了系统的研究[20]。Drescher 等人通过实验测量了边界附近运动细菌产生的流场,并与流体力学的远场渐近解做了比较[21]。Petroff[22] 和 Chen[23] 等发现当细菌的鞭毛垂直于边界时,能产生沿着边界的汇聚流场,导致细菌形成动态的团簇。

7.2.3　细菌驱动物质输运

细菌拥有在微纳米尺度极为高效的马达,研究人员尝试利用细菌解决微纳米尺度的输运问题[24]。Berg 等将细菌黏附到微米尺度的颗粒上,利用细菌的游泳能力实现对颗粒的主动输运[25]。含有运动细菌的悬浊液可以有效地旋转非对称的齿轮或输运物质[26]。当细菌的平动运动被限制后，其转动的鞭毛能产生流场，达到高效的输运或者混合的效果[27] (图 7.1)。

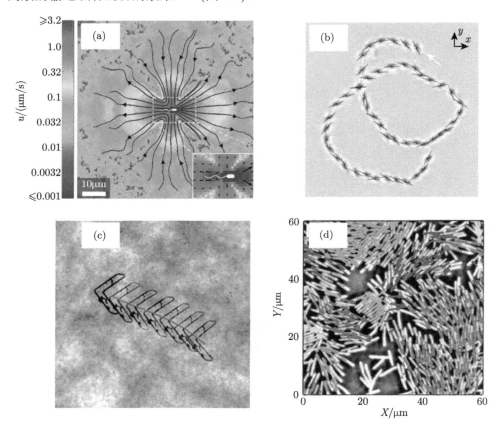

图 7.1 从个体到多体的细菌动力学现象。(a) 细菌周围流场的实验测量结果，颜色代表流速大小，黑线为流线 (参考文献 [21])；(b) 细菌在气液界面做逆时针运动，黑色物体为细菌瞬时位置，白线为细菌轨迹，白色箭头为细菌初始位置 (参考文献 [19b])；(c) 细菌悬浊液主动输运三角形物体，红色为物体轨迹，物体边长为 262μm (参考文献 [26b])；(d) 细菌菌落中集体运动，背景中高亮度杆状物体为细菌，箭头代表瞬时速度，带有同样颜色箭头的近邻细菌属于同一动态团簇，不属于任何团簇的细菌未被标注速度箭头 (参考文献 [30])

7.2.4 细菌的集体运动

在高密度细菌系统中，细菌可以通过流体力学和排斥体积相互作用形成长程有序的集体运动。研究人员已经在多个实验系统中对该形式运动的动力学和时空关联进行了测量，包括液滴 [28]、肥皂沫 [29]、琼脂表面 [30]、微流器件中 [31] 等。Shelley [32] 和 Graham [33] 等通过数值模拟再现了关键实验结果，并构筑了初步的动力学理论。细菌集体运动对系统性质有极大影响，包括物质混合 [34] 和流变特性 [35] 等。

7.3 人工合成活性胶体的研究

7.3.1 驱动机理

1) 自电泳机理

为了使颗粒在微纳米尺度运动，就必须打破对称性。利用表面不对称的化学反应产生某种梯度，是打破微观对称性的一种常见方法。前面提到的在过氧化氢溶液中运动的双金属微米棒就是利用这种方法的典型代表。在这种体系中，H_2O_2 会在微米棒两端的两种金属表面选择性地发生氧化或者还原反应。例如，在金-铂双金属棒表面，铂端发生双氧水的电化学氧化半反应，而金端发生双氧水的电化学还原半反应，反应方程如下：

$$\text{阳极 (铂)}\quad H_2O_2\,(aq) \longrightarrow 2H^+\,(aq) + O_2\,(g) + 2e^- \tag{7.3.1}$$

$$\text{阴极 (金)}\quad H_2O_2\,(aq) + 2H^+\,(aq) + 2e^- \longrightarrow 2H_2O\,(l) \tag{7.3.2}$$

$$\text{总反应}\quad 2H_2O_2\,(aq) \longrightarrow 2H_2O\,(l) + O_2\,(g) \tag{7.3.3}$$

由于在金属棒表面发生的不对称化学反应，使得在铂端产生过剩的氢离子，而在金端消耗更多的氢离子，这样就形成了氢离子从铂端到金端的浓度梯度。由于氢离子带正电荷，因而造成金属棒铂端附近电势较高，而金端电势较低，从而形成从铂端指向金端的电场。由于金属微米棒在水溶液中表面携带负电荷，故而在化学反应形成的电场中会向高电势方向运动。以水为参照系观察，会发现金铂双金属微米棒在 H_2O_2 中以铂为前端自发运动。这种由于表面催化电化学反应产生颗粒运动的机理称为自电泳，因其与电泳本质相同，只是电场为颗粒自身产生而得名。

为了确定这种活性胶体体系运动的自电泳机理，过去的十年间科学界进行了许多探索。在实验探索方面，代表性的成果来自宾州州立大学 Mallouk 课题组 2006 年的一项研究工作 [36]。在该工作中，研究人员将金、铂、镍、银、钌、铑等金属排列组合，合成了不同组分的双金属微米棒，并测试了这些颗粒在 H_2O_2 中的运动方向与速度。该工作首次系统性地研究了这种活性胶体颗粒运动的方向及速度与组成的关系，并从实验上证实了之前提出的两端不对称催化分解 H_2O_2 的正确性。

在理论与模拟方面，物理学家也为解释这一体系的运动机理做出了重要的贡献。例如，Yariv 和 Nouhani 等各自从不同的角度提出了关于双金属微米棒在双氧水中运动的理论模型，并与实验结果取得了较好的一致 [37]。Posner 利用有限元分析软件 COMSOL 成功建立了包含物质传递、静电场、流体场的数值模拟模型，并对金铂双金属棒在 H_2O_2 中的氢离子浓度分布、电势分布、流体行为等进行了模拟 [38]。王威等对该模型进行了修改，使用电渗流边界条件使金属棒周围产生流体流动，取代了原模型中关于电场对于带电液体施加体积力的假设 [39]。这一改进后的模型能够很好地解释该体系，并与实验中取得的数据形成很好的吻合。在此模型基础上，王威等还对双金属棒相互作用时的电场与流体场进行了模拟，也有了一些初步的成果 [40]。

在过去的十年之中，对于利用自电泳机理运动的活性胶体体系研究取得了很多进展。人们制备了许多不同形状的胶体颗粒，并通过该机理让这些颗粒实现了自主运动。例如 Gibbs 等利用了动态阴影生长技术 (dynamic shadowing growth technique) 在聚苯乙烯微球上热蒸镀了金和铂薄层，实现了球形活性胶体在 H_2O_2 中的运动 [41]。而 Catchmark 等则使用了光刻蚀的方法制备了形状如齿轮的复杂微型结构，利用自电泳机理实现了齿轮的转动 [42]。Mirkin 和 Wang 等则利用不同的方法制备了基于微米棒的不对称结构，得到了微纳米尺度的转子，并从实验上研究了自发旋转的微纳米颗粒之间的相互作用 [43]。

过氧化氢这种化学物质有一定毒性，生物相容性差，并且产生的气泡可能会干扰实验观测，因而寻找能够替代 H_2O_2 作为活性胶体颗粒 "燃料" 的研究工作也是本领域的一个热点。在这方面，Ibele 等首次证实可以使用联氨 (N_2H_4) 替代 H_2O_2，同样使用自电泳机理驱动双金属微米棒在水溶液中的运动 [44]。Liu 等则更进一步，采用了卤素单质 (Br_2 或 I_2) 水溶液，成功驱动了铜–铂双金属微米棒 [45]。对于在生物体中的应用来说，能够使用在血液中广泛存在的化学物质，如葡萄糖等，作为驱动活性胶体运动的 "燃料" 无疑是最理想的。在这一方面，研究人员也做了一些初步的探索。如 Mano 等使表面经过疏水处理及功能化的碳纤维漂浮于水面，发现水中的葡萄糖和水–气界面的氧气分子可以发生化学反应，通过自电泳机理驱动碳纤维运动 [46]。

2) 自扩散泳机理

泛泛地来说，将胶体颗粒置于某种梯度中常常会引起颗粒的运动。如果这种梯度是电势的梯度 (电场)，引起的颗粒运动称为电泳。而如果这种梯度是化学物质的浓度梯度，也会引发颗粒的运动，这种机理称为扩散泳。当胶体颗粒表面发生化学反应而在颗粒附近产生浓度梯度时，所产生的颗粒运动称为自扩散泳。

当颗粒表面发生的反应产生带电的离子 (电解质) 时，如果离子的扩散系数不同，则会导致颗粒附近不同位置、不同离子的分布不同，因而可能产生电势的不均匀分布，进而产生一个电场。颗粒在电解质型自扩散泳下运动的速度可以用以下公式表示：

$$U = \underbrace{\frac{\nabla c}{c_0}\left[\left(\frac{D^+ - D^-}{D^+ + D^-}\right)\left(\frac{k_{\mathrm{B}}T}{e}\right)\frac{\varepsilon\left(\zeta_{\mathrm{p}} - \zeta_{\mathrm{w}}\right)}{\eta}\right]}_{\text{电泳项}}$$

$$+ \underbrace{\frac{\nabla c}{c_0}\left[\left(\frac{2\varepsilon k_{\mathrm{B}}^2 \mathrm{T}^2}{\eta e^2}\right)\left\{\ln\left(1 - \gamma_w^2\right) - \ln\left(1 - \gamma_p^2\right)\right\}\right]}_{\text{化学泳项}} \quad (7.3.4)$$

其中 D^+ 和 D^- 分别代表阳离子和阴离子的扩散系数，c_0 表示无限远处溶液中的离子浓度，∇c 表示溶质的浓度梯度，e 表示单个电子的电量，k_{B} 表示玻尔兹曼常数，T 表示绝对温度，ε 表示溶液的介电常数，η 表示黏度，ζ_{p} 和 ζ_{w} 分别表示颗粒和基底表面的 zeta 电位，$\gamma_f = \tanh(e\zeta_f/4k_{\mathrm{B}}T)$。

公式 (7.3.4) 中的第一项即表示该电场导致的颗粒运动速度，而第二项表示的是由于离子与颗粒表面的相互作用不同，而对颗粒产生推动力，但是此贡献常常远小于由电场产生的推动力 (第一项)。

最近十年来随着化学制备技术的进步及本领域的不断发展，涌现出许多自扩散泳驱动的活性胶体。例如，人们发现表面蒸镀一半铂的聚苯乙烯微球 (或二氧化硅微球) 放置于 H_2O_2 水溶液中也会自发运动，速度约为 $1\sim10\mu m/s$。这种两端不对称的颗粒也被称为 Janus 颗粒。因其制备简单、观测方便、形状规则、单分散性好，这一体系作为典型的自驱动的活性胶体颗粒被软物质物理领域学者广泛采用。在这一体系中，铂催化分解 H_2O_2，产生水分子和氧气分子。早先的理论认为，这一反应在颗粒的两端产生化学浓度梯度，因而由于非电解质型自扩散泳机理，使 Janus 颗粒运动起来 [47]。然而 2014 年 Poon 和 Ebbens 等的两项独立研究分别表明 [48]，该 Janus 活性胶体体系的运动速度与溶液中离子强度强烈相关，因而提出该体系的运动可能由某种电场效应引起，极有可能是和双金属微米棒相同的自电泳机理。目前对于一半蒸镀 Pt 的聚苯乙烯微球在过氧化氢 H_2O_2 中的运动机理学术界还未达成共识，但这并不妨碍其成为最受物理学界欢迎的模型体系。

3) 自热泳机理

除了利用化学梯度获得推动力之外，胶体粒子还可以借助温度梯度实现运动，这种运动称为热泳，或者称为索雷特效应 (Soret effect)。颗粒运动的速度与温度梯度成正比 [49]：

$$V = -D_{\mathrm{T}}\nabla T \quad (7.3.5)$$

其中 D_{T} 为热泳迁移率，可以进一步表示为

$$D_{\mathrm{T}} = S_{\mathrm{T}}\mathrm{D} \quad (7.3.6)$$

其中 S_{T} 为索雷特系数，而 D 为颗粒的扩散系数。

对于热泳的研究已经有了 150 余年的历史 [50]，但研究对象通常为在一个宏观的温度梯度下胶体粒子的运动。而 2010 年 Jiang 等通过在粒子附近产生局部的温差，首次令单个粒子实现了热泳现象 [51]，这种现象也被称为自热泳。他们在直径 3μm 的二氧化硅微球上蒸镀了一半金，当向这种 Janus 微球照射波长为 1064nm 的激光时，微球发生了自发的运动。究其原因，是纳米尺度的金层 (实验中为 25nm 厚) 通过表面等离激元谐振 (surface plasmon resonance) 效应对入射光发生强烈的吸收，并显著放热，从而提高了金半球附近液体的温度。在实验中观察到这种粒子向 SiO₂ 一侧运动 (即远离高温区)，且在激光功率为 40mW 时速度达到约每秒 6μm。作者通过热敏荧光标记法发现这种粒子两端可以产生约 2K 的温差。

与这一工作相似的还有 Baraban 等在 2012 年的一项研究 [52]。他们在半面二氧化硅微球上蒸镀了一层铁磁性合金，并发现在交变磁场下由于磁滞效应使得这层铁磁合金放热，从而在微球两侧产生一个约 1.7 K 的温度梯度。得益于该温度梯度，微球能够自发运动，并且还可以通过铁磁层实现对微球运动方向的控制。Yang 和 Ripoll 通过分子动力学模拟，发现纳米粒子也可以通过自热泳进行自发运动 [53]。Golestanian 等则对自热泳胶体粒子的群体行为进行了研究 [54]。

4) 其他驱动机理

自电泳、自扩散泳、自热泳这三种机理都是通过在胶体粒子周围形成一个局部的梯度以驱动粒子的运动。在本节我们简单介绍几种并非形成梯度，但也常用于驱动微纳米活性胶体的效应。

近年来十分受欢迎的一种活性胶体体系是气泡驱动的微球或者微管。通过在这些胶体粒子表面沉积或附着带有催化活性的物质 (如金属铂)，能够发生特定的化学反应 (如铂催化的 H₂O₂ 分解)，从而产生气泡 (注意，前述的自扩散泳胶体也是基于同样的反应，但没有气泡产生。是否产生气泡很大程度上取决于 H₂O₂ 的浓度和胶体颗粒尺寸)。气泡从胶体颗粒表面脱离的过程会将动量传递给颗粒，从而产生后坐力，推动颗粒向气泡的反方向运动。这个体系源于德国马克斯普朗克研究所科学家 Schmidt 和梅永丰 (现就职于复旦大学) 在 2009 年发表的一项工作 [55]，他们利用光学刻蚀法制备了金属微米管，内壁为具备催化活性的铂，在 H₂O₂ 溶液中能够产生氧气气泡。他们观察到，气泡由管中逸出时微米管会有瞬间的向前运动。稍后人们发现 Janus 胶体微球也可以通过在表面发生化学反应，产生气泡而受到推动 [56]。此外，虽然 Pt 是常见的化学活性物质，但二氧化锰 (MnO₂)、氧化铁 (Fe₂O₃)、过氧化氢酶 (catalase) 等其他能够催化产生气泡的物质也常被用于制备活性胶体。在这些工作基础上，科学家进行了一系列的研究，包括如何理解气泡推动机理，以及使用气泡推动型活性胶体进行微纳米尺度的货物输送、探测及组织钻探等。这一体系的一大优点是胶体运动速度快，最快速度能够达到 cm/s。另外，因为这种驱动机理对于环境中的成分不敏感，所以可以在海水、血液等复杂环境中驱动胶体颗粒。这是自电泳、自扩散泳等依赖浓度梯度的机理所无可比拟的。然而使用这种机理运动的胶体颗粒常常需要使用 H_2O_2 溶液，又会产生大量的气泡，因而不十分适合在活体中使用，限制了其在生物医药领域的应用。

除此之外，许多种外界场也常被用于驱动胶体颗粒的运动。例如 Velev 等人发现微型的二极管 p-n 结可以在交流电场的作用下在水面上运动[57]。在该体系中 p-n 结将交流电场在局部整流，在二极管颗粒与水的界面形成直流电场，从而通过电泳效应将颗粒驱动。受此工作启发，Wang 等利用电化学沉积制备了两端分别为聚吡咯 (polypyrrole) 和镉的微米棒[58]。由于聚吡咯和镉的功函数不同，所形成的界面为肖特基势垒，只能允许电子从一个方向向另一个方向移动，与 p-n 结功能类似，因此可以在通有交流电场的溶液中运动。在另一项研究中，Kuhn 等发现在直流电场中导电的胶体颗粒 (如金属微球) 两端会发生水的电解[59]，从而产生氢气和氧气，进而利用气泡推动机理使颗粒运动。

磁场也常常被用于驱动胶体颗粒，不过在这些实验里，通常需要制备具有磁性的螺旋形微纳米颗粒。在旋转的磁场中，螺旋形的胶体颗粒自身旋转，并如同螺钉一样将旋转运动转化为直线运动。这个领域的先驱工作起源于 Dreyfus 等对于磁性胶体颗粒链的研究[60]，之后 Nelson 等使用激光直写技术制备了精致的螺旋颗粒[61]。此外，Fischer 等人利用掠射角沉积制备了二氧化硅螺旋颗粒[62]。这些磁性螺旋形的活性胶体也在自组装[63]、微货物运输[64]、微创手术[65] 等领域有了一些初步的应用。此外，王威等发表于 2012 年的研究成果表明兆赫兹超声驻波也可以用于驱动胶体颗粒[66]。在该工作中，金属微米棒在兆赫兹超声驻波中可以以每秒数百微米的速度高速运动，并可以自主组装为高速旋转长链[67]。超声波驱动的活性胶体生物相容性好，速度快，有很多生物医药方面的潜在用途[68]。除此之外，这种体系中的自组装行为也格外有趣。但是超声波驱动胶体颗粒运动的机理仍不明朗[69]，值得继续探索。

7.3.2 相互作用与群体行为

除了探索多种不同驱动机理以使胶体颗粒能够自主运动之外，科学界还对活性胶体的相互作用与群体行为十分感兴趣，并做了大量的研究工作。

在生物界中，化学信号常常被用来实现生物体之间的通信，例如神经元细胞通过传递钠、钾离子传导神经信号，微生物也可以通过分泌特殊的化学物质从而实现群体信息的交流，蚂蚁则通过激素寻找食物、追踪其他个体。化学驱动的活性胶体能够在颗粒周围通过化学反应产生浓度梯度。这种浓度梯度可以直接通过自扩散泳机理驱动颗粒运动，也可以通过产生不对称的电势分布，进而通过自电泳驱动颗粒运动。另一方面，颗粒产生的浓度梯度往往能够弥散较大范围，而产生的电场效应相比于短程的黏滞力及范德瓦耳斯力距离更远，因而这两种效应都可以使一个颗粒周围的大量粒子感受到浓度梯度的存在。而多个粒子的浓度梯度叠加后就会引起大量粒子的相互作用叠加，进而引发群体行为 (collective behavior)。

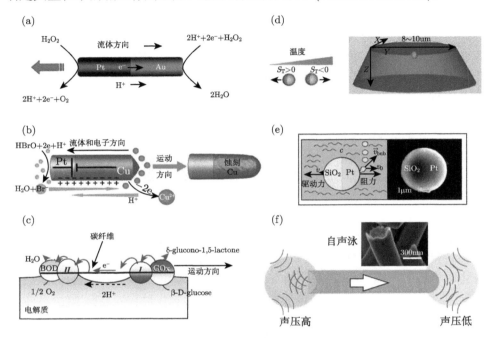

图 7.2   几种典型的人工合成活性胶体体系。(a) 在过氧化氢中通过自电泳机理自发运动的金–铂双金属棒 (参考文献 [11])；(b) 在卤素单质溶液中通过自电泳机理自发运动的铜–铂双金属棒 (参考文献 [45])；(c) 在水面上自发运动的碳纤维 (参考文献 [46])；(d) Janus 二氧化硅微球在激光照射下两端产生温度差，推动颗粒运动 (参考文献 [51])；(e) 镀铂的二氧化硅微球在过氧化氢中产生气泡，推动颗粒运动 (参考文献 [56b])；(f) 金属微米棒在兆赫兹超声波中快速运动 (参考文献 [11])

人工合成的活性胶体通过化学反应可以呈现有趣的群体行为，这方面的早期例子为宾州州立大学 Sen 等于 2009 年发表的氯化银胶体粒子在紫外线下呈现的群聚现象 [70]。在这一体系中，分散于水中的氯化银 (AgCl) 微颗粒暴露在紫外线下后会发生如下化学反应：

$$4AgCl + 2H_2O \xrightarrow{h\nu, Ag^+} 4Ag + 4H^+ + 4Cl^- + O_2 \tag{7.3.7}$$

因为反应中产生的氢离子的扩散速度远大于氯离子 ($D_{H^+} = 9.311 \times 10^{-5} \mathrm{cm^2 \cdot s^{-1}}$, $D_{Cl^-} = 1.385 \times 10^{-5} \mathrm{cm^2 \cdot s^{-1}}$)，为使溶液中氢离子和氯离子浓度处处相同，以保证

电中性, 故产生了由无限远指向颗粒表面的电场, 使氢离子扩散减慢, 氯离子扩散变快。在这个电场下, 周围带负电的氯化银颗粒会在电场力的作用下移动。这样在大量粒子上叠加的效果就是氯化银颗粒在紫外线照射下群体性的团聚现象 (图 7.3(a)~(c))。二氧化钛 (TiO_2) 胶体粒子也可以在紫外线下与水发生化学反应, TiO_2 产生的空穴能够将水氧化为 OH 自由基与氢离子。通过氢离子的快速扩散, 该反应能够产生较强的自扩散泳效应, 进而引发显著的颗粒聚集现象。除此之外, 磷酸银 (Ag_3PO_4) [71]、碳酸钙 ($CaCO_3$) [72] 等颗粒也可以通过类似的反应生成能够快速扩散的离子, 进而通过自扩散泳机理引发颗粒之间的相互作用与群体行为。Palacci 等还报道了 Fe_3O_4 颗粒通过化学反应形成紧密堆积的群簇, 并把这种动态的组装结构称为活性晶体 (living crystal) [73]。

以上介绍的几种体系利用了化学反应所产生的长程浓度梯度和电场实现了群体行为, 然而作用范围在颗粒尺寸量级的短程作用力也能够引发强烈的颗粒相互作用, 特别是当颗粒密度较大的时候。这些短程作用力包括静电力、范德瓦耳斯力、流体力学作用、取向力等基于熵的相互作用力等。而在这种情况下颗粒相互之间的作用, 以及它们与环境的相互作用常常受到颗粒尺寸、成分、形状、表面电荷等影响。这些短程作用力对于不发生化学反应的活性胶体尤为重要, 例如受到电磁场驱动, 或者发生自热泳的胶体颗粒。即便对于通过化学反应驱动的活性胶体来说, 这些短程作用力也往往对于颗粒的组装起到至关重要的作用, 也可以用来解释一些单纯通过自扩散泳难以解释的现象。

短程作用力往往用于解释活性胶体的成对相互作用 (pair-wise interaction)。王威等在 2013 年报道了在 H_2O_2 溶液中自发运动的双金属微米棒之间的自组装现象 [40]。作者发现两个靠近的金-铂微米棒会相互吸引并且交错组装 (图 7.3(d))。这种组装是动态的, 大约持续数秒二聚体就会解离。结合有限元分析结果, 本文提出了基于电偶极子的电场力作用机理。作者认为, 运动的金-铂双金属棒由于两端的不对称化学反应, 使铂端附近的溶液带正电, 而金端的溶液带负电。当两个这样运动的微米棒靠近时, 类似于两个电偶极子接近, 因而会由于电场力的作用发生吸引和排斥, 从而倾向于排列为两端错开的方式, 以降低电势能。Bartolo 等制备了能够在外加电场下滚动的胶体小球, 并观察到了在通道中的群聚现象 [74]。他们通过理论分析指出, 颗粒之间流体力学相互作用是群体行为产生的关键。

表面经过疏水处理的胶体颗粒也可以在水中自发组装, 使疏水面互相靠近以降低表面能。例如 Whitesides 等制备了聚二甲基硅氧烷 (polydimethyl-siloxane, PDMS) 的毫米碟, 在碟的侧面进行了疏水处理, 并加入了铂, 使其能够在 H_2O_2 中自发运动 [75]。实验中他们观察到这样的微碟在水的表面能够自发旋转运动, 并逐渐通过疏水面的相互作用形成二聚体。Solovev 等在微米尺度做了相似的实验 [76]。他们制备了内壁是铂的微米管, 将其置于 H_2O_2 溶液中, 通过催化反应产生的气泡使

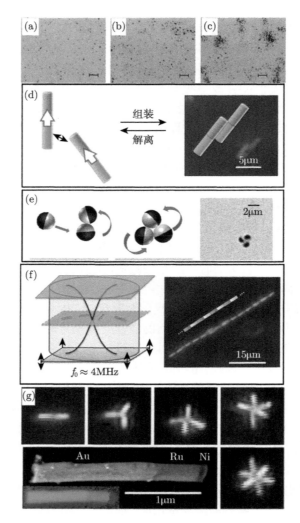

图 7.3　人工合成的活性胶体颗粒的自组装和群体行为。(a)～(c) AgCl 颗粒在紫外光下群聚
(参考文献 [70]); (d) 金–铂双金属微米棒在过氧化氢中能够因为电场力形成二聚体 (参考文献
[40]); (e) 表面镀铂的 Janus 球在过氧化氢中运动，并且能够通过疏水表面的相互作用而自组
　装 (参考文献 [77]); (f) 超声波驱动的金属微米棒能够自组装微旋转的长链 (参考文献
　　[67]); (g) 金属棒在超声波和磁场的共同作用下组装为团簇结构 (参考文献 [78])

微米管向前运动。他们观察到这些运动的微米管也能够动态自组装为团簇结构，原
因据推测是这些管末端产生的气体降低了局部的表面张力，通过毛细作用使得周
围的颗粒向此处靠近。在另外一个实验中，Wang 等合成了一半蒸镀有铂，另一半
用疏水基团修饰的二氧化硅微球 [77]。这种微球可以在 H$_2$O$_2$ 中运动，并且疏水表

面会互相靠近并组装为团簇结构 (图 7.3(e))。

前文提到兆赫兹超声波可以驱动微米金属棒在水溶液中高速运动。在这些体系中作者还观察到了一些有趣的自组装行为。例如,超声波可以将运动中的金属棒排列为规整的链状 (图 7.3(f)),在这些长链上金属棒前后穿梭,并高速旋转 [67]。当超声波撤去后,颗粒马上分散,而当超声波再次开启时,颗粒又重新恢复链状,这体现了该组装的高度可逆性。在另一项工作中,Ahmed 等将含有一截磁性镍的金属微米棒置于超声波中驱动 [78]。在这种环境中,金属棒一方面受到超声波的作用力自发运动,另一方面彼此之间又存在磁性吸引力,所以驱动力和吸引力之间的相对大小决定了金属棒的相互作用力。实验中观察到通过调节超声波的强度,可以得到金属棒的二聚、三聚、四聚或多聚体 (图 7.3(g))。作者还将化学反应动力学方程引入,对金属棒的组装过程进行了量化研究,得到了金属棒组装的平衡常数。Nelson等则报道了外界磁场驱动的螺旋形活性胶体也可以通过旋转彼此自组装 [63]。

7.4 活性胶体的模拟研究

活性胶体粒子所处的流体环境对活性胶体粒子产生自驱动力和活性粒子间的相互作用是至关重要的。然而,为了提高计算效率,模拟中经常采取不同的方案来简化实际的流体环境。根据流体环境的简化程度,常用的模拟方案大体可分为布朗动力学模拟和介观流体模拟两类。

7.4.1 布朗动力学模拟

在布朗动力学模拟中,流体环境对活性胶体粒子的作用仅通过热涨落 (随机力) 和耗散 (摩擦力) 来描述,因此该方法具有极高的模拟效率。但是,布朗动力学模拟不能保持系统的动量守恒,因此不能直接描述流体力学行为。当流体力学不重要时 (例如活性粒子间的排斥体积相互作用占主导地位),或者重点考察活性粒子自推进运动所导致的效应时,布朗动力学方法可以较好地用来模拟活性胶体系统。在布朗动力学模拟中,活性胶体粒子的平移和旋转运动分别遵循朗之万方程,

$$m\dot{\boldsymbol{v}} = -\gamma\boldsymbol{v} + \boldsymbol{F} + F_{\mathrm{d}}\boldsymbol{e} + \boldsymbol{\zeta}$$

$$\kappa\dot{\boldsymbol{\omega}} = -\gamma_{\mathrm{r}}\boldsymbol{\omega} + \boldsymbol{\xi}$$

其中 m 和 κ 分别是粒子的质量和转动惯量;γ 和 γ_{r} 分别是平动与转动摩擦系数;$\boldsymbol{F}$ 是粒子间的作用力,F_{d} 是活性粒子沿着对称轴 $\boldsymbol{e}$ 的自驱动力;$\boldsymbol{\zeta}$ 和 $\boldsymbol{\xi}$ 分别是高斯分布的随机力和随机力矩。随机力和随机力矩的平均值为零,方差为 $\langle\boldsymbol{\zeta}(t)\boldsymbol{\zeta}(t')\rangle = 2k_{\mathrm{B}}T\gamma\boldsymbol{I}\delta(t-t')$ 和 $\langle\boldsymbol{\zeta}(t)\boldsymbol{\zeta}(t')\rangle = 2k_{\mathrm{B}}T\gamma_{\mathrm{r}}\boldsymbol{I}\delta(t-t')$,其中 $\boldsymbol{I}$ 为单位张量。当活性粒子具有自推进转动时,相应的自驱动力矩和粒子间的转动耦合也需要

相应地增加到转动朗之万方程之中。其他类型的粒子间相互作用，如方向排列相互
作用，粒子运动的记忆效应也可以纳入到朗之万方程之中。当考虑的时间尺度大于
扩散特征时间时，朗之万方程中的惯性项可以被忽略掉，可以利用过阻尼朗之万方
程来描述活性胶体的运动，即 $\gamma \dot{r} = F + F_{\mathrm{d}} e + \zeta$ 和 $\gamma_{\mathrm{r}} \dot{\phi} = \xi$，此时模拟将大为简化。

　　布朗动力学模拟已经被广泛地用来研究活性胶体系统，并取得了大量重要的
结果。例如，Wysocki 等研究了三维活性硬球胶体的动力学行为 [79]，发现该系
统能够分离成致密的液相与稀疏的气相，并且在较高的粒子活性时 (粒子间无方
向排列相互作用)，液相中的活性粒子具有协同的集体运动 (图 7.4(a))。Buttinoni
和 Digregorio 等研究了两维活性胶体自推进运动所导致的粒子动态团簇和相分
离 [80] (图 7.4(b))。Ni 等考察了一对非活性物体在活性粒子浴中所受到的有效作用

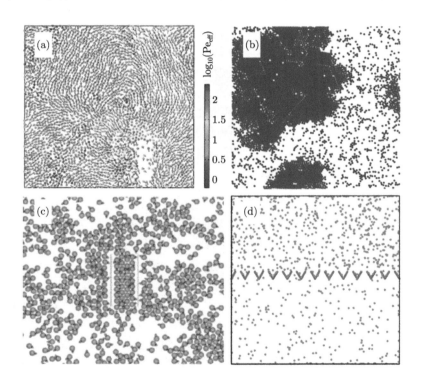

图 7.4　活性胶体系统的布朗动力学模拟研究。(a) 球形活性胶体粒子在三维体系中展示集体
运动行为，颜色表示 Péclet 数的大小，即运动的快慢 (参考文献 [79])；(b) 自推进运动所导致
的活性胶体的相变与自组装，出现共存的致密液相与稀疏气相 (参考文献 [80])；(c) 活性胶体
粒子所导致的固定双墙之间的 "耗尽力"，该力具有长程的特点 (参考文献 [81])；(d) 非对称
的障碍物能够引起活性胶体粒子的单向流动，从而自发性地导致粒子浓度的非均匀性 (参考
文献 [82a])

力, 发现这一作用力是长程的, 并敏感地依赖于系统的密度和自驱动速度[81] (图7.4(c))。Wan 和 Ghosh 等调查了活性胶体粒子在具有非对称障碍物系统中的运动行为, 发现系统的空间对称性破缺可以导致单向的粒子流动[82] (图 7.4(d))。Wensink等则使用 2D 模拟研究了自驱动的粒子形状和相互作用之间的关系[83], 他们发现颗粒前后端形状对称性只要发生轻微改变, 颗粒的群体行为就会有显著的变化。这对于研究活性物质的行为, 以及操控活性物质, 都具有重要的指导意义。Mognetti等用 3D 模型模拟了活性胶体形成活性群簇的过程[84]。利用布朗动力学模拟所研究的其他有趣问题包括: 活性胶体系统的玻璃化转变[85]、表面张力[86]、有效温度[87]、压强[88] 和转动活性胶体的集体现象[89] 等。通常的布朗动力学方法更适合模拟人造的活性胶体系统, 其中活性粒子取向的改变是通过转动扩散来实现的。对于模拟具有前进–转动 (run-tumble) 运动模式的细菌, 只需把转动朗之万方程中的随机力矩替换成一个在 tumble 状态随机施加的力矩 (否则粒子处于 run 状态) 即可。利用这样的简化处理, 人们已经研究了形状非对称的微齿轮在细菌活性浴中的自发转动现象[90], 细菌在微小通道内的输运行为[91], 以及惰性胶体粒子在细菌活性浴中的能量均分定理[92] 等问题。

7.4.2　介观流体模拟

实际的流体环境不仅能够导致胶体粒子的热涨落和耗散, 也能够传递粒子间的流体力学相互作用 (动量守恒的结果), 具有梯度场 (浓度梯度或温度梯度) 的流体环境还可以引起胶体粒子的泳运动 (phoresis)。为了更恰当地模拟活性胶体溶液, 人们已经发展了不同的介观流体模拟方法来考虑胶体溶液的流体力学效应。其中的一大类方案不是显性地模拟流体粒子, 而是把流体当作遵守斯托克斯 (Stokes) 方程的连续介质。在该方案中, 胶体粒子的运动遵守过阻尼朗之万方程, 而粒子间的流体力学相互作用则通过近似数值求解 Stokes 方程来确定。利用这一方案, Lushi等已经调查了推型 (pusher 类型) 的细菌溶液在受限环境中的集体运动行为[93] (图7.5(a)) 及惰性粒子在活性转动胶体系统中的动力学[94]; Graham 等研究了惰性粒子在活性胶体溶液中的扩散行为, 以及溶液的大尺度空间关联和集体动力学[33,95] (图 7.5(b)); Saintillan 等考察了活性长棒胶体系统的方向序和结构不稳定性问题[96]。在此框架下, 如果不是求解控制流体运动的 Stokes 方程, 而是近似求解溶剂分子的扩散方程或者热传导方程 (忽略了流体力学作用), 那么就可以近似地计算溶液中的浓度场或温度场, 从而考虑胶体粒子的扩散泳或热泳效应。通过这样的近似处理, Pohl 和 Cohen 等分别研究了自扩散泳活性胶体[97] 和自热泳活性胶体的集体行为[98]。Golestanian 等模拟了一个进行催化反应的活性胶体之间的群体行为, 发现了有趣的振荡现象[99]。Sharifi-Mood 等通过理论分析和数值模拟也研究了类似的体系, 他们发现两个运动中的活性胶体颗粒可能彼此接近并形成聚集体, 也可能彼此远离，而颗粒在相互作用前的旋转对于决定之后的作用模式至关重要 [100]。

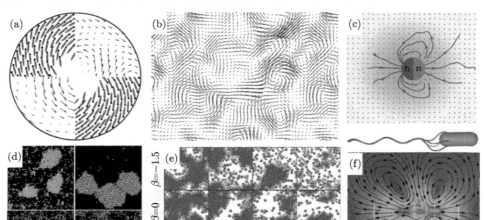

图 7.5   活性胶体系统的介观流体模拟研究。(a) 细菌溶液在受限环境中所出现的涡旋结构的集体运动行为，箭头表示流场，长椭圆表示细菌 (参考文献 [93])；(b) 推型 (pusher 类型) 细菌溶液中的流体速度场 (参考文献 [95])；(c) 单个自热泳活性 Janus 胶体粒子所产生的源偶类型的流体场 (参考文献 [105])；(d) 自扩散泳二聚体的群体行为，其中上排图中的活性胶体具有吸引的泳效应，而下排图中的活性胶体具有排斥的泳效应，左列图是中间态结构，右列图是稳态结构 (参考文献 [107])；(e) 不同密度的活性胶体在准二维条件下的相行为 (图从左至右，密度由高变低)，$\beta < 0$、$\beta > 0$ 和 $\beta = 0$ 分别对应于推型、拉型和中性类型的活性胶体 (参考文献 [109])；(f) 单个大肠杆菌游泳所产生的具有力偶类型的流体场，插图是所模拟的大肠杆菌结构图 (参考文献 [110])

　　另一大类模拟方案是显性地考虑流体粒子，其中胶体粒子和流体粒子的运动满足基本的物理守恒方程，流体力学效应是一个自然的物理结果。这样的方案包括格子玻尔兹曼、耗散粒子动力学、多粒子碰撞动力学 (multi-particle collision dynamics, MPC) 等方法。我们将以 MPC 方法为例简述一下此类介观流体模拟方法的基本思想。MPC 方法是由 Kapral 教授于 1999 年提出的一种基于粒子的介观流体模拟方法 [101]，并经过 Gompper 教授等的不断发展、改进，已经广泛地应用于软物质的研究中 [102]。MPC 方法把流体粗粒化成多个点粒子，粒子的动力学演化分为移动和碰撞两个步骤。在移动步骤中，粒子更新其位置 $\boldsymbol{r}_i(t + \Delta t) = \boldsymbol{r}_i(t) + \boldsymbol{v}_i(t)\,\Delta t$，其中 i 为粒子编号，Δt 为时间步长。在碰撞步骤中粒子更新其速度，首先将系统划分为多个碰撞格子，粒子按照其位置归纳到具体的格子中，碰撞发生在每个格子之中。考虑一个具体的格子 Γ，其内粒子数目为 N_Γ，粒子根据 $v_i\left(t+\Delta t\right)=v_i\left(t\right)+\boldsymbol{\Omega}_\Gamma\left(\alpha\right)\left[v_i\left(t\right)-v_\Gamma\right]$ 来更新其速度，其中 $v_\Gamma=\sum_{N_\Gamma} v_i\left(t\right)/N_\Gamma$ 是格子 Γ 的质心速度，$\boldsymbol{\Omega}_\Gamma\left(\alpha\right)$ 是一个绕着随机方向、旋转 α 角度的旋转算符。MPC 碰撞是对粒子速度的瞬时操作，不涉及流体粒子间力的计算，大大地简化了模拟过程。由于碰撞规则保证了体系满足质量、动量、能量守恒以及保持相空间体积不变，因此热涨落、流体力学和梯度场效应能自动地包含进来。溶液中的活性胶体粒子可以通过势能相互作用与近邻的流体粒子或者胶体粒子耦合起来，其运动方程通过分子动力学方法 (molecular dynamics, MD) 来求解。

这种 MPC-MD 混合的介观模拟方案不仅恰当地考虑了发生在活性胶体溶液中的绝大多数重要物理过程，而且也具有很高的模拟效率，已经被广泛地用来模拟活性胶体溶液。例如，Gompper 等已经模拟了精子细胞与界面之间的流体力学作用 [103]，以及精子游动的同步与聚集行为 [104]。Yang 等已经调查了自热泳和自扩散泳活性胶体粒子所产生的流体场 [53,105] (图 7.5(c))，以及自泳效应驱动的活性胶体转子 [106]。Kapral 等研究了多个自扩散泳活性胶体的群体行为 [107] (图 7.5(d)) 和其在化学波中的运动行为 [108]。Zöttl 等分别考察了推型、拉型和中性类型活性胶体的相行为 (图 7.5(e))，以及流体力学在其中的作用 [109]。Hu 等研究了大肠杆菌游泳所产生的流体场 (图 7.5(f))，和其多个转动鞭毛之间的同步转动行为 [110]。Chen 等人调查了自扩散泳活性胶体在外界浓度梯度下的趋化行为 [111]。除了 MPC 方法，格子玻尔兹曼方法 [112] 和耗散粒子动力学方法 [113] 也经常被用来模拟活性胶体溶液，并取得了很多有趣的结果。比如，Adhikari 等利用格子玻尔兹曼方法研究了两个活性胶体颗粒之间的流体力学作用，并预测了不同的流体力学作用可能导致的颗粒聚集状态 [114]。在这一工作基础上，Bayati 等进一步通过理论计算研究了流体力学和化学反应所产生的浓度梯度共同作用下颗粒的聚集 [115]。由于活性胶体系统的复杂性，利用计算机模拟研究活性胶体丰富的非平衡结构与动力学行为，以及发展更高效的模拟方法仍然是该领域的前沿热点。

7.5　展　　望

基于活性胶体领域近年来的研究热点及笔者对于本领域发展的思考，提出以下一些学科前沿问题和未来展望：

(1) 研发新的活性胶体。过去几年不断有新的活性胶体，比如电场驱动的 Quincke 胶体 [74]、马兰戈尼 (Marangoni) 驱动的液滴 [116]、超声波驱动的金属微米棒 [67]。同时理论工作者也提出了若干可能的驱动方式，比如相互作用的催化反应胶体 [100] 等，有待实验验证。近年来出现的利用超声波等外界刺激引发的颗粒自驱动为该方面的研究开辟了新的思路，但是对应的机理仍需要进一步的研究工作从理论和实验两方面完善。特别是需要寻找不产生气泡、速度高、可控性强、运动独立自主的驱动体系，以满足活性物质，特别是高颗粒密度下运动的研究的需要。

(2) 活性胶体形成的动态团簇。活性胶体能够在很低密度下形成动态团簇[84]，这些团簇的形成起源于系统的非平衡态特性，是自驱动系统特有的现象。为解释团簇的形成，Cates 等提出运动导致的相分离 (motility-induced phase separation) 的理论观点[117]。如何在实验中系统验证该理论的预言是当前研究的焦点之一。另一方面，为了理解动态团簇的形成，需要首先对活性胶体的相互作用 (包括短程的和长程的) 有较为深刻的理解，这方面的系统性的实验研究也是本领域急需的。

(3) 活性胶体在高密度时的行为。当系统密度增加时，热力学驱动的胶体系统可经历玻璃化转变，体系从液体状态转变成非晶的固体。最近有理论[118]和数值模拟[119]工作证明活性胶体在高密度条件下也会发生玻璃化转变，但转变发生的条件受具体驱动方式的影响。在实验上验证这些理论预言不但可以提高我们对高密度自驱动体系性质的理解，同时也可以揭示玻璃化转变的共性和本质。

(4) 活性胶体在限域环境中的行为。微生物和人工活性胶体往往处于气–液、液–固界面等二维边界，或狭窄的孔洞或通道中。在这样的限域环境里，活性胶体周围的电场、流体场、化学场等物理场与边界耦合，能够极大地改变其动力学特性。对限域效应的研究，对于掌握软物质介观动力学规律和微纳米机器的应用，都具有较大的学术价值。近两年来涌现出若干以人工合成的胶体马达作为模型体系开展的限域动力学实验研究，但仍缺乏系统性的研究思路和合适的研究方法。

(5) 寻找描述活性胶体系统的热力学参数。很多条件下，活性胶体系统含有大量数目的个体，研究人员试图利用非平衡态统计物理的语言来描述此类系统。比如Cugliandolo 证明可以利用涨落–耗散关系定义活性胶体系统中的有效温度[87]，而Solon 等证明压强不是描述自驱动系统的状态函数，压强的定义取决于胶体和边界的相互作用等系统的特性[88]。这些研究引发了是否可以用热力学语言描述活性系统的热烈讨论，形成了一个当前研究的热点。

本章以人工合成活性胶体和运动细菌为例讨论了活性胶体的驱动机制和集体行为。由于篇幅限制，我们未能讨论其他尺度的活性物质，比如宏观尺度的人群、鸟群、鱼群和驱动的杆状颗粒等[13]，及其相应的理论和模型研究。时空尺度的差异使得这些宏观活性物质的驱动和相互作用机制都与活性胶体有所不同，但它们表现出的集体运动却有很多共性，这暗示着可能存在某些形成集体运动的普适机制。为了澄清这一可能的机制，近二十年来，物理学家通过非平衡态统计力学和非线性动力学的方法为集体运动建立了唯象数值和理论模型[13]。这些理论和模型研究将为理解和调控活性物质的行为奠定坚实的基础，拓展我们对生命系统中自组织行为的认识，也可能为我们设计新的智能响应材料和自修复材料提供新思路。

参 考 文 献

[1] Berg H C. E. Coli in Motion. Springer Science & Business Media, 2008.

[2] Bäumer-Schleinkofer Ä. Brian J. Ford: The leeuwenhoek legacy. Bristol: Biopress und London: Farrand Press 1991. VI, 185 Seiten; gebunden, £27, 50. Berichte zur Wissenschaftsgeschichte, 1993, 16(2): 150-150.

[3] Engelmann T W. Bacterium photometricum. Archiv für die gesamte Physiologie des Menschen und der Tiere, 1883, 30(1): 95-124.

[4] Adler J, Templeton B. The effect of environmental conditions on the motility of escherichia coli. Microbiology 1967, 46(2): 175-184.

[5] Berg H C, Brown D A. Chemotaxis in escherichia coli analysed by three-dimensional tracking. Nature, 1972, 239(5374): 500-504.

[6] Macnab R M, Koshland D. The gradient-sensing mechanism in bacterial chemotaxis. Proc. Natl. Acad. Sci., 1972, 69(9): 2509-2512.

[7] Berg H. Motile behavior of bacteria. Phys. Today, 2000, 53(1): 24-29.

[8] (a) Hancock G. The self-propulsion of microscopic organisms through liquids. Proceedings of the Royal Society of London. Series A, Mathematical and Physical Sciences, 1953, 217(1128): 96-121; (b) Lighthill J. Flagellar hydrodynamics. SIAM review, 1976, 18(2): 161-230.

[9] Kearns D B. A field guide to bacterial swarming motility. Nat. Rev. Microbiol., 2010, 8(9): 634.

[10] Fournier-Bidoz S, Arsenault A C, Manners I, et al. Synthetic self-propelled nanorotors. Chem. Commun., 2005, (4): 441-443.

[11] Wang W, Duan W, Ahmed S, et al. Small power: Autonomous nano-and micromotors propelled by self-generated gradients. Nano Today, 2013, 8(5): 531-554.

[12] Duan W, Wang W, Das S, et al. Synthetic nano-and micromachines in analytical chemistry: Sensing, migration, capture, delivery, and separation. Annu. Rev. Anal. Chem., 2015, 8: 311-333.

[13] (a) Lauga E, Powers T R. The hydrodynamics of swimming microorganisms. Rep. Prog. Phys., 2009, 72(9): 096601; (b) Vicsek T, Zafeiris A. Collective motion. Phys. Rep., 2012, 517(3-4): 71-140; (c) Marchetti M C, Joanny J-F, Ramaswamy S, et al. Hydrodynamics of soft active matter. Rev. Mod. Phys., 2013, 85(3): 1143; (d) Elgeti J, Winkler R G, Gompper G. Physics of microswimmers—single particle motion and collective behavior: A review. Rep. Prog. Phys., 2015, 78(5): 056601.

[14] Chattopadhyay S, Moldovan R, Yeung C, et al. Swimming efficiency of bacterium escherichiacoli. Proc. Natl. Acad. Sci., 2006, 103(37): 13712-13717.

[15] Rodenborn B, Chen C-H, Swinney H L, et al. Propulsion of microorganisms by a helical flagellum. Proc. Natl. Acad. Sci., 2013, 110(5): E338-E347.

[16]   Liu B, Powers T R, Breuer K S. Force-free swimming of a model helical flagellum in viscoelastic fluids. Proc. Natl. Acad. Sci., 2011, 108(49): 19516-19520.

[17]   Berke A P, Turner L, Berg H C, et al. Hydrodynamic attraction of swimming microorganisms by surfaces. Phys. Rev. Lett., 2008, 101(3): 038102.

[18]   Li G, Tang J X. Accumulation of microswimmers near a surface mediated by collision and rotational brownian motion. Phys. Rev. Lett., 2009, 103(7): 078101.

[19]   (a) Lauga E, DiLuzio W R, Whitesides G M, et al. Swimming in circles: Motion of bacteria near solid boundaries. Biophys. J., 2006, 90(2): 400-412; (b) Di Leonardo R, Dell'Arciprete D, Angelani L, et al. Swimming with an image. Phys. Rev. Lett., 2011, 106(3): 038101.

[20]   Spagnolie S E, Lauga E. Hydrodynamics of self-propulsion near a boundary: Predictions and accuracy of far-field approximations. J. Fluid Mech., 2012, 700: 105-147.

[21]   Drescher K, Dunkel J, Cisneros L H, et al. Fluid dynamics and noise in bacterial cell–cell and cell–surface scattering. Proc. Natl. Acad. Sci., 2011, 108(27): 10940.

[22]   Petroff A P, Wu X-L, Libchaber A. Fast-moving bacteria self-organize into active two-dimensional crystals of rotating cells. Phys. Rev. Lett., 2015, 114(15): 158102.

[23]   Chen X, Yang X, Yang M, et al. Dynamic clustering in suspension of motile bacteria. EPL, 2015, 111(5): 54002.

[24]   Rika Wright C, Metin S. Bio-hybrid cell-based actuators for microsystems. Small, 2015, 10(19): 3831-3851.

[25]   (a) Darnton N, Turner L, Breuer K, et al. Moving fluid with bacterial carpets. Biophys. J., 2004, 86(3): 1863-1870; (b) Behkam B, Sitti M. Bacterial flagella-based propulsion and on/off motion control of microscale objects. Appl. Phys. Lett., 2007, 90(2): 1.

[26]   (a) Leonardo R D, Berg H C. Bacterial ratchet motors. Proc. Natl. Acad. Sci. USA, 2010, 107(21): 9541-9545; (b) Andreas K, Anton P, Andrey S, et al. Transport powered by bacterial turbulence. Phys. Rev. Lett., 2014, 112(15): 158101.

[27]   Gao Z, Li H, Chen X, et al. Using confined bacteria as building blocks to generate fluid flow. Lab Chip, 2015, 15 (24): 4555-4562.

[28]   Chatkaew S. Self-concentration and large-scale coherence in bacterial dynamics. Phys. Rev. Lett., 2004, 93(9): 098103.

[29]   Andrey S, Aranson I S, Kessler J O, et al. Concentration dependence of the collective dynamics of swimming bacteria. Phys. Rev. Lett., 2007, 98(15): 158102.

[30]   Zhang H P, Avraham B E, E-L F, et al. Collective motion and density fluctuations in bacterial colonies. Proc. Natl. Acad. Sci. USA, 2010, 107(31): 13626-13630.

[31]   Wensink H H, Dunkel J, Heidenreich S, et al. Meso-scale turbulence in living fluids. Proc. Natl. Acad. Sci. USA, 2012, 109(36): 14308-14313.

[32] Saintillan D, Shelley M J. Instabilities and pattern formation in active particle suspensions: Kinetic theory and continuum simulations. Phys. Rev. Lett., 2008, 100(17): 178103.

[33] Underhill P T, Hernandez-Ortiz J P, Graham M D. Diffusion and spatial correlations in suspensions of swimming particles. Phys. Rev. Lett., 2008, 100(24): 248101.

[34] Gastón M O, Mallouk T E, Thierry D, et al. Enhanced diffusion due to active swimmers at a solid surface. Phys. Rev. Lett., 2011, 106(4): 048102.

[35] Héctor Matís L, Jérémie G, Carine D, et al. Turning bacteria suspensions into superfluids. Phys. Rev. Lett., 2015, 115(2): 028301.

[36] Wang Y, Hernandez R M, Bartlett D J, et al. Bipolar electrochemical mechanism for the propulsion of catalytic nanomotors in hydrogen peroxide solutions. Langmuir, 2006, 22(25): 10451-10456.

[37] (a) Nourhani A, Crespi V H, Lammert P E. Self-consistent nonlocal feedback theory for electrocatalytic swimmers with heterogeneous surface chemical kinetics. Phys. Rev. E, 2015, 91(6): 062303; (b) Yariv E. In electrokinetic self-propulsion by inhomogeneous surface kinetics. Proceedings of the Royal Society of London A: Mathematical, Physical and Engineering Sciences, The Royal Society, 2011: 1645-1664.

[38] (a) Moran J, Wheat P, Posner J. Locomotion of electrocatalytic nanomotors due to reaction induced charge autoelectrophoresis. Phys. Rev. E, 2010, 81(6): 065302; (b) Moran J L, Posner J D. Electrokinetic locomotion due to reaction-induced charge auto-electrophoresis. J. Fluid Mech., 2011, 680: 31-66.

[39] Wang W, Chiang T-Y, Velegol D, et al. Understanding the efficiency of autonomous nano-and microscale motors. J. Am. Chem. Soc., 2013, 135(28): 10557-10565.

[40] Wang W, Duan W, Sen A, et al. Catalytically powered dynamic assembly of rod-shaped nanomotors and passive tracer particles. Proc. Natl. Acad. Sci., 2013: 201311543.

[41] Wheat P M, Marine N A, Moran J L, et al. Rapid fabrication of bimetallic spherical motors. Langmuir, 2010, 26(16): 13052-13055.

[42] Catchmark J M, Subramanian S, Sen A. Directed rotational motion of microscale objects using interfacial tension gradients continually generated via catalytic reactions. Small, 2005, 1(2): 202-206.

[43] (a) Qin L, Banholzer M J, Xu X, et al. Rational design and synthesis of catalytically driven nanorotors. J. Am. Chem. Soc., 2007, 129(48): 14870-14871; (b) Wang Y, Fei S-t, Byun Y-M, et al. Dynamic interactions between fast microscale rotors. J. Am. Chem. Soc., 2009, 131(29): 9926-9927.

[44] Ibele M E, Wang Y, Kline T R, et al. Hydrazine fuels for bimetallic catalytic microfluidic pumping. J. Am. Chem. Soc., 2007, 129(25): 7762-7763.

[45] Liu R, Sen A. Autonomous nanomotor based on copper–platinum segmented nanobat-
      tery. J. Am. Chem. Soc., 2011, 133(50): 20064-20067.

[46] Mano N, Heller A. Bioelectrochemical propulsion. J. Am. Chem. Soc., 2005, 127(33):
      11574-11575.

[47] Golestanian R, Liverpool T B, Ajdari A. Propulsion of a molecular machine by asym-
      metric distribution of reaction products. Phys. Rev. Lett., 2005, 94(22): 220801.

[48] (a) Brown A, Poon W. Ionic effects in self-propelled pt-coated janus swimmers. Soft
      Matter, 2014, 10(22): 4016-4027; (b) Ebbens S, Gregory D, Dunderdale G, et al. Elec-
      trokinetic effects in catalytic platinum-insulator janus swimmers. Europhys. Lett.,
      2014, 106(5): 58003.

[49] Weinert F M, Braun D. Observation of slip flow in thermophoresis. Phys. Rev. Lett.,
      2008, 101(16): 168301.

[50] Rasuli S N, Golestanian R. Thermophoresis for a single charged colloidal particle. J.
      Phys.: Condens. Matter, 2005, 17(14): S1171.

[51] Jiang H-R, Yoshinaga N, Sano M. Active motion of a janus particle by self-thermoph-
      oresis in a defocused laser beam. Phys. Rev. Lett., 2010, 105(26): 268302.

[52] Baraban L, Streubel R, Makarov D, et al. Fuel-free locomotion of janus motors:
      Magnetically induced thermophoresis. ACS Nano, 2013, 7(2): 1360-1367.

[53] Yang M, Ripoll M. Simulations of thermophoretic nanoswimmers. Phys. Rev. E,
      2011, 84(6): 061401.

[54] Golestanian R. Collective behavior of thermally active colloids. Phys. Rev. Lett.,
      2012, 108(3): 038303.

[55] Solovev A A, Mei Y, Bermúdez Ureña E, et al. Catalytic microtubular jet engines
      self-propelled by accumulated gas bubbles. Small, 2009, 5(14): 1688-1692.

[56] (a) Xuan M, Shao J, Lin X,et al. Self-propelled janus mesoporous silica nanomotors
      with sub-100 nm diameters for drug encapsulation and delivery. Chem. Phys. Chem.,
      2014, 15(11): 2255-2260; (b) Gibbs J G, Zhao Y-P. Autonomously motile catalytic
      nanomotors by bubble propulsion. Appl. Phys. Lett., 2009, 94(16): 163104.

[57] Chang S T, Paunov V N, Petsev D N, et al. Remotely powered self-propelling particles
      and micropumps based on miniature diodes. Nat. Mater., 2007, 6(3): 235.

[58] Calvo-Marzal P, Sattayasamitsathit S, Balasubramanian S, et al. Propulsion of nano-
      wire diodes. Chem. Commun., 2010, 46(10): 1623-1624.

[59] Loget G, Kuhn A. Electric field-induced chemical locomotion of conducting objects.
      Nat. Commun., 2011, 2: 535.

[60] Dreyfus R, Baudry J, Roper M L, et al. Microscopic artificial swimmers. Nature,
      2005, 437(7060): 862.

[61] Peyer K E, Tottori S, Qiu F, et al. Magnetic helical micromachines. Chem. Eur. J.,
      2013, 19(1): 28-38.

[62] Ghosh A, Fischer P. Controlled propulsion of artificial magnetic nanostructured propellers. Nano Lett., 2009, 9(6): 2243-2245.

[63] Tottori S, Zhang L, Peyer K E, et al. Assembly, disassembly, and anomalous propulsion of microscopic helices. Nano Lett., 2013, 13(9): 4263-4268.

[64] Tottori S, Zhang L, Qiu F, et al. Magnetic helical micromachines: Fabrication, controlled swimming, and cargo transport. Adv. Mater., 2012, 24(6): 811-816.

[65] Nelson B J, Kaliakatsos I K, Abbott J J. Microrobots for minimally invasive medicine. Annu. Rev. Biomed. Eng., 2010, 12: 55-85.

[66] Rao K J, Li F, Meng L, et al. A force to be reckoned with: A review of synthetic microswimmers powered by ultrasound. Small, 2015, 11(24): 2836-2846.

[67] Wang W, Castro L A, Hoyos M, et al. Autonomous motion of metallic microrods propelled by ultrasound. ACS Nano, 2012, 6(7): 6122-6132.

[68] (a) Garcia-Gradilla V, Sattayasamitsathit S, Soto F, et al. Ultrasound-propelled nanoporous gold wire for efficient drug loading and release. Small, 2014, 10(20): 4154-4159; (b) Garcia-Gradilla V, Orozco J, Sattayasamitsathit S, et al. Functionalized ultrasound-propelled magnetically guided nanomotors: Toward practical biomedical applications. ACS Nano, 2013, 7(10): 9232-9240; (c) Wang W, Li S, Mair L, et al. Acoustic propulsion of nanorod motors inside living cells. Angew. Chem. Int. Ed., 2014, 53(12): 3201-3204.

[69] Nadal F, Lauga E. Asymmetric steady streaming as a mechanism for acoustic propulsion of rigid bodies. Phys. Fluids, 2014, 26(8): 082001.

[70] Ibele M, Mallouk T E, Sen A. Schooling behavior of light-powered autonomous micromotors in water. Angew. Chem., 2009, 121(18): 3358-3362.

[71] Duan W, Liu R, Sen A. Transition between collective behaviors of micromotors in response to different stimuli. J. Am. Chem. Soc., 2013, 135(4): 1280-1283.

[72] McDermott J J, Kar A, Daher M, et al. Self-generated diffusioosmotic flows from calcium carbonate micropumps. Langmuir, 2012, 28(44): 15491-15497.

[73] Palacci J, Sacanna S, Steinberg A P, et al. Living crystals of light-activated colloidal surfers. Science, 2013: 1230020.

[74] Bricard A, Caussin J-B, Desreumaux N, et al. Emergence of macroscopic directed motion in populations of motile colloids. Nature, 2013, 503(7474): 95.

[75] Ismagilov R F, Schwartz A, Bowden N, et al. Autonomous movement and self-assembly. Angew. Chem. Int. Ed., 2002, 41(4): 652-654.

[76] Solovev A A, Sanchez S, Schmidt O G. Collective behaviour of self-propelled catalytic micromotors. Nanoscale, 2013, 5(4): 1284-1293.

[77] Gao W, Pei A, Feng X, et al. Organized self-assembly of janus micromotors with hydrophobic hemispheres. J. Am. Chem. Soc., 2013, 135(3): 998-1001.

[78] Ahmed S, Gentekos D T, Fink C A, et al. Self-assembly of nanorod motors into geometrically regular multimers and their propulsion by ultrasound. ACS Nano, 2014, 8(11): 11053-11060.

[79] Wysocki A, Winkler R G, Gompper G. Cooperative motion of active brownian spheres in three-dimensional dense suspensions. Europhys. Lett., 2014, 105(4): 48004.

[80] (a) Buttinoni I, Bialké J, Kümmel F, et al. Dynamical clustering and phase separation in suspensions of self-propelled colloidal particles. Phys. Rev. Lett., 2013, 110(23): 238301; (b) Digregorio P, Levis D, Suma A, et al.. Full phase diagram of active brownian disks: From melting to motility-induced phase separation. Phys. Rev. Lett., 2018, 121(9): 098003.

[81] Ni R, Stuart M A C, Bolhuis P G. Tunable long range forces mediated by self-propelled colloidal hard spheres. Phys. Rev. Lett., 2015, 114(1): 018302.

[82] (a) Wan M, Reichhardt C O, Nussinov Z, et al. Rectification of swimming bacteria and self-driven particle systems by arrays of asymmetric barriers. Phys. Rev. Lett., 2008, 101(1): 018102; (b) Ghosh P K, Misko V R, Marchesoni F, et al. Self-propelled janus particles in a ratchet: numerical simulations. Phys. Rev. Lett., 2013, 110(26): 268301.

[83] Wensink H, Kantsler V, Goldstein R, et al. Controlling active self-assembly through broken particle-shape symmetry. Phys. Rev. E, 2014, 89(1): 010302.

[84] Mognetti B M, Šarić A, Angioletti-Uberti S, et al. Living clusters and crystals from low-density suspensions of active colloids. Phys. Rev. Lett., 2013, 111(24): 245702.

[85] Ni R, Stuart M A C, Dijkstra M. Pushing the glass transition towards random close packing using self-propelled hard spheres. Nat. Commun., 2013, 4: 2704.

[86] Bialké J, Siebert J T, Löwen H, et al. Negative interfacial tension in phase-separated active brownian particles. Phys. Rev. Lett., 2015, 115(9): 098301.

[87] Loi D, Mossa S, Cugliandolo L F. Effective temperature of active complex matter. Soft Matter, 2011, 7(8): 3726-3729.

[88] Solon A P, Fily Y, Baskaran A, et al. Pressure is not a state function for generic active fluids. Nat. Phys., 2015, 11(8): 673.

[89] Nguyen N H, Klotsa D, Engel M, et al. Emergent collective phenomena in a mixture of hard shapes through active rotation. Phys. Rev. Lett., 2014, 112(7): 075701.

[90] Angelani L, Di Leonardo R, Ruocco G. Self-starting micromotors in a bacterial bath. Phys. Rev. Lett., 2009, 102(4): 048104.

[91] Costanzo A, Di Leonardo R, Ruocco G, et al. Transport of self-propelling bacteria in micro-channel flow. J. Phys.: Condens. Matter, 2012, 24(6): 065101.

[92] Maggi C, Paoluzzi M, Pellicciotta N, et al. Generalized energy equipartition in harmonic oscillators driven by active baths. Phys. Rev. Lett., 2014, 113(23): 238303.

[93] Lushi E, Wioland H, Goldstein R E. Fluid flows created by swimming bacteria drive self-organization in confined suspensions. Proc. Natl. Acad. Sci., 2014: 201405698.

[94] Yeo K, Lushi E, Vlahovska P M. Dynamics of inert spheres in active suspensions of micro-rotors. Soft Matter, 2016, 12(25): 5645-5652.

[95] Hernandez-Ortiz J P, Stoltz C G, Graham M D. Transport and collective dynamics in suspensions of confined swimming particles. Phys. Rev. Lett., 2005, 95(20): 204501.

[96] Saintillan D, Shelley M J. Orientational order and instabilities in suspensions of self-locomoting rods. Phys. Rev. Lett., 2007, 99(5): 058102.

[97] Pohl O, Stark H. Dynamic clustering and chemotactic collapse of self-phoretic active particles. Phys. Rev. Lett., 2014, 112(23): 238303.

[98] Cohen J A, Golestanian R. Emergent cometlike swarming of optically driven thermally active colloids. Phys. Rev. Lett., 2014, 112(23): 068302.

[99] (a) Soto R, Golestanian R. Self-assembly of active colloidal molecules with dynamic function. Phys. Rev. E, 2015, 91(5): 052304; (b) Soto R, Golestanian R. Self-assembly of catalytically active colloidal molecules: Tailoring activity through surface chemistry. Phys. Rev. Lett., 2014, 112(6): 068301.

[100] Sharifi-Mood N, Mozaffari A, Córdova-Figueroa U M. Pair interaction of catalytically active colloids: From assembly to escape. J. Fluid Mech., 2016, 798: 910-954.

[101] Malevanets A, Kapral R. Mesoscopic model for solvent dynamics. J. Chem. Phys., 1999, 110(17): 8605-8613.

[102] (a) Kapral R. Multiparticle collision dynamics: Simulation of complex systems on mesoscales. Adv. Chem. Phys., 2008, 140: 89-146; (b) Gompper G, Ihle T, Kroll D, et al. Multi-particle collision dynamics: A particle-based mesoscale simulation approach to the hydrodynamics of complex fluids. In Advanced Computer Simulation Approaches for Soft Matter Sciences III; Springer, 2009: 1-87.

[103] Elgeti J, Kaupp U B, Gompper G. Hydrodynamics of sperm cells near surfaces. Biophys. J., 2010, 99(4): 1018-1026.

[104] Yang Y, Elgeti J, Gompper G. Cooperation of sperm in two dimensions: Synchronization, attraction, and aggregation through hydrodynamic interactions. Phys. Rev. E, 2008, 78(6): 061903.

[105] Yang M, Wysocki A, Ripoll M. Hydrodynamic simulations of self-phoretic microswimmers. Soft Matter, 2014, 10(33): 6208-6218.

[106] (a) Yang M, Ripoll M. A self-propelled thermophoretic microgear. Soft Matter, 2014, 10(7): 1006-1011; (b) Yang M, Ripoll M, Chen K. Catalytic microrotor driven by geometrical asymmetry. J. Chem. Phys., 2015, 142(5): 054902.

[107] Colberg P H, Kapral R. Many-body dynamics of chemically propelled nanomotors. J. Chem. Phys., 2017, 147(6): 064910.

[108] Thakur S, Chen J X, Kapral R. Interaction of a chemically propelled nanomotor with a chemical wave. Angew. Chem. Int. Ed., 2011, 50 (43): 10165-10169.

[109] Zöttl A, Stark H. Hydrodynamics determines collective motion and phase behavior of active colloids in quasi-two-dimensional confinement. Phys. Rev. Lett., 2014, 112(11): 118101.

[110] Hu J, Yang M, Gompper G, et al. Modelling the mechanics and hydrodynamics of swimming E. coli. Soft Matter, 2015, 11(40): 7867-7876.

[111] Chen J-X, Chen Y-G, Ma Y-Q. Chemotactic dynamics of catalytic dimer nanomotors. Soft Matter, 2016, 12(6): 1876-1883.

[112] (a) Nash R, Adhikari R, Tailleur J, et al. Run-and-tumble particles with hydrodynamics: Sedimentation, trapping, and upstream swimming. Phys. Rev. Lett., 2010, 104(25): 258101; (b) Ravnik M, Yeomans J M. Confined active nematic flow in cylindrical capillaries. Phys. Rev. Lett., 2013, 110(2): 026001; (c) Pagonabarraga I, Llopis I. The structure and rheology of sheared model swimmer suspensions. Soft Matter, 2013, 9(29): 7174-7184; (d) de Graaf J, Menke H, Mathijssen A J, et al. Lattice-boltzmann hydrodynamics of anisotropic active matter. J. Chem. Phys., 2016, 144(13): 134106.

[113] (a) Fedosov D A, Sengupta A, Gompper G. Effect of fluid–colloid interactions on the mobility of a thermophoretic microswimmer in non-ideal fluids. Soft Matter, 2015, 11(33): 6703-6715; (b) Wang Z, Chen H-Y, Sheng Y-J, et al. Diffusion, sedimentation equilibrium, and harmonic trapping of run-and-tumble nanoswimmers. Soft Matter, 2014, 10(18): 3209-3217.

[114] Pandey A, Kumar P S, Adhikari R. Flow-induced nonequilibrium self-assembly in suspensions of stiff, apolar, active filaments. Soft Matter, 2016, 12(44): 9068-9076.

[115] Bayati P, Najafi A. Interaction between catalytic micro motors. arXiv preprint arXiv: 1510.07891, 2015.

[116] Izri Z, Linden M, Michelin S, et al. Self-propulsion of pure water droplets by spontaneous marangoni-stress-driven motion. Phys. Rev. Lett., 2014, 113(24): 248302.

[117] Cates M E, Tailleur J. Motility-induced phase separation. Annu. Rev. Condens. Matter Phys., 2015, 6(1): 219-244.

[118] Berthier L, Kurchan J. Non-equilibrium glass transitions in driven and active matter. Nat. Phys., 2013, 9(5): 310-314.

[119] Ni R, Cohen Stuart M A, Dijkstra M, et al. Crystallizing hard-sphere glasses by doping with active particles. Soft Matter, 2014, 10(35): 6609-6613.

第8章　胶体蒸发自组装

经光银

西北大学

蒸发现象在自然界、日常生活、工业生产中普遍存在,借助溶剂蒸发可对溶液中微小颗粒物质在空间分布上进行动态调节,形成不同的结构,即蒸发自组装。胶体溶液蒸发自组装已经被用来制备胶体晶体、软曝光模板、光学带隙材料等。自1997 年 Deegan 等提出了"咖啡圈"的形成机制后 [1],人们通过蒸发液滴、液膜的方法获得了大量丰富的斑图结构,通过在液滴中引入固体微粒、高分子、蛋白质、DNA、红血球、细菌、病毒等,可以自发形成具有一定形貌、结构与性能的宏观物质。溶液中单元物体的物理化学性质、几何形貌、溶液的极性、pH 值、离子浓度,基底的粗糙度、浸润性、运动形式,环境温度、湿度等多种因素,在蒸发自组装中都扮演着重要角色。由于液滴几何形状所引起的自身空间限域、液体中物质的多相性以及物性参数的可调性,蒸发自组装涉及传热、传质与动量交换等多相流基本物理过程 (如果不考虑化学反应)。本章以液滴为模型系统,引入蒸发时的简化流体力学方程,讨论不同近似下液滴蒸发流量、内部的流动、物质与动量输运,以及所涉及的热过程。

作为液滴蒸发自组装的驱动力,蒸发率与液滴内外流场是自组装过程中控制颗粒物质的传输、沉积等的关键因素。本章首先讨论分子扩散 (蒸发) 物理过程,重点分析液滴气–液界面上蒸发通量、蒸发速率,从传热角度给出蒸发通量,然后讨论扩散机制下分子在液滴上部空间的浓度分布。在明确了局部与平均蒸发率后,8.2节从流体基本方程入手,引入润滑近似,依据不同边界条件,计算液滴内部流场。当液滴具有大接触角时,润滑近似出现局限性,于是讨论通过流线方程求解特殊坐标系下流场的数学表达式。接着,在 8.3 节中,引入了两类溶液体系,即低浓度溶液蒸发自组装形成咖啡圈效应,与浓溶液蒸发自组装结晶及缺陷的产生。最后,由于流场是蒸发自组装的主导因素,对流传质贡献大于扩散流,因此在 8.4 节中,考虑了扩散竞争作用下,蒸发驱动的自组装结构,以及出现的相分离与分层现象。

8.1　蒸发速率与内部流场

液体的界面处,分子动能足够大时挣脱界面上其他液体分子的作用而进入周

围介质 (如气体), 这个过程可以理解为溶剂的蒸发。给定温度下, 蒸发扩散出去的过程与从气相中蒸汽分子凝结进入液体的过程动态平衡, 界面上压强达到饱和蒸汽压, 改变系统的压强或者温度都会打破这个平衡, 从而引起蒸发或凝结现象。为了方便, 人们喜欢在蒸发液滴系统中, 引入一些无量纲数, 包括:

$$C_{\mathrm{a}} = \frac{\mu U}{\gamma} \tag{8.1.1}$$

$$B_{\mathrm{o}} = \frac{\rho g r^2}{\gamma} \tag{8.1.2}$$

$$R_{\mathrm{e}} = \frac{\rho R U}{\mu} \tag{8.1.3}$$

$$P_{\mathrm{e}} = \frac{R_p U}{D_p} \tag{8.1.4}$$

以水为例, 其中物性参数 U 代表特征速度; $\mu = 8.9 \times 10^{-4} \mathrm{N \cdot s/m^2}$; $\rho = 997 \mathrm{kg/m^3}$; $\gamma = 0.072 \mathrm{N/m}$; $g = 9.8 \mathrm{m/s^2}$; $2R_p = 1\mu\mathrm{m}$; $D_p \sim 10^{-13} \mathrm{m^2/s}$。通常人们用来蒸发自组装的溶剂见表 8.1, 水是最常用的, 然而水的蒸发速率相对较慢, 且蒸发速率受湿度影响。

表 8.1　常用液体性质

溶剂	表面张力/(mN/m)	蒸气压/kPa	蒸气扩散系数/$(10^{-5}\mathrm{m^2/s})$	蒸发时间/s
水	72	2.34	2.4	600
辛烷	22	1.39	0.616	1800
酒精	22	5.95	1.18	200

8.1.1　蒸发通量与蒸发率

考虑一种简单情形, 液面与周围的气体构成热力学平衡, 液体分子逃逸到气体中, 形成的蒸发数密度流为 j_{e} (单位时间单位面积流出的分子数目), 同时蒸气分子运动到界面, 被液面捕获而形成凝结数密度流, 平衡时这两部分的贡献相等, 总的净余流量为零。从热力学上说, 蒸气分子在界面上具有麦克斯韦–玻尔兹曼速度分布 $f(u,v,w) = (M/2\pi R_{\mathrm{a}}T)^{3/2}\exp(-(u^2+v^2+w^2)M/2R_{\mathrm{a}}T)$, 垂直于界面向外的速度分量可以使分子逃逸, 此时动态平衡下凝结沉积到液面的数密度流可以写成 [2]

$$j_{\mathrm{e}} = -\int_{-\infty}^{\infty}\int_{-\infty}^{\infty}\int_{-\infty}^{0} \alpha \cdot nu \cdot f(u,v,w)\,\mathrm{d}u\mathrm{d}v\mathrm{d}w = \frac{\alpha p_{\mathrm{e}} N_{\mathrm{A}}}{\sqrt{2\pi R_{\mathrm{a}} T M}} \tag{8.1.5}$$

其中 $M, R_{\mathrm{a}}, N_{\mathrm{A}}, n, T$, 分别为分子量、理想气体常数、阿伏伽德罗常数、蒸气分子数密度、温度; u, v, w 是蒸气分子在气相中运动速度的三个分量; p_{e} 为气液界面平衡压强 (饱和蒸气压); α 是凝结系数常数 (反映蒸气分子撞击液面有可能反射回到气相中). 当气体中蒸气分压强 p_v 低于饱和压强 p_e 时, 蒸气分子将以一定的净余流量离开液面进入气相, 这个速流通过蒸发通量 J 由 Hertz-Knudsen-Langmuir(HKL) 方程给出:

$$J = \alpha \frac{p_e - p_v}{\sqrt{2\pi R_a T/M}} \tag{8.1.6}$$

由于蒸气分压强低于饱和蒸气压, 水分子不断从气液界面进入气相, 根据理想气体方程, 压强关联温度、浓度, 所以蒸发也可以理解为界面水分子浓度 ρ_i 低于界面上饱和水分子浓度 ρ_s, 或者理解为界面温度低于该饱和蒸汽压对应的饱和温度。在很多场合下, 人们为了使用该方程, 取 $\alpha = 1$, 把上述蒸发通量改写为 $J = \rho_v (R_a T_i/2\pi)^{1/2} (p_e/p_v - 1)$, 其中 T_i 为液滴界面温度, 气体密度 $\rho_v = Mp_v/R_a T$。获得 HKL 方程的核心逻辑是假定蒸汽压强低于饱和蒸汽压时, 从液面发射出来的分子束流约等于动态平衡下撞击液面被捕获分子的束流 (事实上稍低估了发射束流)。值得指出的是, HKL 方程从经典的热力学出发给出了液面上蒸发过程的定量计算, 然而对于此理论的局限性也已经有很广泛的讨论, 尤其是实验上发现距离界面处往外、长度为分子平均自由程大小的地方, 温度竟然比界面上液体分子的温度高, 这与经典玻尔兹曼方程预测的温度差别相反。在 HKL 方程中有一个难题是如何确立蒸发与凝结的系数 α, 以及考虑蒸发非平衡过程中如何合理假设在 Knudsen 长度内的动态平衡近似, 并考虑该薄层厚度内分子的相互作用。C. Ward 等在其综述文章 [3] 中直言不讳地指出 HKL 方程计算蒸发速率尽管有一定不精确性, 然而人们仍然热衷该理论。C. Ward 等提出了基于量子力学的 SRT(statistical rate theory, 统计速率理论) 理论来精确计算蒸发速率, 声称该理论可以不依赖参数, 可以较好地修正 HKL 方程, 并且通过实验得到验证。上述从热力学角度求得蒸发速率, 需要借助气液界面上的边界条件来确定, 包括界面上应力的法向分量平衡 (即压强平衡), 界面上能量 (即导热) 平衡, 以及质量守恒, 可以得到无量纲化的局部蒸发速率为

$$\hat{j} = \frac{T_w - \sigma \left(h_{xx} + \epsilon h^{-3} \right)}{K + h} \tag{8.1.7}$$

式中无量纲参数的选取分别为 $\hat{j} = J(x,t)/\rho U C_a^{-1/3}$, $U = \dfrac{kT_s}{\rho \mathcal{L} r}$, $K = \dfrac{T_s C_a^{-1/3}}{2\rho_v \mathcal{L}^2 r} \cdot$ $\sqrt{2\pi R_a T_s/M}$, $\epsilon = |A|/\gamma C_a r^2$, $\sigma = \dfrac{\gamma}{\mathcal{L}\rho r}$, 其中 $C_a = \eta U/\gamma$ 为毛细常数, 注意这里的 R_a 是气体常数, T_w, T_s 分别为基底温度与平衡态下饱和温度。

上式需要借助边界条件, 并经过了一些中间推导过程, 通过此思路构建局部蒸发速率以及总蒸发率的典范可以参考 Ajaev 等的文章 [4,5] 及他编写的书 *Interfacial Fluid Mechanics: A Mathematical Modeling Approach* [2]。

另外一种思路, 在液滴液面上方空间里, 水汽分子的浓度存在梯度, 通常人们

用相对湿度 $(0 \leqslant H_R \leqslant 1)$ 来衡量，即假定液面处水汽分子是该温度下所能容纳的饱和浓度，而往外不同距离处，水汽分子的浓度存在梯度，且低于饱和浓度。因而水汽分子不断从液面离开进入外部周围空间，这个过程即水分子扩散。扩散的特征时间 $t_d \sim R^2/D_0$ 约为秒量级 $(D_0 \sim 10^{-5} \mathrm{m}^2/\mathrm{s})$，远小于蒸发特征时间 $t_e \sim R/V_e$，其中 R 为液滴特征尺寸 (半径或接触半径)，D_0 为水汽分子在气相中的扩散系数，V_e 为蒸发液面特征运动速度。因此液滴蒸发被近似看作为一个经典扩散问题，浓度 $c(r,t)$ 遵循 Laplace 方程，求解浓度的方程，并对浓度在界面处的求导可以获得蒸发速率。最早 Maxwell 于 1877 年研究了扩散蒸发 [6]，Langmuir [7] 提出了一个简单模型解释液滴蒸发实验 [8]。类似 Maxwell 处理静电势的方法，可以获得球形液滴在半无穷空间上扩散 (蒸发) 通量，得到质量的变化率 $\mathrm{d}W/\mathrm{d}t$ 为

$$\mathrm{d}W/\mathrm{d}t = -4\pi D_0 \cdot r \left(c_0 - c_\infty \right) \tag{8.1.8}$$

c_0, c_∞ 分别代表液滴表面与无穷远处水汽的浓度 $[\mathrm{kg/m}^3]$，D_0 为水分子的扩散系数 $[\mathrm{m}^2/\mathrm{s}]$，该方程基于一个半径为 r 的球形液滴，假设液滴表面水蒸气浓度等于该温度下饱和蒸汽压对应的水汽浓度。人们为了回避尺寸效应，而假定液滴不太小，即液滴的尺寸 r 远大于液滴表面水汽分子的平均自由程 λ，即 Knudsen 数 $n_u = \lambda/r$ 较小。1977 年，Picknett 与 Bexon 考虑非球形液滴，引入固体基底，液滴在固体表面形成球冠形状 (忽略重力)，液滴–气体–固体三相接触线处定义接触角 θ。此时，式 (8.1.8) 引入系数 k (边界条件)，以及电容参数 $g(c/r)$ (形状类似的导体外介质电容) [9]

$$\frac{\mathrm{d}W}{\mathrm{d}t} = k \cdot g(c/r) \tag{8.1.9}$$

利用液滴的对称性，考虑环形坐标中对称棱镜系统，如果液滴蒸发时保持接触角 (contact angle，见图 8.1)θ 不变，则蒸发速率近似为

$$\frac{\mathrm{d}W}{\mathrm{d}t} = 2\pi D_0 E \left(\frac{c}{r} \right) \left(\frac{W}{\rho} \right)^{1/3} \tag{8.1.10}$$

其中 D_0，E 都是常数。液滴在不同基底上所形成的接触角不同，上面的 c/r 具有相应的近似值 [9]

$$\frac{c}{r} = \begin{cases} 0.6366\theta + 0.09591\theta^2 - 0.06144\theta^3 & (0 \leqslant \theta < 0.175) \\ 0.00008957 + 0.6333\theta + 0.1160\theta^2 - 0.08878\theta^3 + 0.1033\theta^4 & (0.175 \leqslant \theta \leqslant \pi) \end{cases} \tag{8.1.11}$$

因而根据接触角与初始的液滴体积，通过方程 (8.1.10) 可以计算不同时刻液滴的体积，还可以对方程 (8.1.10) 积分，获得不同液滴蒸发到一定体积所经历的时间。比

较有意思的是，方程 (8.1.8) 包含两个时间尺度，对于简单球形液滴，该式可改写成

$$\frac{\mathrm{d}R/\mathrm{d}t}{D/R} \propto \frac{c_0 - c_\infty}{\rho} \tag{8.1.12}$$

其中 $\mathrm{d}R/\mathrm{d}t$ 表示液滴界面移动的快慢，而 D/R 表征扩散下建立浓度分布的快慢。1995 年 Bourges-Monnier 与 Shanahan [10] 在 *Langmuir* 上发表了一篇关于接触角对蒸发速率的影响的文章，在这个工作里，假定接触角为 θ 的液滴具有球冠形状，在一个无穷大的空间中蒸发，水分子空间分布具有球对称性，可以构造只与径向 R 有关的蒸发率。面积为 A (对应体积为 V) 的气–液界面上浓度为饱和水汽浓度 c_0，无穷远处浓度为 0，则得到蒸发率

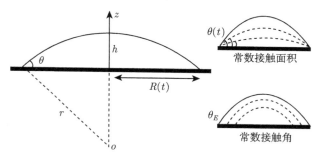

图 8.1　蒸发液滴几何关系

$$\frac{\mathrm{d}W}{\mathrm{d}t} = \rho \frac{\mathrm{d}V}{\mathrm{d}t} = J(r) \cdot A = -D_0 \frac{R c_{\mathrm{i}} \cos\theta}{r(r - R\cos\theta) \cdot \ln(1 - \cos\theta)} \tag{8.1.13}$$

其中蒸发密度流 $J(r)$ 为单位面积上蒸发流，上述结果是较早地给出液滴蒸发速率公式的工作，并且考虑液滴坐落在基底情况下局部蒸发速率理论分析。

1997 年，芝加哥大学 Deegan 等 [1] 通过类似静电势问题，求解蒸发扩散的 Laplace 方程，考虑液滴的形状轮廓曲线 $h(r,t)$

$$h(r,t) = \sqrt{[h(0,t)^2 + R^2)^2/2h(0,t)]^2 - r^2} - [R^2 - h(0,t)^2]/2h(0,t) \tag{8.1.14}$$

其中 $h(0,t) = R\tan[\theta(t)/2]$，这个轮廓线 $h(r,t)$ 也可以写成与接触角 θ 的关系：

$$h(r,t) = \sqrt{R^2/\sin^2\theta - r^2} - R/\tan(\theta) \tag{8.1.15}$$

体积 $V(t) = \pi h(0,t)[3R^2 + h^2(0,t)]/6$。如果要获得液滴界面上的蒸发通量 $J(r,t)$，必须先获知液滴界面上浓度 $c_i(r,t)$ 的空间分布，从而通过扩散系数把浓度梯度关联到蒸发通量，即 $J = -D_0\nabla c_i$。为此，Deegan 等借助 Lebedev 在 *Special Function and Their Applications* 一书中关于 "透镜" 形状的带电导体外电场分布公式，通过

设定两个边界条件，即液滴界面水气浓度为饱和蒸气浓度 c_0，无穷远液滴上方水汽浓度为常数 c_∞，等效地得到蒸发液滴的水气浓度分布 [11]

$$
\begin{aligned}
c(\alpha,\beta) = c_\infty + (c_0 - c_\infty)\sqrt{\cosh\alpha - 2\cos\beta} \\
\times \int_0^\infty \mathrm{d}\tau P_{-1/2+\mathrm{i}\tau}(\cosh\alpha) \times \frac{\cosh(\theta\tau)\cosh[(2\pi-\beta)\tau]}{\cosh(\pi\tau)\cdot\cosh[(\pi-\theta)\tau]}
\end{aligned} \tag{8.1.16}
$$

该浓度表达式比较复杂，依赖于圆环坐标中球面与环面坐标 β 与 α，以及第一类 Legendre 函数 $P_{-1/2+\mathrm{i}\tau}$，在气–液界面上该浓度的梯度即为局部蒸发通量，表示为

$$
\begin{aligned}
J = D_0(c_0 - c_\infty)\bigg[0.5\sin\theta + \sqrt{2}(x+\cos\theta)^{3/2}\int_0^\infty \mathrm{d}\tau P_{-1/2+\mathrm{i}\tau} \\
\times \frac{\cosh\tau\theta\tanh(\pi-\theta)\tau}{\cosh\pi\tau}\bigg]
\end{aligned} \tag{8.1.17}
$$

其中 $r = R\sqrt{1-x^2}/(x+\cos\theta)$，Popov 考虑到上式的复杂性，采纳一种近似：

$$
J(r,t) \sim J_0 f(\lambda)[1-(r/R)]^{-\lambda} \tag{8.1.18}
$$

其中 $\lambda = (\pi-2\theta)/(2\pi-2\theta)$。Popov 在考虑接触角很小时 $(\theta\to 0)$，将蒸发通量写为

$$
J(r,t) = \frac{D_0(c_0-c_\infty)}{R}\frac{2}{\pi}\cosh\frac{\alpha}{2} \tag{8.1.19}
$$

其中，$\cosh\alpha = (R^2+r^2)/(R^2-r^2)$，对于完全浸润时 $(\theta=0)$，局部蒸发通量进一步简化为

$$
J(r,t) = \frac{2}{\pi}\frac{D_0(c_0-c_\infty)}{\sqrt{R^2-r^2}} \tag{8.1.20}
$$

小接触角近似下的局部蒸发通量式 (8.1.18) 同时也被 Hu 与 Larson 借鉴，形式稍微有点变化 $J = J_0[1-r^2/R^2]^{-\lambda}$，在其 2002 年的文章中，用有限元分析数值方法，确定了该 λ 对接触角的数值依赖关系 $\lambda = 0.5 - \theta/\pi$，经验公式，利用该有限元方法，还确定了 $J_0 = D_0(1-H_\mathrm{R})c_0/R\cdot(0.27\theta^2+1.3)$，最后得到局部蒸发通量 [12]：

$$
\begin{aligned}
J(r,t) = \frac{D_0(1-H_\mathrm{R})c_0}{R(t)}\big[0.6381 - 0.2239(\theta-\pi/4)^2\big] \\
\times (0.27\theta^2+1.3)\big[1-(r/R(t))^2\big]^{\theta/\pi-0.5}
\end{aligned} \tag{8.1.21}
$$

此式作为经验公式，用来确定液滴界面上局部的蒸发通量，是扩散模型下广为接受的形式 (Xie 等在 2016 年的文章中总结了等价的表达式 [13])。由于实验测定

局部的蒸发通量不是一件容易的事，然而实验上容易测定总蒸发率，据此，Hu 和 Larson 进一步通过对局部蒸发通量在界面上的积分，得到总的蒸发率为

$$-\frac{\mathrm{d}m}{\mathrm{d}t} = \pi R \cdot D_0 \left(1 - H_\mathrm{R}\right) c_0 \left(0.27\theta^2 + 1.3\right) \tag{8.1.22}$$

如图 8.1，液滴体积 V 与表面积 A 的数学形式为

$$V = \frac{\pi R^3}{3} \frac{\left(1 - \cos\theta\right)^2 \left(2 + \cos\theta\right)}{\sin\theta^3} \tag{8.1.23}$$

$$A = \frac{2\pi R^2}{1 + \cos\theta} \tag{8.1.24}$$

在液滴蒸发过程中，这两个变量可以作为控制参量，由于液滴蒸发导致液滴总体积减小，必然引起 R，θ 的改变量 $\mathrm{d}R$，$\mathrm{d}\theta$，从能量角度来看，蒸发使得表面能为 γ 的液滴的自由能变化 $\mathrm{d}G$ 为

$$\mathrm{d}G = \frac{\gamma \sin^2\Theta_0 \left(2 + \cos\theta_0\right) \left(\mathrm{d}R\right)^2}{2R} \tag{8.1.25}$$

$$= \frac{\gamma R \left(\mathrm{d}\theta\right)^2}{2 \left(2 + \cos\theta_0\right)} \tag{8.1.26}$$

Popov 考虑液滴接触面积不变 (R 为常数)，球冠近似下液滴体积可以写为

$$V_\mathrm{cap} = \frac{\pi R^3}{4}\theta, \quad m = \rho_L V_\mathrm{cap} \tag{8.1.27}$$

接触角随时间变化:

$$\frac{\mathrm{d}\theta}{\mathrm{d}t} = \frac{\mathrm{d}m}{\mathrm{d}t} \cdot \frac{\left(1 + \cos\theta\right)^2}{\pi\rho R^3} \tag{8.1.28}$$

其中 m 为液滴质量，$\mathrm{d}m/\mathrm{d}t$ 为总的蒸发率。Popov 利用静电势求解的浓度分布以及局部蒸发通量公式 (8.1.19) 对液滴表面积分得到总蒸发率 $\mathrm{d}m/\mathrm{d}t = \int_0^\infty J\sqrt{1 + \left(\partial h/\partial r\right)^2} \cdot 2\pi r \mathrm{d}r$，从而得到总蒸发率为

$$\frac{\mathrm{d}m}{\mathrm{d}t} = -\pi R D \left(c_0 - c_\infty\right) \left[\frac{\sin\theta}{1 + \cos\theta} + 4 \int_0^\infty \frac{1 + \cosh 2\theta\tau}{\sinh 2\pi\tau} \tanh\left[\left(\pi - \theta\right)\tau\right] \mathrm{d}\tau\right] \tag{8.1.29}$$

Masoud 与 Felske [14] 通过求解流线方程也给出了扩散机制下接触角的变化形式，我们将在后面讨论。而 Popov 巧妙地利用球冠体积与接触角的关系，Popov 在给定初始条件 $\theta_\mathrm{i} = \theta\left(t = 0\right)$, $R_\mathrm{i} = R\left(t = 0\right)$ 下，也给出了其他几个蒸发过程中有实际参考的物理量随时间的变化，包括总的蒸发时间 t_f 与质量 m:

$$\theta = \theta_\mathrm{i}\left(1 - t/t_\mathrm{f}\right) \tag{8.1.30}$$

$$t_{\mathrm{f}} = \frac{\pi\rho R_{\mathrm{i}}^2 \theta_{\mathrm{i}}}{16 D_0 \left(c_0 - c_\infty\right)} \tag{8.1.31}$$

$$m = \frac{\pi\rho R^3}{4}\theta_{\mathrm{i}}\left(1 - t/t_{\mathrm{f}}\right) \tag{8.1.32}$$

总蒸发时间可以近似估算 $t_{\mathrm{f}} \approx \rho V/(-\mathrm{d}m/\mathrm{d}t) \approx 0.2\frac{\rho}{\rho_{\mathrm{v}}}\frac{Rh_0}{D_0}$，其中 h_0 液滴最高处的厚度，对于较扁平的液滴，体积可以近似为 $V \approx h_0 R^2$。由此，我们进一步估算蒸发特征速度，例如，对于 $R \sim 1\mathrm{mm}$ 大小的酒精液滴，蒸发总时间约为 $t_{\mathrm{f}} \sim 200\mathrm{s}$，尺寸 $h_0/R \sim 0.5$，只考虑溶剂蒸发损失带动的流动 (U_{ML})，则有：$U_{\mathrm{ML}} \sim R/t_{\mathrm{f}} \sim 5\mu\mathrm{m/s}$。

从上面的讨论中可以看出，Deegan、Larson 等通过扩散理论模型，给出了局部与总的蒸发率，被后续的研究广泛引用，而 Ajaev 等为代表通过传热过程建立的与传热层 (即液滴厚度) 关联的局部与总蒸发率，是另一种并行的被广泛采用的蒸发定量关系，有几点值得注意的是：

(1) **扩散模型**。假定水分子挣脱液面扩散到外空间的时间尺度远快于液滴蒸发总时间，则可以在合适的浓度边界条件下求解液面上分子浓度分布；该模型基于的物理图像是液体分子挣脱界面后以布朗运动形式在气相中扩散开来，在这个过程中分子同样有几率折回到液面，重新被束缚住，因此在三相接触线处分子逃逸离开的概率比在其他部分的液体分子大，导致局部蒸发通量在三相接触线附近显著变大 (即蒸发奇异点)，实验和现有的理论都验证了这个结论。当接触角大于 90° 时，接触线附近的蒸发反而减弱，这也可以通过扩散受限来理解，即接触线外围出现一个半封闭的空间，抑制了分子扩散离开的概率。然而该模型也存在一定的争议性，主要源于如果扩散受边界条件限制，那么完全浸润或小接触角时接触线附近的前驱膜、灯芯 (wicking) 现象液膜、范德瓦耳斯力与蒸发平衡液膜等如何影响水分子扩散，一直以来尚未有完整的解释。

(2) **传热机制**。考虑界面水分子蒸发需要潜热，该热量由基底经过一定厚度的液滴传输而来，因而获得热 (能量) 平衡，界面上的压强一方面通过 HKL 方程关联蒸发通量，另一方面通过界面法向力 (压强) 的平衡关联液滴轮廓线，从而可以写出局部的蒸发通量与液滴轮廓线、跨越液滴厚度上的温度梯度的关系式 (8.1.7)。一个显而易见的结果是，在三相接触线处，由于液滴厚度趋于 0，局部蒸发通量达到最大，这个结果跟上面扩散模型是一致的，但是出发点是导热过程，因此当扩散已经不再主导时，该方法有显著优势，可以很好地处理基底加热，或者液滴上部有对流、温差等过程，普适性更好。

8.1.2　蒸发流场

前面讨论了液滴界面上的蒸发率，这是液滴内部流动最重要的驱动力，液滴内部纳米颗粒、溶解的分子、高分子链以及生命物质，在稀浓度下，这些物质可以在溶剂蒸发过程中，很好地跟随流场，可以用斯托克斯流来描述。因而构建蒸发过程中液滴内部流场是决定蒸发自组装的重要任务，获得流场后，方可理解内部物质随蒸发进行所出现的空间分布规律。

确定液滴内部流场的经典工作包括 (1) Deegan [11]、Popov [15] 及同事们求解小接触角近似下沿高度方向平均后的速度 (平行基底平面)，在润滑 (lubrication) 近似下假设垂直方向速度远小于平行方向的速度；(2) Hu 与 Larson 在 Deegan 研究工作的基础上进一步半解析地给出了平行与垂直基底的两个速度，并通过有限元验证了该速度分布；(3) 以 Masoud 与 Felske [14] 为代表，假定液滴内部流为斯托克斯流，借用无旋流场的流线方程，在环坐标系下给出了轴对称液滴内部流线函数的解析解，并确定了两种局部蒸发通量下的内部流场 (均匀与非均匀蒸发)。

通常情况下，蒸发过程中涉及的流动、传热、传质可以用下面四个方程来描述，即不可压缩流体假设、Navier-Stokes(NS) 方程、传热能量方程及传质扩散对流方程：

$$\nabla \cdot \boldsymbol{v} = 0 \tag{8.1.33}$$

$$\frac{\partial \boldsymbol{v}}{\partial t} + \boldsymbol{v} \cdot \nabla \boldsymbol{v} = -\frac{1}{\rho}\nabla p + \frac{\eta}{\rho}\nabla^2 \boldsymbol{v} \tag{8.1.34}$$

$$\frac{\partial T}{\partial t} + \boldsymbol{v} \cdot \nabla T = \nabla \cdot (k\nabla T) \tag{8.1.35}$$

$$\frac{\partial c}{\partial t} + v \cdot c = \nabla \cdot (D\nabla c) \tag{8.1.36}$$

有基底介入的液滴，当接触角较小，液滴与基底接触尺寸远大于液滴的厚度 (有时这个相对大小没有这么严格) 时，则润滑近似是非常重要的方法，可以用来求解简化后的斯托克斯流场方程。从流体力学角度来考虑，液滴蒸发过程可以理解为界面的蒸发诱导液滴的内部流动。对流动起主导作用的贡献为：

(1) 蒸发诱导的对流，气–液界面处水分子的扩散 (蒸发) 引起液滴内部流动；

(2) 热–毛细流，蒸发潜热降低界面温度，该热量的损失与从液滴内部及基底导热量平衡，引起界面或内部温度梯度，从而产生表面张力梯度，驱动流动，称之为热 Marangoni 流；

(3) 浓度梯度–毛细流，界面或内部流动，引起表面活性剂、内部分子、颗粒等物质的重新分布，构建了浓度梯度，并引起表面张力梯度，形成溶质性 Marangoni 流；

(4) 拉普拉斯压差引起的流动，由于气液界面流动以及三相接触线边界条件限制，界面曲率产生变化，引起拉普拉斯 (Laplace) 压强的改变，诱导流动。

对于扁平液滴，可以使用经典的润滑近似，此时 $\partial h/\partial x \sim 0, \epsilon = H/R \ll 1$，直角坐标系 xyz 下，速度 $\vec{v}(u,v,w)$ 的三个分量简化为 $\vec{v}(u,w)$，NS 方程写为

$$\rho\left(\frac{\partial u}{\partial t}+u\frac{\partial u}{\partial x}+w\frac{\partial u}{\partial z}\right)=-\frac{\partial p}{\partial x}+\eta\left(\frac{\partial^2 u}{\partial x^2}+\frac{\partial^2 u}{\partial z^2}\right) \qquad (8.1.37)$$

$$\rho\left(\frac{\partial w}{\partial t}+u\frac{\partial w}{\partial x}+w\frac{\partial w}{\partial z}\right)=-\frac{\partial p}{\partial z}+\eta\left(\frac{\partial^2 w}{\partial x^2}+\frac{\partial^2 w}{\partial z^2}\right)-\rho g \qquad (8.1.38)$$

无量纲化 $\hat{x}=x/R, \hat{h}=h/H, \hat{u}=u/U, \hat{w}=\epsilon w/U$ 处理后，且考虑低雷诺数 $Re = \rho U H/\eta$ 情况，则上式变为

$$0=-\frac{\partial p}{\partial x}+\frac{\eta U}{H^2}\left(\epsilon^2\frac{\partial^2 \hat{u}}{\partial \hat{x}^2}+\frac{\partial^2 \hat{u}}{\partial \hat{z}^2}\right) \qquad (8.1.39)$$

$$0=-\frac{\partial p}{\partial z}+\frac{\eta U}{H^2}\left(\epsilon^3\eta\left(\frac{\partial^2 \hat{w}}{\partial \hat{x}^2}+\epsilon\frac{\partial^2 \hat{w}}{\partial \hat{z}^2}\right)-\rho g\right) \qquad (8.1.40)$$

由于 $\epsilon = H/R \ll 1$，式 (8.1.39) 和 (8.1.40) 中含有 ϵ 的项相对其他项都可以忽略，上面两式进一步简化为

$$0=-\frac{\partial p}{\partial x}+\frac{\partial^2 \hat{u}}{\partial z^2} \qquad (8.1.41)$$

$$0=-\frac{\partial p}{\partial z}-\rho g \qquad (8.1.42)$$

普适来说，针对不同的情形，边界条件主要包括两个界面，即气–液界面、固–液界面，以及几个特殊位置，如轴对称下液滴的中心与三相接触线。

在固–液界面 $z=0$：

$$u=\Lambda\frac{\partial u}{\partial z}\text{ (滑移长度 } \Lambda) \qquad (8.1.43)$$

$$w=0 \qquad (8.1.44)$$

$$T=T_{\rm s} \qquad (8.1.45)$$

在气–液界面 $z=h$：

$$n\cdot\overline{\overline{\Sigma}}\cdot n=2H\gamma-|A|/6\pi h^3-p_{\rm v} \qquad (8.1.46)$$

$$n\cdot\overline{\overline{\Sigma}}\cdot t=\nabla\gamma\cdot t \qquad (8.1.47)$$

接触线与液滴高度顶点处：

$$h\left(x,z=0\right)=h_0\left(x\right),h_0\left(x=R\right)=0 \qquad (8.1.48)$$

$$\left.\frac{\partial h_0}{\partial x}\right|_{x=0}=0,\quad \left.\frac{\partial^3 h_0}{\partial x^3}\right|_{x=0}=0 \qquad (8.1.49)$$

$$\frac{\partial h_0}{\partial x}\bigg|_{x=R} = -\tan\theta_c \tag{8.1.50}$$

$z = h$ 处质量守恒：

$$\frac{\partial h}{\partial t} + \frac{\partial Q}{\partial x} + \frac{J}{\rho}\sqrt{1+h_x^2} = 0 \tag{8.1.51}$$

$$\frac{\partial h}{\partial t} + \frac{\partial h}{\partial x}u - w = 0 \text{(无蒸发下界面运动方程)} \tag{8.1.52}$$

对于轴对称液滴形貌，在液滴中心轴上，厚度的一阶导数 (极值点) 以及三阶导数都为 0，在接触线处厚度为 0，且一阶导数为此处的接触角正切值。其中固–液界面如果无滑移条件，则对应 $\Lambda = 0$。对于界面的应力平衡，需要引入流体运动对界面应力张量的分量与表面张力 (界面切向方向)、压强 (截面法向方向) 的力平衡。假定界面处任意一点的切线与法线单位矢量分别为 $\vec{t} = (1, h_x)/\left(1+h_x^2\right)^{-1/2}, \vec{n} = (-h_x, 1)/\left(1+h_x^2\right)^{-1/2}$，应力张量为

$$\vec{\Sigma} = \left[\begin{array}{cc} -p + 2\eta u_x & \eta\left(u_z + w_z\right) \\ \eta\left(u_z + w_x\right) & -p + 2\eta w_z \end{array}\right]$$

由于张量的使用使得问题看上去复杂，并不易于理解，所以有必要指明这些张量与矢量关系所隐含的物理意义：

$$\vec{\Sigma}: \text{应力张量}$$
$$\vec{n}\cdot\overline{\overline{\Sigma}}: \text{界面上力矢量}$$
$$\vec{n}\cdot\overline{\overline{\Sigma}}\cdot\vec{n}: \text{法线方向上力分量}$$
$$\vec{n}\cdot\overline{\overline{\Sigma}}\cdot\vec{t}: \text{切线方向上力分量}$$

需要注意的是对于气–液界面处的传热边界条件中，假定此边界可以在热的良导体与绝热条件之间调节，通过环境气体的导热率 k_∞ 与气–液界面上发展起来的一个厚度为 δ 的传热薄层之间比值 k_∞/δ 来实现调节。然而，当 h 很小时 (例如在三相接触线附近) 这个传热边界模型将会失效，Ehrhard 在其 1991 年发表的文章中提醒，作为一个近似的前期研究模型，该近似还算能给出有用的结论 [16]。围绕上述控制方程与边界条件，针对不同的具体液滴蒸发问题，可以采用数值求解以及解析求解。界面上的毛细流主要影响切线方向上的力平衡，即

$$\vec{n}\cdot\overline{\overline{\Sigma}}\cdot\vec{t} = \eta\frac{\partial u}{\partial y} = \nabla\gamma \approx \frac{\partial\gamma}{\partial x} \tag{8.1.53}$$

其中表面张力的梯度可以是温度或浓度不均匀引起的。当 $0 \leqslant \theta \leqslant \pi/2$，Popov 在圆环坐标中求解得到，三相接触线处蒸发速率出现奇点 (发散) [15]。如果假设液滴

表面均匀蒸发, Masoud 等获得了均匀蒸发速率下液滴内部流场的解析解 [14]。界面 $z = (x, t)$ 处的物质守恒可以用来关联液滴轮廓与内部速度、物质交换:

$$\rho \bar{u} h|_x \cdot \Delta y \cdot \Delta t:\text{进入体积单元的流体质量}$$

$$-\rho \bar{u} h|_{x+\Delta x} \cdot \Delta y \cdot \Delta t:\text{流出体积元质量}$$

$$-J \Delta x \sqrt{1 + h'^2} \cdot \Delta y \cdot \Delta t:\text{蒸发带走的流体质量}$$

图 8.2 中体积元内流体质量变化量 $\rho \Delta x \Delta y \Delta h$, 通过质量守恒:

$$\rho \Delta x \Delta y \Delta h = \rho \left(\bar{u} h|_x - \bar{u} h|_{x+\Delta x} \right) \cdot \Delta y \cdot \Delta t - J \Delta x \sqrt{1 + h_x^2} \cdot \Delta y \cdot \Delta t \tag{8.1.54}$$

从而得到式 (8.1.51) 等价形式:

$$\frac{\partial h}{\partial t} + \frac{\partial (\bar{u} h)}{\partial x} + \frac{J}{\rho} \sqrt{1 + h_x^2} = 0 \tag{8.1.55}$$

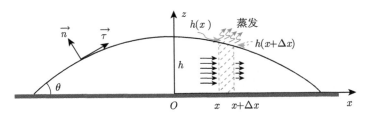

图 8.2　蒸发液滴质量守恒示意图, 以及应力法向、切向单位矢量示意图

这里 $\bar{u} h$ 可以理解为流体通量 (flux) $Q = \bar{u} h = \dfrac{1}{h} \displaystyle\int_0^h u \mathrm{d}z$。Deegan 等假定接触线钉扎, 考虑扁平液滴, 给出了垂直方向上 (高度) 的平均速度 V。在柱坐标下的关系 $\rho \dfrac{\partial h}{\partial t} = -\rho \dfrac{1}{r} \dfrac{\partial}{\partial r} (r h \bar{v}) - J(r, t) \sqrt{1 + (\partial h / \partial r)^2} \approx -\rho \dfrac{1}{r} \dfrac{\partial}{\partial r} (r h \bar{v}) - J(r, t)$。

在气–液界面上还有一个重要的力平衡条件, 即法线方向的力方程, 气–液界面上的平均曲率 H 可以表示为

$$2H \approx 2 h_{xx} \tag{8.1.56}$$

对上面的分析总结为: (1) 首先给出如何在润滑近似下写出 NS 方程; (2) 接着构造了各种不同界面上的力平衡、能量平衡、质量守恒, 以及特殊点处的几何关系; (3) 对边界条件给出了具体解释; (4) 并以简单情形, 讨论分析了润滑近似下液滴内部流场。

在润滑框架下, 要获取速度 u, 可以对式 (8.1.41) 两次积分来确定, 预测该方向速度在高度方向上是抛物线流 (Parabola), 这时引入的两个积分常量需要两个边

界条件来确定, 即液滴上下气–液界面上力平衡、固–液界面上速度无滑 (non-slip) 条件。积分一次得到

$$\frac{\partial p}{\partial x}z = \eta\frac{\partial u}{\partial z} + c_1 \qquad (8.1.57)$$

此时利用在气–液界面上剪切力平衡 (8.1.53), 可以得到积分常量 $c_1 = h\partial p/\partial x - \partial\gamma/\partial x$, 对式 (8.1.57) 再积分一次得到

$$u(z) = \frac{1}{\eta}\left(\frac{1}{2}\frac{\partial p}{\partial x}z^2 - \frac{\partial p}{\partial x}hz + \frac{\partial\gamma}{\partial x}z\right) + c_2 \qquad (8.1.58)$$

利用在固–液界面上速度 u 为 0, 即方程 (8.1.43) (其中无滑条件要求 $\Lambda = 0$) 与式 (8.1.44), 得到

$$u(z) = \frac{1}{2\eta}\frac{\partial p}{\partial x}\left(z^2 - 2hz\right) - \frac{z}{\eta}\frac{\partial\gamma}{\partial x} \qquad (8.1.59)$$

很显然, 上式右边最后一项是由于界面处浓度梯度/温度梯度引起的表面张力梯度诱导的毛细流, 即 Marangoni 流。必须指出, 普适形式下, 需要考虑液滴内部压强梯度驱动的流动, 这个压强梯度可以来源于 Laplace 压差 (跟气–液界面上每点的曲率关联)、静水压 (考虑重力) 和分离压 (disjoining pressure, 在液膜很薄时, 通常 100nm 或更小)。对扁平液滴润滑 (lubrication) 近似给出平均速度的影响为 [17]

$$\bar{u} = \frac{h^3}{3\eta}\frac{\partial}{\partial x}\left[\underbrace{\gamma\frac{\partial^2 h}{\partial x^2}}_{\text{曲率变化}} - \underbrace{\rho g h}_{\text{重力}} + \underbrace{\Pi(h)}_{\text{分离压}}\right] + \underbrace{\frac{h}{2\eta}\frac{\partial\gamma}{\partial x}}_{\text{Marangoni 效应}} \qquad (8.1.60)$$

很显然, 要想完全求解速度 u, 需要先知道压强分布 $\partial p/\partial x$, 以及液滴轮廓 $h = z(x, t)$, Deegan、Popov 等直接从界面上的质量守恒方程 (8.1.55) 出发, 对空间坐标 x 积分写出速度的形式:

$$u = -\frac{1}{\rho r h}\int_0^r \mathrm{d}r \cdot r\left(J\sqrt{1 + h_r^2} + \rho\frac{\partial h}{\partial t}\right) \qquad (8.1.61)$$

在前面小节中 Popov 利用与 Deegan 求解扩散方程相类似的方法, 给出了局部蒸发通量 J 的表达式, 并假定小角度 (式 (8.1.30))、球冠形貌 (式 (8.1.15)) 的液滴, 从而确定速度 u 的形式:

$$u(r, t) = -\frac{R^2}{4(t_f - t)r}\left(\frac{1}{\sqrt{1 - (r/R)^2}} - \left[1 - (r/R)^2\right]\right) \qquad (8.1.62)$$

Hu 与 Larson 在柱坐标系下, 声称在大多数的润滑近似模型下, 人们都丢掉了垂直速度 u_z 在自由界面 (气–液界面) 上剪切应力平衡条件中的 $\partial u_z/\partial z\,|_{z=h(r,t)}$

贡献, 此时 Stokes 方程在柱坐标系下有

$$\eta \left[\frac{\partial}{\partial r} \left(\frac{1}{r} \frac{\partial}{\partial r} \left(r u_r \right) \right) + \frac{\partial^2 u_r}{\partial z^2} \right] = \frac{\partial P}{\partial r} \tag{8.1.63}$$

$$\eta \left[\frac{1}{r} \frac{\partial}{\partial r} \left(r \frac{\partial u_z}{r} \right) + \frac{\partial^2 u_z}{\partial z^2} \right] = \frac{\partial P}{\partial z} \tag{8.1.64}$$

求解这两个方程可以获得液滴内部的流场分布, 其中还需要利用不可压缩流 (连续条件) $\frac{1}{r} \frac{\partial (r u_r)}{\partial r} + \frac{\partial u_z}{\partial} z = 0$。然而寻找合理的边界条件是解决该方程的重要任务。通过有限元分析, Hu 与 Larson 找到了局部蒸发通量的近似表达式 (8.1.21)。为了简化, 可以先考察蒸发速率, 通常的表述可以是: 单位时间里蒸发损失的体积或重量; 单位表面上损失流量; 或者单位时间里蒸发损失造成的液面下降位移, 即速度。其中比较常用的一种是单位时间里质量的变化, 基于此, Hu 与 Larson 写出了速度:

$$\begin{aligned} u_r = &\frac{3}{8} \frac{1}{1 - t/t_f} \frac{R}{r} \left[\left(1 - r^2/R^2 \right) - \left(1 - r^2/R^2 \right)^{-\lambda(\theta)} \right] \left[(z^2/h^2) - 2z/h \right] \\ &+ \left[\frac{r h_0^2 h}{R^2} \left(J_0 \left(\theta \right) / \rho h_0 \lambda \left(\theta \right) \left(1 - r^2/R^2 \right)^{-\lambda - 1} + 1 \right) \left(z/h - 3z^2/h^2/2 \right) \right] \end{aligned} \tag{8.1.65}$$

在 z 方向上的速度表达式将更为繁琐, 由于液滴扁平时与基底平行面内的流速占主导作用, 因此这里就不再给出 u_z, 可以直接参考 Hu 与 Larson 的 2006 年的文章 [18,19]。

对于典型的 1 毫米水滴, 其雷诺系数约为 $Re = \rho_L U R / \eta_L \sim 10^{-3}$, 即使考虑 Marangoni 流, 系统的雷诺系数依然较小, 液滴内部可以建立线性的 Stokes 方程进行精确求解。NS 方程的普适形式:

$$\mu \nabla^2 v - \nabla p + f = 0 \tag{8.1.66}$$

其中 f 是流体受到的体积力 (单位体积), 例如重力 ρg。大多数在室内环境下的蒸发, 内部流动较温和, 上述 NS 方程可以简化成低雷诺系数下的 Stokes 流动方程。不可压缩流体在气–液界面无剪切及固–液界面无滑移。忽略重力与其他体积力时, 对 Stokes 方程分别取散度与旋度 (即分别用 ∇ 去点乘与叉乘 Stokes 方程), 很容易得到 $\nabla^2 p = 0, \nabla^2 w = 0$, 因而人们习惯给出二维 x-y 坐标系下 Stokes 方程的流线函数 Ψ 方程, Renk 等给出了流线方程 [20]:

$$\Psi = \frac{-1}{6\mu} \frac{\partial p}{\partial x} \left[3z^2 h \left(x \right) - z^3 \right] \tag{8.1.67}$$

然后借助不可压缩流体的速度 $v=(u(x,z),w(x,z))$，连续方程 $\partial u/\partial x + \partial w/\partial z = 0$，构建流场 $u=\dfrac{\partial \Psi}{\partial z}, w=\dfrac{\partial \Psi}{\partial x}$。因此求解流场 (u,w)，需要假定润滑近似，从而先获得液滴的轮廓线 $h(x)$，这又回到求解界面上质量守恒方程 (8.1.55)，还包括平均速度方程 (8.1.60) (即压强梯度 $\partial p/\partial x$)。

Masoud 与 Felske [14,21] 跟 Deegan、Popov、Larson 等所用方法很不一样，而是采用求解斯托克斯流的流线方程来解析求解内部流场，这虽然与 Renk 等的方法有相似之处，都是采用流线方程，然而 Masoud 与 Felske 从环状坐标系下求解了任意接触角的内部流场的解析解，并在球形液滴内，总结了四种情况下的流场分布 (图 8.3)，即 (1) 接触线钉扎 + 均匀蒸发；(2) 接触线钉扎 + 扩散非均匀蒸发；(3) 接触线自由移动 + 均匀蒸发；(4) 接触线自由移动 + 扩散非均匀蒸发。主要的结论可以简述为：

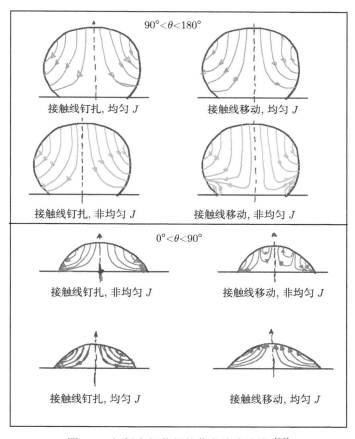

图 8.3 解析求解获得的蒸发液滴流线 [22]

(1) 接触线影响。 接触线是否钉扎对液滴内部流动很重要，尤其是小接触角情形下，钉扎的接触线使得流动从中心到接触线 (即咖啡圈效应)；而自由移动的接触线则相反，流动是从边缘指向中间。

(2) 接触角影响。 针对接触角大于 90° 的情况，流动的方向性受接触线的运动影响较小，钉扎与接触线自由运动情形下，在液滴内部，流线都是从中心流向边缘。

(3) 局部蒸发通量影响。 大接触角时，均匀蒸发与非均匀蒸发引起的内部流动区别显著。均匀蒸发下，液滴内部流动从中间指向边缘；而非均匀蒸发情形下，自由移动的接触线附近流动出现了局部涡旋，流线从接触线出发又返回终止到气–液界面。

8.1.3　马兰戈尼效应

在上面的讨论中，虽然给出了流动方程的普适形式，然而表面张力梯度在界面上的影响基本没有参与流场方程，本小节将主要讨论表面张力梯度影响。两种流体形成的界面上，由于温度或溶剂浓度不均匀引起界面张力梯度，即产生平行界面的切向应力，这个切向应力能驱动界面上的流体流动，人们把这种界面上由表/界面张力梯度引起的流动现象叫作马兰戈尼 (Marangoni) 效应。在自然界及我们的生活中，当两种特定的液体相接触时会发生一些令人惊奇的现象。其中一个是，当少量的酒精或者烈酒缓慢地与水面接触时，水面上会出现从接触点向外快速扩张的现象。而另一个现象是非常著名的 "酒泪" 现象，将酒注入润湿性玻璃壁，酒会顺着杯壁上升到某处，直到积累到重力占优势后而顺着壁面滑落下来。1855 年 James Thomson 基于 Thomas Young 的表面张力理论，对这两种现象给出了自己的解释。他认为酒与水接触后，由于水的表面张力大于酒的表面张力，所以含水比例高的部分会将含水比例少的部分拉走。James Thomson 这一段定性的描述是大家公认的、最早的对由浓度梯度引起的表面张力差驱动界面流动现象的正确解释。而这种由表面张力梯度驱动的沿着流体界面 (气–液界面和液–液界面) 的物质转移，就是 Marangoni 效应。James Thomson 在他的文章中并没有给出表面张力和这种快速铺展现象的铺展系数间的关系。Marangoni 在 1865 年将自己关于液体在另一种液滴上铺展的研究总结在了一本他自己印刷的用意大利语写成的小册子上 [23]。编者在 Strasbourg 大学的数据库中 [12] 找到了它的扫描版但并没有在小册子中找到 Marangoni 对液体是否可以铺展的表面张力的限制条件。 Marangoni 本人 [24] 和 Joseph Plateau[25] 分别在 1871 年和 1873 年对 1865 年的这篇工作做了总结， 两人的结论是一致的， 即 Marangoni 在 1865 年提出的当液滴的表面张力大于下层液体的表面张力和两种液体的界面张力之和时，会发生铺展现象。这个判据是十分清晰的， 所以也一直沿用至今，人们现在所用的铺展系数也是来源于此。当然在 Marangoni 之后仍有很多人继续或独立开展相关的工作，其中包括

Franz Ltidtge，Gustave Mensbrugghe[①]，A. Dupré [26] 和 James Maxwell [27]，以及 Sydend Ross 和 Paul Becher 撰写的文章 [28]。

Marangoni 效应主要发生在界面上，驱动这个流动的起源是表面张力，人们处理这种 Marangoni 流动往往借助前面介绍的润滑近似下薄液层的流动，遵循低雷诺系数下的斯托克斯流动方程，而 Marangoni 效应产生的界面应力以边界条件进入斯托克斯方程的速度求解中 (如方程 (8.1.41))。常见的两种引起表面张力变化的因素分别是温度与溶液的组分变化。首先表面张力与温度 T 的关系可以表示为

$$\gamma(T) = \gamma(T_0) - b(T - T_0) \tag{8.1.68}$$

上式对于大多数常见液体都成立，表明温度升高，液体的表面张力减小，比例系数 b 通常为正数。当液滴或液膜的气–液界面上温度不均匀，在界面上出现从高温区 (表面张力小) 到低温区 (表面张力大) 方向的界面流动，有时把这种温度驱动的 Marangoni 流动也叫作 "热毛细现象"(thermal-capillary)。如图 8.4 中左边的示意图，假定温度梯度恒定，初始气–液界面保持水平，液面被 Marangoni 流动驱动出现一定的倾斜，倾斜角为 dh/dx，考虑重力的润滑近似，x 方向速度方程 (8.1.41) 中没有压强梯度 (这个假设需要谨慎，下面会提到更合理的修正)，式 (8.1.42) 中重力引起静水压且并无垂直方向 y 的速度，则有

$$\eta \frac{\partial^2 u(y)}{\partial y^2} = 0 \tag{8.1.69}$$

$$\frac{\partial p}{\partial y} = -\rho g \tag{8.1.70}$$

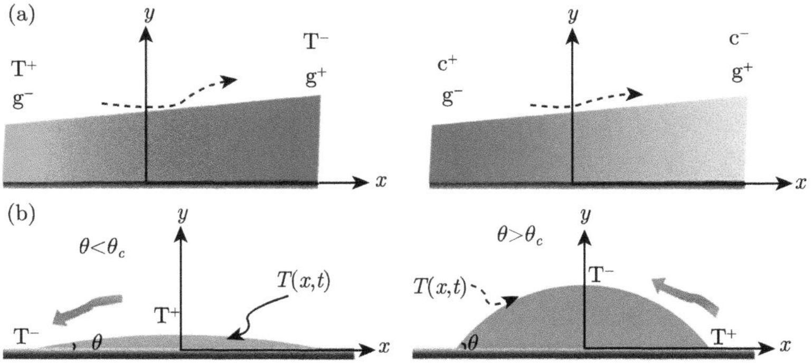

图 8.4 Marangoni 效应。(a) 温度与浓度不均匀引起的表面张力梯度，即表面切向应力，驱动 Marangoni 流动，分别引起热 Marangoni(thermal Marangoni，左) 与溶质 Marangoni(solutal Marangoni，右) 效应；(b) 液滴蒸发不均匀性引起的温度梯度在小于临界接触角 (左) 与大于临界接触角 (右) 时的 Marangoni 流动方向 (大箭头的指向)

① van der Mensbrugghe G L. Acad. de Belgique: Mem. couronnes et Mem. des Savants etrangers, (4 to 6d.)34, (1869).

利用液膜上下边界条件 $u(y=0)=0$ 与 $\eta\partial u/\partial y=\partial\gamma/\partial x$, 可以求解出仅由界面上温度不均匀引起表面张力梯度驱动下的流动速度 $u(y)$ 分布为

$$u(y)=\frac{-b}{\eta}\left(\frac{\mathrm{d}T}{\mathrm{d}x}\right)\cdot y \tag{8.1.71}$$

在液面处的 Marangoni 流速最大, 为 $u(h)=-bh/\eta\cdot\left(\dfrac{\mathrm{d}T}{\mathrm{d}x}\right)$, 在深入液膜内不断减小。很显然, 这种流动使得液面由原来的水平面变成一个具有小倾斜角 $\mathrm{d}h/\mathrm{d}x$ 的斜面, 从而引起一个小的 x 方向上的压强梯度, 即方程 (8.1.69) 修正为

$$\eta\frac{\partial^2 u(y)}{\partial y^2}=\rho g\frac{\mathrm{d}h}{\mathrm{d}x} \tag{8.1.72}$$

该水平方向上的压强梯度驱使了一个与 Marangoni 流动相抗衡的补偿流, 在稳恒态下, 垂直方向 (y) 上的流体通量, 即 $\displaystyle\int_0^{h(x)}u(y)\,\mathrm{d}y=0$, 此时液膜内部 x 方向上速度由原来的方程 (8.1.71) 变成

$$u(y)=\frac{b}{\eta}\left(\frac{\mathrm{d}T}{\mathrm{d}x}\right)\cdot\left(\frac{y}{2}-\frac{3y^2}{4h}\right) \tag{8.1.73}$$

从上式可以确定在液膜 $y=2h/3$ 处 x 方向上的流速为 0, 针对倾斜液面, 可以给出在 x 方向上从设定的原点到 L 距离处厚度为

$$h^2(L)=\int_0^L\frac{3b}{\rho g}\left(-\frac{\mathrm{d}T}{\mathrm{d}x}\right)\mathrm{d}x \tag{8.1.74}$$

上式可以用来估算给定温差时稳态液面高度差。必须指出, 这里讨论的温度不均匀引起的 Marangoni 流动是简化后的稳恒态结论, 如果考虑瞬态演化, 则需要利用在界面上的质量守恒方程 (8.1.55), 求解厚度的演化方程:

$$\frac{\partial h}{\partial t}-\frac{\partial}{\partial x}\left(\frac{\rho g h^3}{3\eta}\frac{\mathrm{d}h}{\mathrm{d}x}+\frac{bh^2}{2\eta}\frac{\partial T}{\partial x}\right)=0 \tag{8.1.75}$$

上面只考虑气–液界面为一个近似倾斜直线, 如果是任意形状的液面 (但仍在润滑近似框架下, 即扁平的液面), 可以写出稍广义一点的液面演化方程, 即

$$\frac{\partial h}{\partial t}+\frac{1}{3\eta}\frac{\partial}{\partial x}\left[h^3\frac{\partial}{\partial x}(\gamma h'')\right]+\frac{1}{2\eta}\frac{\partial}{\partial x}\left[h^2\frac{\partial\gamma}{\partial x}\right]=0 \tag{8.1.76}$$

为了普适性的要求, 上式保留了表面张力在 x 方向的微分表达式, 而没有将温度影响代入公式。很显然, 此演化方程想要寻求解析解是非常困难的, 加上初始条件, 以及根据问题的对称性 (如轴向对称的液滴) 可以建立四个边界条件, 进而

借助数值求解给出液滴在表面张力不均匀情况下的液面瞬态演化方程。值得注意的是，这里的液面演化方程与内部流场可以分立求解，当经过数值求解给出液面演化轮廓后，可以返回求解润滑近似的斯托克斯流场方程，给出内部流场方程，这里不再进一步深入讨论。

另外一种驱动 Marangoni 流动的是溶液浓度的不均匀性，或者引入不同量的表面活性剂。先来看一种简单的情形，气–液界面引入表面活性剂，其浓度为 $\phi_\mathrm{a}(x)$，对界面的表面张力的影响为

$$\gamma(x) = \gamma_0 - \beta\phi_\mathrm{a}(x) \tag{8.1.77}$$

通常情况下，$\beta > 0$ 时，表面活性剂浓度高意味着表面张力下降，反之表面活性剂浓度低的区域对应大的表面张力，引起界面上的切向应力，同样驱动 Marangoni 流动。这个切向应力是通过液面上的边界条件进入流场方程的解，即

$$\eta\frac{\partial u(y)}{\partial y} = -\beta\frac{\partial\phi_\mathrm{a}(x)}{\partial x} \tag{8.1.78}$$

此时，与上述温度变化引起的 Marangoni 流动类似，流场方程 (式 (8.1.41) 与 (8.1.42))，在边界条件式 (8.1.78) 与液–固界面无滑边界条件下，速度分布为

$$u(y) = \frac{1}{\eta}\frac{\partial p}{\partial x}\left(\frac{y^2}{2} - hy\right) - \frac{\beta y}{\eta}\frac{\partial\phi_\mathrm{a}(x)}{\partial x} \tag{8.1.79}$$

上式中压强在 x 方向的变化由两部分组成，即曲率与表面张力变化引起的 Laplace 压强变化 $\partial p/\partial x \approx \gamma(x)\,\partial^2 h/\partial x^2$，表面活性剂或者溶质组分驱动 Marangoni 流动，将迫使液面物质的输运，并且与表面活性剂/溶质的扩散输运叠加 (浓度梯度引起的扩散)。因此表面活性剂驱动的 Marangoni 流动在考虑物质输运的情形下，需要引入表面活性剂/溶质在界面上浓度的分布演化，即需要同时考虑浓度与液面厚度的时空演化方程：

$$\frac{\partial\phi_\mathrm{a}}{\partial t} = \frac{\partial}{\partial x}\left[-\int_0^h u(y)\,\mathrm{d}y + D\frac{\partial\phi_\mathrm{a}}{\partial x}\right] \tag{8.1.80}$$

$$\frac{\partial h}{\partial t} = -\frac{\partial}{\partial x}\left[\int_0^h u(y)\,\mathrm{d}y\right] \tag{8.1.81}$$

其中 x 方向速度已经在前面求解斯托克斯方程中获得，横截面上流量 Q、平均速度 $\bar{u}$ 与速度分布通过下述关系式联立：

$$Q = h\cdot\bar{u} = \int_h^0 u(y)\,\mathrm{d}y = \frac{h^3}{3\eta}\frac{\partial}{\partial x}(\gamma h''') + \frac{h^2}{2\eta}\frac{\partial\gamma}{\partial x} \tag{8.1.82}$$

这里保留了表面张力梯度的原始形式, 主要原因是可以代入表面张力的具体形式, 既可以是温度引起, 也可以是表面活性剂引起, 甚至是其他参数引入, 例如电荷密度 ρ_e 不均匀性, 即

$$\frac{\mathrm{d}\gamma}{\mathrm{d}x} = \frac{\partial\gamma}{\partial T}\frac{\mathrm{d}T}{\mathrm{d}x} + \frac{\partial\gamma}{\partial\phi_a}\frac{\mathrm{d}\phi_a}{\mathrm{d}x} + \frac{\partial\gamma}{\partial\rho_e}\frac{\mathrm{d}\rho_e}{\mathrm{d}x} \tag{8.1.83}$$

液面形状的时空演化的瞬态过程比较复杂, 基本上只能借助数值求解。Ajaev 与 Willis 考虑了一种特殊的温度分布, 即高斯温度分布 $T \sim \exp\left(-\alpha x^2\right)$, 这种分布很容易在实验中构建, 例如激光光斑照射液面, 在光斑中心向外的方向上温度分布可以用这种分布来描述, 在该文章中, 通过数值方法求解了高阶非线性偏微分方程, 给出了表面张力驱动的 Marangoni 流动影响下的液面时空演化 [29]。同时借助类似讨论, 假定在原点处表面活性剂浓度很高, 并不断向外以高斯分布形式的递减浓度分布, Ajaev [2] 在其书中给出了该液面轮廓演化的数值结果, 并且将获得该结果的 Matlab 程序也一并附上了, 很容易让后来者重复并可以扩展到不同浓度分布下液面轮廓演化的结果。

液滴蒸发过程中, Marangoni 效应可以直接参与界面流场的产生, 并通过边界耦合到液滴内部流场, 从而引起液滴界面与内部物质输运与自组装形成的结构。蒸发使得液滴内部发生两个主要的变化, 首先, 由于液滴形状所具有的局部蒸发不均匀性, 引起内部流场, 带动溶质在空间中形成不均匀分布, 这种不均匀分布改变了液滴表面的表面张力, 同时蒸发使得溶液不断浓缩 (浓度增大), 这种内部的浓度分布不均在慢速蒸发过程中会产生与蒸发对流可比的扩散流。其次, 溶剂的挥发同时伴随着液滴与周围流体 (气体或液体环境), 以及与基底间的热量传输交换, 在气–液界面上, 蒸发 (扩散) 分子挣脱液面进入气相需要热量来激发, 这个热量叫做液体蒸发潜热 $\mathcal{L}$, 使液面局域部分产生降温作用。这两种效应都有可能造成液滴表面张力不均匀, 引起 Marangoni 流动, 由于这种流动在界面上发生, 通常以边界条件出现在方程中, 即气–液界面上切线方向的应力平衡, 在一维情况下, x 方向速度分量对垂直方向 y 上的剪切力平衡了表面张力梯度, 可以写成

$$\eta\frac{\partial u}{\partial y} \approx \frac{\partial\gamma}{\partial x} \tag{8.1.84}$$

让我们先来考察传热引起的液滴温度不均匀性。前面讨论液滴蒸发中, Deegan 等通过等效棱镜导体静电势问题, 求解 Laplace 扩散方程来描述液滴表面蒸发及引起的液滴内部流动, 这个经典模型忽略了气–液界面上的热传输, 因而沿气–液界面液体分子浓度相等, 温度也相同, 但这与后来的实验不符, 实验观测发现气–液界面上的温度是不均匀的, 尤其对于大接触角液滴情形 [30]。蒸发过程涉及三个与热有关的现象, 即基底与液滴上方气相导热进入液滴、液滴内部流体导热与对流

流动带动热量输运, 以及气–液界面上蒸发相变热过程。在前面讨论液滴蒸发时, 计算局部蒸发流量通常假定气–液界面上蒸发需要的潜热, 是由基底热量穿越液滴层垂直传到液滴上表面。在液滴接触角较大时, 液滴较厚, 该传热过程不容忽略。对小接触角的扁平液滴, 则热传导的贡献在很多情况下被忽略, 然而考察蒸发过程中的热传导仍然是有必要的。气–液界面蒸发带走的热量流 $q_e = \mathcal{L}J$, 即蒸发速率为 J 的水分子流与潜热 $\mathcal{L}$ 的乘积, 潜热 $\mathcal{L}$ 量纲为 J·kg^{-1}, 因此 q_e 的量纲则为 J·m^{-2}·s^{-1}。这部分热量丧失, 可以通过由基底经由液膜厚度方向上的导热来补充, 假定对流 (气–液界面与液膜内都有可能出现对流) 被忽略, 该导热引起的热量流 $q_c = -\kappa \nabla T$, 其中热导率 κ 的量纲为 [J·m^{-1}·K^{-1}·s^{-1}]。因此根据该热传导过程, 气–液界面处有下述方程:

$$-\kappa \nabla T = \mathcal{L}J \tag{8.1.85}$$

这里的温度是指流体的温度, Ajaev 通过耦合气–液界面上的质量守恒求解液滴形貌轮廓 $h(x,t)$, 可以确定液滴界面上的温度 T^i 分布 [1,5]:

$$T^i(x,t) = \frac{\rho U \sqrt{2\pi R T_s}}{2\rho_v \mathcal{L} C_a^{1/3}} J(x,t) + \frac{\gamma}{\mathcal{L} \rho R_0 C_a^{1/3}} \frac{\partial^2 h(x,t)}{\partial x^2} \tag{8.1.86}$$

这又回到上面讨论求解液滴轮廓演化的复杂方程 $h(x,t)$, 求得轮廓后, 利用上式可以给出液面上的温度分布。Larson 在其综述文章 [31] 中指出, 蒸发 (扩散) 所带走热量从基底导热进入液滴顶部, 液滴与基底接触半径 R 保持不变, 从初始高度为 h_0 开始蒸发, 处于稳态时蒸发导致的液滴顶部与底部温度差 ΔT [31],

$$\Delta T = \frac{\bar{J} \mathcal{L} h_0}{\kappa} \sim \frac{\mathcal{L} h_0 \rho_v}{\kappa R} (0.27\theta^2 + 1.3) \tag{8.1.87}$$

这里用到气–液界面上热平衡方程 (8.1.85), 以及 Larson 通过有限元给出的蒸发通量的经验公式。接触角小于 90° 时, 根据前面表格中各液体的性质参数, 对高挥发性液体, 该温差可达到 5℃。我们可以通过对比温度引起的 Marangoni 效应与蒸发过程引起的液滴运动来评估 Marangoni 效应的显著程度, 液滴由水分丧失引起的运动特征速度可以写为 $U_e \sim R/t_f$, Marangoni 效应的特征速度可以写为 $U_m \sim b \cdot \Delta T h_0/(\eta R)$, 用无量纲数 $M_a = U_m/U_e$ 表征 Marangoni 效应系数, Larson 给出了蒸发所需时间 $t_f \approx 0.2(\rho - \rho_v)Rh_0/D$, 最后可以给出蒸发引起的表面张力梯度, 进而导致的 Marangoni 系数可以写成

$$M_a = \frac{0.2b\rho \bar{J} \mathcal{L} h_0^3}{D\rho_v \kappa \nu_L R} \tag{8.1.88}$$

其中, $\bar{J} = (\mathrm{d}W/\mathrm{d}t)/(\pi R^2)$ 为平均蒸发速率, ν_L 为液滴的运动学黏度。对于常规的毫米滴, 刚开始蒸发时 M_a 值约为 10^3 量级, 但该值随着液滴蒸发而急剧下降。Hu

和 Larson 在一系列的工作中，考虑温度不均匀引起的液滴内部流场径向 r 方向与垂直 z 方向分量 (u_r, u_z)，他们给出由 Marangoni 效应引起的额外速度在平行基底方向上 (径向 r 方向) 的分量写为

$$u_{r|_{M_a}} = \frac{1}{2} M_a \frac{hR}{\Delta T h_0} \frac{\mathrm{d}T}{\mathrm{d}r} \left(\frac{z}{h} - \frac{3z^2}{2h^2} \right) \tag{8.1.89}$$

Savino 与 Fico [32] 研究了悬挂的辛烷液滴，测量到蒸发时液滴表面温度差约为 $\Delta T \sim 1.3^\circ\mathrm{C}$，与理论预测的 $1.2^\circ\mathrm{C}$ 很接近，观测到液滴顶点处流体速度约为 $8\mu\mathrm{m/s}$，与数值计算得到的 $6.3\mu\mathrm{m/s}$ 也很接近。然而根据前面讨论的理论计算，Marangoni 流动的特征速度 $U_m = b\Delta T h_0/R\eta \sim 10^2 \mu\mathrm{m/s}$，显然比实际观测的值大很多。一种达成共识的看法是，蒸发导致的降温作用与液体导热共同引起的温度不均匀很快被液滴内部流动重新混合，这个反馈过程 (即对流导热) 在以上的分析中并没有考虑，而这个快速混合过程减弱了 Marangoni 效应，从而使得实际能观测到的 Marangoni 流动低于理论计算的值 (图 8.5)。

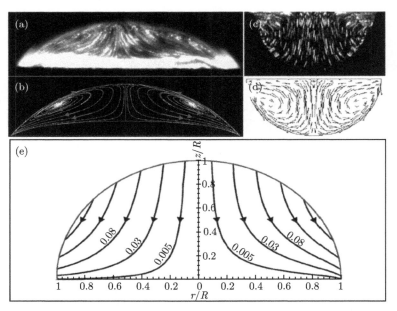

图 8.5　液滴蒸发内部的流动。(a) 实验观察到的液滴内部流动；以及 (b) 对应的理论预测流线；(c), (d) 为了排除浮力影响，而倒挂液滴内部 Marangoni 流的分布情况；(e) 数值计算接触角约 60 度时的内部流线，可以清晰看到流体内部中心有从上往下的流动，以及四周有外向流，这区别于扁平的液滴，内部在蒸发损失情形下的外向流，而没有垂直方向上的流动，这是通常假设的速度在 z 轴没有梯度，而使用 z 方向平均速度来描述该外向流 [31,32]

Larson 通过有限元数值方法，分析了不同接触角 θ 变化下 Marangoni 流动受

温度梯度的影响，并确定了一个临界接触角 θ_c 约为 14 度，高于该接触角时，液滴顶部由于需要基底穿过较远的传热距离而使其温度低于接触线；当接触角小于该临界接触角时，温度梯度反向，即液滴整体较薄，传热已经不受限制，接触线附近由于蒸发通量远大于其他部分，从而使得蒸发降温显著，迫使接触线附近温度低于其他部分。受该温度梯度反向的影响，液滴气–液界面上的 Marangoni 流动也由大接触角下从接触线向顶部流动，反向成为小接触角下从液滴顶部向接触线的流动，这个流动反向结果也被 Zhang 等验证 [33]。Nguyen 等进一步在扩散模型基础上建立了界面温度分布的模型，并给出了该温度不均匀性对局部蒸发通量的影响 (此部分不再继续讨论，虽然对前面简化下的蒸发通量有一定的补充，更详细的讨论可以参考这里提到的相关文献) [34]。如需要具体计算可以参考文献 [11,12,19,21,31,35]。

　　2007 年 Stone 课题组考察了基底导热系数对温度梯度引起的 Marangoni 效应变化，从理论与实验上研究了基底导热系数与液滴导热系数比值控制下的 Marangoni 流动，定义了一个临界相对导热系数，根据这个临界系数区分了不同温度梯度方向，并且把该临界系数与液滴接触角大小建立关联，也就是说，液滴蒸发引起的 Marangoni 流动方向由接触角与相对导热系数共同决定。比较有趣的是，虽然人们预测温度不均匀所带来的 Marangoni 效应有显著效果，但在对水滴的观察实验中 Marangoni 效应比理论预期的要弱很多，这还没有被很清楚地解释，Larson 等 [35] 给出一种猜测，纯水的表面能较高，在空气中蒸发过程中，表面很容易通过吸附而被污染，从而改变了界面上的表面能，更多的讨论分析目前尚欠缺。

　　上面讨论了温度引起的 Marangoni 效应，即热毛细现象 (themocapillary)，除了温度因素，另外一个引起 Marangoni 流动的因素是表面活性剂浓度或溶质组分变化。从经典的 "酒泪" 现象中，我们已经得知，蒸发引起挥发性溶质丧失，改变了组分比例，从而构建了表面张力梯度，这不仅提供了一种漂亮的现象，更被后来研究人员用来自组装不同的结构材料。典型的如双组分溶液中，一种组分蒸发速率比另一种有显著差别时，随着蒸发的进行，组分梯度带来表面张力变化，从而推动 Marangoni 流动。

　　Cai 等 [44] 巧妙地利用纳米颗粒在酒精溶液蒸发与基底的浸润性调控，实现周期性点阵与条状纳米颗粒结构的制备，由于酒精的挥发带走热量而使得液滴接触线附近水汽分子凝结成水膜，如图 8.6(a)，酒精含量高的部分 (液滴中间部分) 表面张力较小，而边缘接触线附近表面张力大 (接近纯水表面张力)，表面张力梯度驱动液滴内部向边缘处的流动，把液滴内部的纳米颗粒带向边缘。使用不同浸润性质的基底，在水膜失稳作用下自组装成不同形貌的规则纳米结构。事实上一种较容易想到的蒸发自组装是控制蒸发速率，获得图形化结构的自组装。Harris 等 [18] 利用图形化有孔掩模板来调节蒸发速率，这方法很简单，只需要在一个平板上按照图案化设计通孔，这个带有通孔的板覆盖在液膜 / 液滴上部，开孔处蒸发速率大于其他部

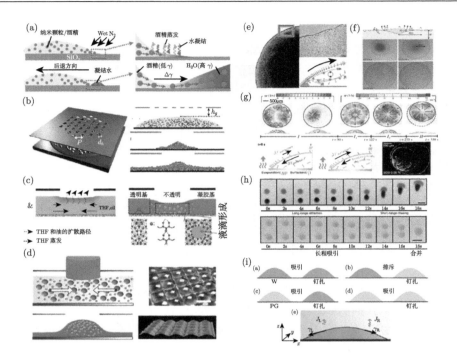

图 8.6　液滴蒸发引起的 Marangoni 流动应用于颗粒自组装。(a) 利用氮气流迫使酒精挥发
带走热量而降温，使液滴接触线附近水汽分子凝结成水膜，液滴内部酒精含量高的部分其表
面张力小于接触线表面张力 (近似水的表面张力)，液滴内部向边缘流动，把纳米颗粒带向边
缘自组装成纳米结构[44]；(b) 带有通孔的平板覆盖在液膜 / 液滴上部，使得开孔处蒸发速率
大于其他部分，液体内部的纳米颗粒自发从低蒸发速率的地方流向高蒸发速率处，从而形成
蒸发掩模自组装材料[18]；(c) 蒸发掩模法控制超分子凝胶化的相分离过程，用来制备一类包
含液滴的固态复合材料[37]；(d) 红外热辅助的蒸发掩模法制备大尺寸的金纳米颗粒超结构自
组装[38]；(e) 体颗粒液滴中引入表面活性剂，表面活性剂在蒸发下重新分布，在气–液界面上
构成了从接触线向液滴内部运动的 Marangoni 流，与咖啡圈效应共同作用，在液滴内部形成
闭环涡旋[39]；(f) 丙醇与水的混合液滴在葵花籽油上铺展，异丙醇蒸发诱导的 Marangoni 效
应减弱了这种铺展，而且液膜上下两个表面都存在表面张力梯度，在液膜前端产生大量喷射
的小液珠[45]；(g) 活性剂 SDS 与溶质驱动的 Marangoni 流 (solutal Marangoni flow)，蒸发
不同阶段四种流动斑图：早期的多环对流 (0∼50s)，溶质性 Marangoni 流主导下的从液滴中
心沿气液界面向接触线附近流动；表面活性剂驱动下的从边缘向中心的流动，以及最后表面
活性剂在液滴处处饱和后的向外流动主导[46]；(h) 液滴通过自身 "液垫" 掩盖了固体基底的
结构粗糙度、不均匀钉扎力等阻碍液滴运动能力的因素，在 Marangoni 效应作用下实现快速
运动、液滴间的 "追赶"、融合[42]；(i) Marangoni 效应与蒸发不均匀性联合作用引起的液滴
质心运动速度及液滴间相互作用[22]

分，液体内部的纳米颗粒自发从低蒸发速率的地方流向高蒸发速率处，如图 8.6(b) 所示。Zhao 等 [37] 控制多组分溶液在掩模蒸发作用下，高蒸发率的地方由于溶剂丧失而使得高分子发生相分离 (图 8.6(c))，获得一种包含液滴的固态复合结构，区别于简单的蒸发掩模法，这里提出了一种蒸发驱动的相分离法制备超分子自组装材料。为了缩短自组装材料制备的时间，Utgenannt 等利用红外热辅助的方法，如图 8.6(d)，在蒸发掩模法基础上制备了大尺寸的金纳米颗粒超结构自组装 [38]。

上述主要讨论蒸发速率的不均匀导致物质的再分布，而这种再分布引起的表面张力变化也在很多工作中被观察到。Still 与同事 [39] 在胶体溶液中引入表面活性剂 (sodium dodecyl sulfate, SDS) 来控制 Marangoni 流动的方向，通过调节表面活性剂浓度，实时成像液滴蒸发过程，观察胶体颗粒在 Marangoni 效应驱动下运动过程，展示了蒸发初期咖啡圈效应驱动下胶体颗粒与表面活性剂被带到接触线处，表面活性剂 SDS 的积累降低了接触线附近的表面张力，从而把在接触线附近积累的胶体颗粒重新带回到液滴中间，同时 SDS 也被快速驱动带回液滴中央而弱化 Marangoni 流动，两个相反方向的流动，即外向的毛细蒸发流与向内的 Marangoni 流构成一个闭环涡旋，该工作展示了这个涡旋结构的可视化。我们都很享受红酒杯壁上部的 "酒泪"，酒精的高挥发性制造了 Marangoni 效应，驱动酒不断沿着酒杯往上爬，而在重力作用下破裂为一滴滴如眼泪的 "酒泪"，Keiser 与其同事 [45] 展示了一个 "酒泪" 的现代版，并且更加艺术化地呈现出，在多组分液膜的前端不断喷射 "泪珠"，如图 8.6(f)。他们把异丙醇与水的混合液滴放在葵花籽油上面，含有异丙醇的液滴刚开始处于铺展系数为正的铺张状态，很快这个铺张不断减弱，主要原因是异丙醇的蒸发降低了铺展系数，而最后停止了铺展，此时在液膜边缘前端处，大量的小液珠不断呈辐射状被喷射出来。液滴边缘的高蒸发速率构建了异丙醇从液滴中心向边缘不断减少的梯度，这个梯度驱动了两个界面上的 Marangoni 流动，即液滴气–液界面与液滴底部上的强烈外向流动，流速可以高达 cm/s。使用油作为基底，降低了液膜在 Marangoni 流驱动下的铺展阻力，使这个液膜铺展后期失稳破裂成大量小液珠的现象更加显著，很显然，减小基底油层的厚度会增加耗散黏滞阻力，从而抑制小液珠喷射，正如作者指出的那样，虽然通过标度分析理解了这种液体基底上 Marangoni 流的形成与失稳液滴形成过程，但如何耦合铺展过程中液膜厚度、流场速度、蒸发不均匀性、组分浓度随时间变化等因素来更详细地定量这个物理现象还有很多工作需要进一步开展。

Stone 研究组系统地考察了表面活性剂与组分变化的联合作用对液滴蒸发内部流动的调控。该研究对比了烈酒威士忌液滴蒸发，以及酒精–水混合物液滴蒸发，通过示踪粒子确定蒸发液滴内部流动在不同阶段的流向，为了重现威士忌液滴蒸发看到的不同机制作用下复杂的流动，该工作认为威士忌中存在表面活性剂，从而在酒精水混合物中引入了表面活性剂 SDS，获得了与威士忌液滴蒸发类似的流动现象。这篇文章很值得讨论,这里涉及了前面提到的两种物质变化引起的 Marangoni 效应,即表面活性剂驱动的 Marangoni 流 (surfactant-driven Marangoni flow),与溶质组分驱动的 Marangoni 流 (solutal Marangoni flow)。在蒸发早期,液滴接触线附近由于快速蒸发使酒精浓度比其他地方小,表面张力增加,溶质性的 Marangoni 流从液滴中部到接触线运动;同时在接触线附近不断积累的表面活性剂产生从接触线沿气液界面到液滴中心的流动,因而出现四种流动斑图 (图 8.6(g)):早期的多环对流 (0~50s),溶质性 Marangoni 流主导的从液滴中心沿气液界面向接触线附近流动,表面活性剂驱动的从边缘向中心的流动,以及最后表面活性剂在液滴处饱和后的向外流动。这里如果要考虑蒸发时温度的不均匀性,则在这个系统中所有的 Marangoni 效应都出现。

Marangoni 效应用来控制液体内部流动,上述工作利用这种特性实现可控自组装,基于此效应,一种很新颖的控制液滴运动的方法也吸引了人们的关注。Cira [41] 等展示了双组分液滴蒸发时运动、相互作用等有趣的现象与可控操作。在这个工作中丙二醇与水的混合物液滴在不同表面能的基底上蒸发,混合物中水比丙二醇更容易蒸发,在浸润表面 (高表面能,铺展系数 $S > 0$) 上液滴尽可能铺展形成一个几十微米宽的边缘膜 (类似前驱膜),接触线附近高的蒸发通量使不易挥发的丙二醇在蒸发过程中不断累积,降低了此处混合液的表面能,Marangoni 效应推动液体从边缘沿表面向液滴中心最高处运动。跟前面的 Marangoni 效应引起的现象有区别的是,这个从边缘往液滴中心的回流抑制了液滴的铺展,或者说液滴铺展驱动力被 Marangoni 效应平衡,使得浸润的表面转换为部分浸润的表面 ($S < 0$),即液滴形成一个表观平衡杨氏接触角 θ_{app}。因此液滴 “坐” 在由自身液体作为 “液垫” 的液膜上,这层 “液垫” 膜的表面张力不断被蒸发对流与 Marangoni 流动态调节。基于此,液滴通过自身 “液垫” 掩盖了固体基底的结构粗糙度、不均匀钉扎力等阻碍液滴运动能力的因素,从而实现液滴 “超润滑” 的运动。利用这种液滴的高迁移运动能力,作者们展示了各种混合液滴在 Marangoni 效应作用下快速运动,液滴间的 “追赶”、融合等有趣现象。如图 8.6(h) 展示的两个有一定间距的液滴,由于靠近端相互干扰使得蒸发速率下降,而远离的两端蒸发相对较快,从而出现同一个液滴的两端组分不一样的情况,即表面张力在自由液面的梯度,Marangoni 效应提供了一个推动液滴运动的动力。

这种液滴间的相互作用为人们了解局部蒸发控制液滴运动提供了一个新的渠道,甚至提出液滴间远程相互作用,这种作用通过液滴间挥发出来的气体分子作为媒介,或者说成液滴依赖自身释放出的分子 “感知” 其他的邻近液滴,以呈现排斥追赶还是吸引融合。Man 与 Doi 对这种现象给予了更多的理论解释与扩展 [22]。考虑到 Cira 等 [41] 的工作中,用蒸发引起组分变化带来的 Marangoni 效应可以解释液滴的运动,但对同类型液滴,如两个纯水液滴间、纯丙二醇液滴间相互作用显然不能用组分变化来理解。液滴周围,气相分子浓度改变了液滴表面的局部蒸发速率,例如两个相邻的液滴,相邻处蒸发速率小于其他部分,因而产生了内部流动来补偿水分丧失的不均匀性。如果液滴的接触线被钉扎,液滴内部产生远离相邻位置的流动,对于可自由移动的液滴,则这种蒸发不均匀性推动液滴定向运动 (图 8.6(i))。Man 与 Doi 给出了 Marangoni 效应与蒸发不均匀性联合效应引起的液滴质心运动速度 $\dot{x}_c$ 表达式:

$$\dot{x}_c \propto \frac{R\theta}{4\eta}\frac{\partial\gamma}{\partial x} - \frac{R}{\rho\theta}\frac{\partial J}{\partial x} \tag{8.1.90}$$

从上式可以看出,右边第一项由常规的 Marangoni 效应引起液滴的运动,而第二项来源于液滴局部蒸发不均匀性,这种不均匀来自邻居的影响。在本章前面的讨论中,我们并没有考虑液滴近邻效应,而理想化地认为单个液滴处于无穷大空间,这有利于给出蒸发通量以及液滴内部流场的理论计算公式,而仅在液滴掩模法自组装纳米结构时,引入了受限蒸发。也许人们也认识到,考虑液滴间相互影响使得问题更为复杂,Man 与 Doi 的理论工作从变分法角度给出液滴运动的定量分析,这还可以回顾到 2000 年前后人们对液滴阵列蒸发的群体效应研究,如 Schäfle 等 [42] 研究了周期性挥发液滴点阵在一定条件下出现集体蒸发效应,最近的工作很值得一提的是 Shahidzadeh-Bonn 研究组 [43] 从实验与理论上对比了不同大小单个液滴与群体液滴的蒸发,发现即便液滴间隔大于液滴自身尺寸,个体液滴的蒸发速率也会显著下降。对于这种集群效应,后续的研究并不多,这里不再做详细介绍。

8.2 稀 溶 液

在本章的前面小节中,我们充分讨论了蒸发所引起的传热与传质,这种传热、传质会与液体内部流动发生耦合,从而改变液体内部的物质在空间中的分布。胶体蒸发自组装的重要方法之一就是利用这种简单自然蒸发来构筑不同结构的沉积物材料。大量的文献针对蒸发液滴、液膜、液桥、毛细弯月面等来实现胶体、高分子、生物分子等的自组装,本小节不打算逐个且细节性地总结这些自组装所能获得的丰富结构、材料以及器件,而是以前面小节中总结的蒸发物理机制与基本过程为基础,通过几个简单的胶体蒸发自组装体系来展示蒸发动力学过程对自组装胶体、分子的输运结果。我们很难在此系统地总结更多的文献,仅以此几个简单体系作为模型系统来阐述蒸发自组装过程中的基本原理与机制。

8.2.1 咖啡圈效应

此处我们先讨论稀溶液蒸发自组装形成的斑图,在接下来的章节里继续讨论高浓度溶液蒸发自组装结构。当一滴咖啡滴在桌面上时,水分自然蒸发完之后,液滴中的咖啡颗粒便沉积在原液滴的边缘部位,形成一个中间近乎空白,边缘密集的沉积物结构，即咖啡圈效应。当然我们在喝茶的过程中，尽管没有为这个现象创造一个名词 —— 茶环效应，但其基本过程与现象是一致的。Deegan 等 [1] 在 1997 年第一次从机理上提出了咖啡圈效应 (图 8.7)，并阐述了其形成过程与机理。首先让我们回顾一下 1997 年的这篇经典文章，Deegan 等观察到带有微小颗粒的液滴在固体基底上蒸发，较大的迟滞角钉扎了液滴的三相接触线，液滴内部产生了向外的流动。这种向外的流动来源于两个因素，其一是液滴边缘处厚度，蒸发导致水分丧失引起内部流动，厚度方向上质量守恒要求流体流向边缘，且趋近边缘时变得越来越快；另外，由于接触线附近的局部蒸发通量远大于液滴中央，强化了该向外的流动。这个流动将液滴中的小颗粒带到边缘沉积，形成所谓的咖啡圈，Deegan 找到了这个圈 (环) 的质量随时间增加的标度律，这个标度律不依赖于液体性质、基底的细节以及被携带的颗粒本身性质。当然这里有几个重要的前提条件，包括接触角要小 (浸润态)、接触线被钉扎、液体中的溶剂具有挥发性。在忽略 Marangoni 效应、浓度梯度下颗粒扩散、重力以及胶体溶液的 DLVO 相互作用，液滴近似球冠，其上半平面水汽未饱和，水汽分子快速地挣脱液面束缚扩散进入气相，整个蒸发过程可以看作是准静态的扩散过程，其气液界面上水分子为饱和浓度，而无穷远为环境水分子浓度，这个扩散过程通过求解 Laplace 方程来获得空间中水汽分子浓度分布，在气液界面处浓度 $c(r)$ 的空间梯度为局部蒸发通量 $J(r,t) = D_0 \nabla c$，通过类似电动力学中导体静电势求解方法，解析地给出了浓度空间分布。对于非常复杂的表达式，Deegan 等用近似的表达式来描述局部蒸发通量，即方程 (8.1.18)，从而确定了咖啡圈质量 M 与时间的标度关系式：

$$M(R,t) \propto t^{\frac{2}{1+\lambda}} \tag{8.2.1}$$

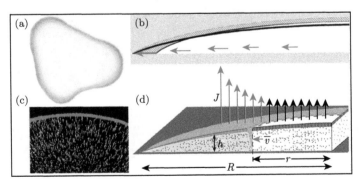

图 8.7　Deegan 报道的咖啡圈效应。(a) 日常生活中杯底咖啡干在桌面上留下的咖啡圈；(b) 咖啡液滴蒸发过程中液滴接触线钉扎，液滴内部出现向外的流动；(c) 粒子示踪蒸发液滴内部向外的流动轨迹；(d) 蒸发不均匀性与内部流动示意图 [1]

更多详细讨论见本章前面部分公式。Popov 更详细地给出了蒸发沉积咖啡圈质量随时间变化的解析表达式，在前面的讨论中已经给出，可以参看式 (8.1.29)。除此之外，Popov 进一步讨论了咖啡圈的形成动力学机制。小接触角近似下，局部蒸发通量可以用方程 (8.1.20) 表示，液滴由胶体溶液组成，固含物的体积分数为 ϕ_s，水的体积分数就为 $1-\phi_\text{s}$，液滴几何形状见图 8.8。针对溶质与水，在蒸发过程中，两者的质量守恒方程可以分别写为

$$\frac{\partial}{\partial t}\left[(1-\phi_\text{s})(h+H)\right] + \nabla \cdot \left[(1-\phi_\text{s})(h+H)\vec{v}\right] + \frac{J}{\rho} = 0 \tag{8.2.2}$$

$$\frac{\partial}{\partial t}\left[(\phi_\text{s})(h+H)\right] + \nabla \cdot \left[\phi_\text{s}(h+H)\vec{v}\right] = 0 \tag{8.2.3}$$

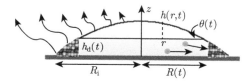

图 8.8　液滴蒸发时边缘不断形成的咖啡圈示意图。胶体颗粒在接触线附近沉积，由溶液状态变成固态，固含物的体积比为 ϕ_s，厚度基本均匀的薄层，液滴中部的液体不断后退，以接触角为 θ 与固体沉积层接触

　　上面两个方程针对胶体溶液体系来说是普适的，Popov 在 Deegan 的基础上给出了更详细的解析求解关系，即咖啡环的宽度 $W_\text{d} = R_\text{i} - R(t)$ 与高度 $H_\text{d} = H(t)$ 增长对溶液、液滴形状以及时间的依赖关系：

$$h_\text{d} \propto \phi_\text{s}^{\frac{1}{2}}\theta_\text{i}\cdot R_\text{i}\cdot\left(\frac{t}{t_\text{f}}\right)^{\frac{2}{3}} \tag{8.2.4}$$

$$W_\text{d} \propto \phi_\text{s}^{\frac{1}{2}}R_\text{i}\cdot\left(\frac{t}{t_\text{f}}\right)^{\frac{2}{3}} \tag{8.2.5}$$

　　上式给出了液滴蒸发早期 $(t \ll t_\text{f})$ 咖啡环厚度、宽度对溶液的浓度以及几何形状之间的关系，尤其是它给出了时间累积效应，即咖啡环的增长与时间有 2/3 幂律标度关系。在液滴蒸发后期，即完全蒸发干燥的临界时，Popov 也给出了咖啡环的几何形状对溶液、液滴几何尺寸，以及时间的关系表达式，其形式稍微复杂。由于后期大部分溶剂已经挥发离开液滴，在 Popov 的讨论中并未涉及以下过程：少量的溶剂通过气-液界面上形成的大量弯月面引起的 Laplace 压差，等效穿越多孔材料的流动过程，但其主要结果与实验符合得较好，具体公式推导细节可以参考 Popov 的文章 [15]。

　　从各种实际咖啡环的形成可以看到，有时并不是单个完整的、规则均匀的环形，如果接触线不是保持钉扎或者钉扎的时间发生变化，那么沉积的斑图应出现多

样化。Deegan 等指出 [47]，与纯水液滴在固体基底上铺开然后收缩有所不同，带有颗粒的胶体液滴铺展完成后，在接触线附近出现自钉扎现象 (self-pinning)，即蒸发开始后，向外的流动把颗粒带到边缘，不断沉积的颗粒物阻碍了接触线的后退 (由于蒸发使液滴体积变小而收缩)。当液滴保持蒸发，沉积物增加的同时，液滴体积也不断减小，如果超出钉扎需要的接触线迟滞效应，液滴会突然后退，即发生去钉扎 (depinning)。在接触线附近发生的钉扎、去钉扎、液膜浸润失稳等因素影响下，沉积的图案比单独的咖啡环更丰富复杂。Deegan 等 [47] 从实验上尝试了不同的胶体颗粒尺寸、胶体浓度、表面活性剂及溶液中离子强度等参数，观察到沉积图案中的网孔结构、同心环、多层阶梯沉积层等细微的结构，如图 8.9 所示。钉扎、去钉扎，以及不断循环过程中的不同沉积结构，在不同的时间阶段展示给人们来控制胶体颗粒运动趋势，例如，颗粒与基底的黏附力大小、沉积颗粒最上层的气–液弯月面提供的毛细拖力大小，决定是否被收缩的接触线带回到液滴中去，这就暗示了调节颗粒的包裹层性质、基底电荷或化学修饰、溶液黏度等手段，可以玩出更多的花样，这些在咖啡圈效应被报道后一定会不断地在后续研究中展示出来，这里不做具体列举。

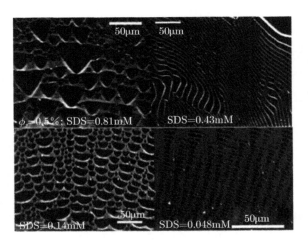

图 8.9　胶体液滴蒸发沉积的复杂斑图结构。表面活性剂对胶体液滴蒸发斑图结构的影响，图中使用的胶体球粒径为 100nm，体积分数相同 (0.5%)，表面活性剂 SDS 的摩尔浓度不同 (见图标) [47]

　　在众多实验结果中，Deegan 与 Popov 给出了初步的理论模型，分析了咖啡圈的形成动力学机制，主要侧重于液滴最外圈的颗粒沉积物的演化。另外他们对接触线不钉扎而形成的复杂斑图也做了很多定量研究工作，然而对于蒸发斑图中各种空间结构的特征尺寸 (波长) 的选取尚未有合适的理论提出来。接触线在不断后退时得到的沉积斑图不同于单个咖啡圈，通过调节影响接触线运动的迟滞效应，Li 等观察到随着接触线后移，溶质沉积在液滴中央形成山峰形的沉积图案[43]，这类现象在高分子溶液蒸发时很显著。例如 Pauchard 与 Allain 在水溶性高分子蒸发结束时观察到漂亮的 "墨西哥帽"[48]。为了处理这类接触线移动的蒸发动力学过程，Frastia 等做出了第一个系统的理论工作[49]，在其模型中，考虑了蒸发与对流引起的三相接触线运动，由胶体凝胶化过程中的黏度作为控制参量，可以判定周期性钉扎—去钉扎过程。在此工作中值得指出的特点包括：(1) 对总溶液质量守恒方程构建一项特殊形式的蒸发贡献 $\beta p/\rho - \beta\mu$，来取代大多数研究报道中的 J/ρ，其中 p 为局部压强，β 是近似准平衡态假设下的蒸发系数，而 μ 是气相的化学势；(2) 定义了蒸发对流迁移系数 $h^3/3\eta$，而黏滞系数采用了 Krieger-Dougherty 定律，即 $\eta(\phi) = \eta_0(1-\phi)^{-\nu}, \phi = \phi_s/\phi_g, \nu \sim 1.575$。当蒸发浓缩时，黏度增加，在接近蒸发完全时，浓度达到液–固相变浓度 ($\phi_s \to \phi_g, \phi \to 1$)，接触线附近黏度发散，此时对流自然停止，即接触线钉扎；(3) 在溶质的质量守恒方程中，引入了随浓度 (或黏度) 变化的扩散系数，即 $D_\phi = k_B T/6\pi a\eta(\phi)$。这个很重要，由于蒸发开始时浓度小，液滴中微小颗粒的扩散系数很大，但随着蒸发进行，扩散系数发生显著变化。根据系统对黏度变化的非线性依赖关系，抓住了蒸发与扩散机制下黏度参数对沉积斑图的影响，给出了沉积斑图以蒸发系数、初始浓度为参量的相图，预测了规则单环、多环、介于单环与多环之间，以及无沉积环四种状态。最后值得指出的是，作者不是仅仅依赖蒸发速率为控制参量，而是定义了一个包含表面张力、黏度、液膜范德瓦耳斯力等贡献在一起的蒸发无量纲数，来反映蒸发贡献与对流贡献比值，详见 Frastia 的文章[49]。

在这之后，Freed-Brown 提出了简化模型，考虑液面均匀蒸发 ($J(r,t) = J_0$) 下接触线后移的情形，解析地计算了沉积物面密度随时间的演化。由于接触线附近高度变化比液滴中央厚度变化大，因而质量守恒要求一个从外向内的径向流量。空间上的蒸发流量与高度变化的不均匀性，决定了液滴内部流场。通过简单计算，得出径向速度分为两部分：在接触线以外为 0，在液滴内部为 $u(r,t) = \xi\dfrac{r}{(3H_0/2J_0)-t}$，当 $\xi = -0.25 < 0$ 时，说明液滴内有流体从接触线向内流，最终形成一个山峰形的沉积图案；对于 Deegan 等报道的非均匀蒸发，可以计算出 $\xi = 0.125 > 0$，意味着液体远离中心向外流，所以即便接触线不断后移，也难以形成中间高四周低的沉积层。Freed-Brown 给出了计算这个决定流体运动速度的解析表达式，以及沉积物面密度的公式 (见文献 [40])。出现接触线钉扎与自由运动两种情形后，人们自然需要回答一个问题：如何描述与理解沉积斑图间的转换？Kaplan 与 Mahadevan 接手了这个问题，研究了蒸发沉积物在单环、多环或连续膜间的转换[50]。在 Frastia 等的工作中，虽然已经考虑到蒸发过程中出现变化的物理量黏度，而 Kaplan 与

Mahadevan 更进一步, 给蒸发沉积过程定义了两个物理机制, 即液滴边缘出现沉积 (液–固相变), 颗粒物质转化为致密固体沉积层, 液体可以继续穿过这层沉积多孔材料继续挥发, 此时固体颗粒物的运动速度 v_s 为 0, 液体的运动速度 v_f 并不为 0; 而靠近液滴内部仍然为流体状态, 假如溶质的浓度不太高, 则流体中的固体颗粒基本跟随流场, 此时固含物颗粒运动速度接近流体的运动速度, 即 $v_s \to v_f$。基于这样的考虑, 引入了 Stokes-Darcy 转变机制, 在润滑近似下, 可以直接使用 Darcy-Brinkman 方程来描述溶液中的压强梯度:

$$\frac{\partial p}{\partial r} = \eta \frac{\partial v_f}{\partial Z^2} - \frac{1}{k}(v_f - v_s), \quad v_s = \left[1 - (\Phi/\Phi_g)^\Gamma\right] v_f \tag{8.2.6}$$

其中 Φ 为高度方向上平均的浓度, k 为多孔介质材料的渗透系数, Γ 表征了从 Stokes 机制到 Darcy 机制的转变快慢。构造溶液的等效速度 U 与溶质、溶剂的平均速度 (高度方向) $\langle v_s \rangle$、$\langle v_f \rangle$ 的关系式:

$$U = -\frac{h^2}{3\eta(\Phi)}\frac{\partial p}{\partial r} = \langle v_s \rangle \Phi + (1 - \Phi) \langle v_f \rangle \tag{8.2.7}$$

给出溶液的等效黏度, 回避了 Freed-Brown 工作中有效黏度在液滴中央的发散问题。借助溶质、溶剂质量守恒方程与边界条件, Kaplan 与 Mahadevan 讨论了环形沉积的形成机制, 以及连续膜的形成, 并通过两个参数, 即初始浓度与无量纲数 $C_a \cdot H/R$ 定义了不同沉积斑图[50]。这里连续膜的形成在液滴中需要满足 $C_a \cdot H/R \ll 1$, 即很大的扁平液滴及黏度的增加, 这对实际应用中获得连续膜有一定的参考意义。围绕接触线可以移动的蒸发液滴问题, 实验上已经积累了一些现象, 尤其继咖啡圈现象后, 自由液滴蒸发积图案中火山口[51]、多环[52], 以及同心圆环结构[53] 都已经相继被报道。从理论上解释这个移动接触线问题的研究工作一直没有停滞, 2016 年 Man 与 Doi 用变分法建立理论模型, 解释液滴蒸发沉积从环状到山峰形状的转变, 巧妙定义了接触线与基底的摩擦无量纲量, 当这个量很大时, 在接触线附近形成咖啡环; 反之, 当这个量非常小时, 得到中间高四周不断下降的山峰形状。如果引入粘–滑 (stick-slip) 机制, 该理论可以进一步讨论多环形成机制, 基于此, Wu 与 Doi 在 2018 年的文章中[54] 考虑了与接触角有关的摩擦量, 理论上定量给出了环的周期以及最内环的大小。

以上主要从机理上回顾了人们在蒸发沉积斑图的形成机制方面的工作, 在大量的实验数据与现象基础上, 建立了相关理论来理解咖啡环、多环、同心环, 以及火山与山峰形状的斑图, 本节对实验方面的分析总结显得有些欠缺, 主要是因为文献量过大, 不过在理解了机理后, 围绕理论模型中所给出的不同参量关系, 便可以在丰富的实验现象中使我们能更进一步地增进对蒸发自组装控制与应用的理解。

自从 1997 年咖啡圈效应 (coffee ring effect) 被报道以来, 由于这个简单现象后面隐藏了巨大的应用前景, 这类在自然界中广泛存在的、并在我们的日常生活中普遍出现的现象受到人们极大的关注。喷墨打印过程中，含有色素分子或颗粒的墨滴以液滴形式从喷嘴快速喷涂到纸张上，接下来的干燥过程就是液滴蒸发，很显然 Deegan 等揭示的这个咖啡圈效应是在墨滴干燥后的文字/图案质量方面不期望出现的。我们可以举出很多例子来说明这个咖啡圈效应确实在工业界是不受待见的，例如油漆喷涂、印刷、物体表面镀膜、绘画、精细化工中的液体转移、日用化工中的旋涂等过程。理解咖啡圈形成机制为人们抑制蒸发不均匀性提供了思路，例如利用 Marangoni 效应产生一个从接触线到液滴中央的环流，可以将沉积在接触线附近的胶体颗粒带回液滴内部。如 Hu 与 Larson 考察了蒸发热传输形成的 Marangoni 效应 [19]，产生一个与咖啡圈形成相反的回流，从而可以用来抑制咖啡圈的形成。又如 Yunker 等 [55] 使用非球形粒子在气液界面上形成自组装，这些椭球形状的胶体粒子间很强的毛细力使粒子交联成网状结构，并沉降到基底上，从而构筑均匀的蒸发沉积层，这为后来很多研究工作提供了一个抑制咖啡圈的思路，即通过控制胶体粒子的几何形状影响蒸发均匀性。除了温度效应驱动的 Marangoni 效应，表面活性剂参与的环流也能用来显著抑制咖啡圈的形成，Still 等 [39] 通过表面活性剂的引入在液滴蒸发后获得了均匀沉积层。总体来说，可以通过移除三相接触线钉扎、构建一个与向外流动反向的流动、增加基底与胶体吸附力从而利于颗粒在被输运到接触线附近前被基底抓住、增加颗粒因团聚而在液滴中央下沉的概率等方法来抑制或消除咖啡圈效应，获得均匀的蒸发沉积膜。Mampallil 等 [56] 在 2018 年的一篇综述文章中，介绍了不同外场控制的方法来抑制咖啡圈效应。

8.2.2 接触线受迫运动

自由液滴蒸发为人们提供了丰富的研究话题，从简单的接触线钉扎，到后续研究中的接触线不断后移，实验与理论的讨论，已经在上面小节中做了梳理。正是由于三相接触线在蒸发过程中可以被钉扎，也可以去钉扎，从而反过来影响了液滴内部流场、颗粒物质输运与再分布，以及传热、导热过程，使得液滴蒸发看上去简单，实际上却很复杂。上面提到的蒸发沉积同心多环结构主要引用了一篇文献，而事实上同心圆环蒸发自组装结构已经有很多漂亮的工作 [57,58]，但自由液滴的自然蒸发形成同心环的结构并不多。迫使接触线连续可控后移有很多好处，在应用上可以抑制咖啡圈，在机理研究上可以大大简化液滴内蒸发系统的复杂程度，这就提出了一个问题，即如何可控地移动三相接触线？考虑一个非自由液滴形貌，可以把接触线附近区域看作一个百微米尺度的毛细弯月面，则让我们联系到动态提拉镀膜，液膜前端部分发生的蒸发沉积与液滴接触线附近发生的蒸发沉积具有很多相似性。提拉镀膜的一个很大优点是，可以外加流场控制蒸发液滴的接触线后移速度，即不依赖于自然蒸发，而是通过外加流场控制接触线按设定的速度移动，这把接触线移动与蒸发后退巧妙地去耦合，从而可以简化液滴蒸发过程中的动力学机制。

　　Lin 等在 2005 年的工作 [57] 中通过受限空间中毛细液桥蒸发，使液滴蒸发大部分发生在接触线附近，而限制了其他部分的蒸发，更容易控制钉扎与去钉扎，从而获得周期性非常好的同心圆环纳米沉积结构。Xu 等 [58] 测量了这些同心圆环的周期与沉积物的厚度，得到的圆环从接触区外面向内厚度不断减小，间隔也不断缩短。由于液桥所能装载的悬浊液体积是固定的、有限的，随着沉积的不断形成，溶质含量不断减小，因此得到的沉积物出现梯度变化。另外如果想要获得平行阵列的条状沉积结构，可以使用更大尺寸的液桥，增加同心圆环的曲率半径，在局部尺寸上可以近似为平行阵列结构。同时，可以控制环境条件，提高制备这种周期结构的速度，然而，如果可以主动控制钉扎–去钉扎速度将是更有优势的方法。

　　Bodiguel 等 [59] 通过平行板内毛细提升液柱系统，实验上研究了规则周期性沉积图案与不同实验条件参数 (胶体溶液浓度、系统温度、接触线移动速度) 间的定量依赖关系，并建立了粘–滑 (stick-slip) 形成机制简单模型 (图 8.10)。在最初的 Deegan 模型中，假定液滴的接触线是钉扎的，从而造成了接触线附近流速与蒸发速率在数学上发散而出现奇点。为了处理该奇点的出现，人们通过 slip 边界条件可以巧妙地回避这个问题。另外一种场景是液滴在蒸发过程中不断收缩，尤其当液滴在疏水基底上蒸发时，由于溶液体积不断减小，势必造成两种可能性：第一种是液滴底座直径减小，即液滴收缩，该情况下，接触线跟着液滴一起滑移；第二种可能是，接触线不动，而是液面不断下降。Bodiguel 等 [59] 的工作在接触线移动速度与蒸发速率可比的情形下，观察到周期性良好的沉积斑图，如图 8.11 所示。在粘–滑结构形成过程中，一方面，蒸发丧失溶液体积迫使接触线后退，同时接触线主动控制向后移，而另一方面，由于咖啡圈效应使胶体颗粒沉积在接触线附近，随着沉积的进行，产生钉扎接触线的钉扎力，这两个力的竞争关系构成接触线运动规律，即接触线与沉积物

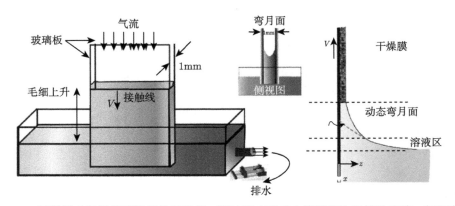

图 8.10　平行板毛细提升液柱结构示意图。通过蠕动泵对水槽溶液定量排除溶液，实现液柱接触线以可控的移动速度后退，在后退过程中，胶体粒子在前端不断沉积，获得不同的蒸发自组装结构

间的作用力很关键。平衡毛细液柱的高度 H_m 可以根据 Jurin 定律写为

$$H_\mathrm{m} = \frac{2\gamma\cos\theta}{\rho g d_\mathrm{g}} \tag{8.2.8}$$

d_g 为平行板间距,胶体沉积提高了钉扎力,使毛细提升的液柱高度改变了 δh,这个钉扎力 f_p (单位长度) 可以写为

$$f_\mathrm{p} = \gamma\left(\cos\theta - \cos\theta_\mathrm{E}\right) \tag{8.2.9}$$

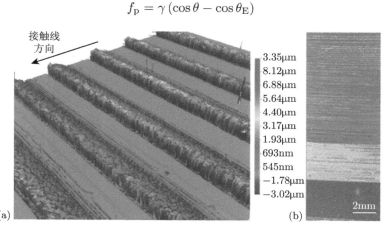

图 8.11 在较低的基底运动速度下,蒸发沉积出现的粘–滑现象使胶体颗粒膜变得不均匀,而是出现规则的条状斑图,条状的横向方向与接触线平行,与运动方向垂直 [59]

如图 8.12 中所展示的,液面被液柱往下拖,而钉扎力抗衡这段液柱高度改变量 δh 提供的重力 f_g:

$$f_\mathrm{g} = \frac{1}{2}\rho g d_\mathrm{g}\delta h \tag{8.2.10}$$

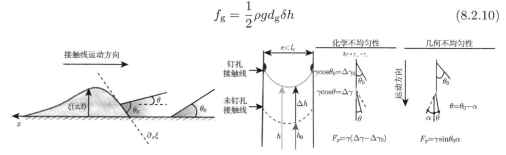

图 8.12 粘–滑现象与钉扎–去钉扎机理示意图。左图显示了不断蒸发沉积的胶体颗粒增加了去钉扎所需要的力;中图显示了一种毛细弯月面下重力反抗不断钉扎的接触线运动;右图显示了两种提供钉扎力的物理与化学起源 [59]

钉扎中液柱整体需要不断下移,接触角 θ 不断偏离 (小于) θ_E,此时接触线的运动速度可以近似为 0,当钉扎力竞争不过重力,液面接触线瞬间滑移到一个新的

位置，这个滑移的时间相对于钉扎时间可以忽略，在新的高度位置上接触角又回到平衡接触角 θ_E，因此通过 $f_g = f_p$，联立上面两个方程，液面下移的高度差 δh，可以直接测量钉扎力的大小。液面刚下移时的钉扎力达到最大值 f_{max}，这个最大值可以用来定义沉积斑图的振幅。通过实验测量，这个最大力随着接触线下移速度 V 的增加而减小，而随溶液初始浓度 ϕ_s 的增加而增加，同时随蒸发速率 E_0 的增加而增加 (提高蒸发温度)，所有的实验结果给出了一个经验的标度律公式：

$$f_{max} \propto \gamma \cdot \phi_s \cdot \frac{E_0}{V} \qquad (8.2.11)$$

这个最大钉扎力是随着沉积的不断进行而最后达到的，因而沉积时间，即周期性结构的时间周期 τ 也可能遵守一个标度律，Bodiguel 等 [59] 通过实验也确认了该标度关系：

$$f_{max} \propto \gamma \sqrt{\phi_s \cdot mE_0} \tau^{\frac{1}{2}} \qquad (8.2.12)$$

Bodiguel 等对粘–滑现象做了很仔细的研究工作，其中对蒸发胶体沉积产生的钉扎与去钉扎耦合过程有很漂亮的解释 [59]，如图 8.12 中给出了周期性钉扎–去钉扎 (pinning-depinning) 对 stick-slip 现象的示意图解释。

当速度很大，即毛细管数 $C_a = \frac{\eta V}{\gamma}$ 很大时，经典的黏滞阻力引起的液膜在基底上沉积的 Landau-Levich-Derjaguin (LLD) 模型起主导作用；而当 C_a 减小到 10^{-3} 甚至更小时，蒸发引起的毛细弯月面内流动携带的颗粒在接触线附近沉积起主导作用，沉积厚度 H 主要结论如下：

$$H \approx \frac{L_{meniscus} \cdot \phi \cdot v_{eva}}{V} \quad (C_a \ll 1) \qquad (8.2.13)$$

$$H \approx 0.67 L_{meniscus} C_a^{\frac{2}{3}} \quad (C_a \sim O(1)) \qquad (8.2.14)$$

如果很好地控制提拉速度 V，就可以很好地控制胶体沉积的厚度，但是值得指出的是，跟经典的 LLD 模型很不一样：提拉速度减小的时候，沉积厚度增加，但是提拉速度减小到与溶剂蒸发速率可比的时候，很容易出现粘–滑现象，反而很难得到均匀的胶体晶体膜。

类似的现象也同样在液滴蒸发中被观察到，如很稀的纳米金棒胶体溶液在疏水基底上蒸发，观察到很规则的同心圆环结构的金颗粒沉积物 [53]。有意思的一点是，用相同材料的金纳米球，却没有观察到该规则的同心环出现，这里暗示了金颗粒由于形貌不一样，在溶液中的相互作用也有差异，从而造成在溶液蒸发过程中团聚现象的不同，在接触线附近的沉积与在流向边缘途中的沉积形成了差别，从而造成了这种显著差异，如图 8.13 所示。

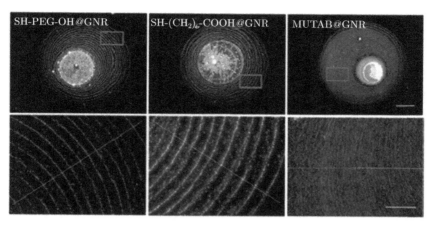

图 8.13 金纳米球颗粒与棒状颗粒的水溶液蒸发过程中,金棒胶体溶液出现了显著的同心圆环结构,该圆环结构的机理与条状沉积胶体层是类似的 [53]

8.3 浓 溶 液

在 8.2 节中,我们主要讨论了稀溶液在蒸发自组装过程中形成的各式斑图及原理。当胶体溶液浓度提高后,稀溶液下的不连续斑图便会形成连续的膜结构。然而,由于溶剂蒸发,颗粒物质沉积产生内应力,使材料、涂层、保护膜等产生裂纹 —— 这一自组装结构中的缺陷 —— 导致功能性失效,严重制约了这种方法的应用。例如常见的墙表层、喷涂层等干裂并剥离,以及胶体晶体膜、纳米薄膜中应力引起的破裂。如何控制或者利用这种蒸发裂纹不仅具有重要的技术价值,同时,对宏观和纳米尺度下的动力学机制、裂纹斑图规律等重要物理问题的理解,同样具有重要意义。纳米胶体溶液蒸发自组装展现出来的丰富物理内涵吸引了很多研究者的浓厚兴趣。对蒸发形成的裂纹斑图研究更是汇集了非线性动力学、热力学统计物理、材料以及自组织工程的众多跨学科领域研究者。然而该问题的复杂性在于,固体颗粒悬浊液体系中颗粒浓度的不均匀、蒸发过程的非稳态性、组装过程偏离平衡态、流体速度场多变、传热与环境干扰等,一直困扰着人们对悬浊液蒸发过程中胶体的自组装物理机制的理解,阻碍裂纹所引起的技术难题的解决。

8.3.1 蒸发胶体沉积层中的裂纹

人们发现胶体浓溶液蒸发时,蒸发液膜内可划分为三个区域:裂纹区、流体区和中间凝胶区 (图 8.14) [60]。因此,在蒸发沉积膜形成的过程中,如何确定三相接触线的位置?如何区分固态与液态?固态与液态的转变过程又是如何?这些都成为了不可回避的问题。Goehring 等在显微镜下用合成的高分子颗粒胶体来探究蒸发前端区域的相变过程[61]。他们发现，在蒸发前端区域 (液-固转化区) 形成后，如果再向该区域加入一定量的水，则前端区域已经固化了的颗粒又会重新溶解到液体中。所以蒸发前端在液-固转化的初期，其过程是可逆的。也就是说在颗粒刚被带到密堆积的区域时，由于静电排斥力和范德瓦耳斯力的平衡会让颗粒间保持一段距离，此状态下前端区域处在固-液转化的可逆状态。而随着蒸发的进行，当液滴的液面抵达堆积颗粒的顶端时，在气-液界面处的颗粒间就出现了弯月面，在毛细力作用下颗粒间的距离进一步变小，最终发生不可逆的团聚。

在蒸发最前端，胶体溶液已经沉积成为固体颗粒层，而此时一个非常有趣的现象发生了，液滴前端出现了裂纹，并且裂纹的斑图丰富多样。1995 年，规则的云梯状裂纹斑图在纳米颗粒悬浊液蒸发中被观察到[62]。之后，网状裂纹斑图的等级 (hierarchical) 结构在悬浊液蒸发体系中被研究，同时，人们从数学拓扑结构角度分析了此类斑图的空间结构性质。对于这些蒸发裂纹的产生，Russel 等提出，蒸发后期，气-液界面上的毛细弯月面提供了相互吸引的毛细力，等效于液膜层受到一个垂直方向上的挤压力，在横向方向上构成了张力，这个张力达到临界应力后，在沉积膜内产生裂纹，并在不断产生的应力驱动下扩展[63]。Allain 则认为蒸发过程中，悬浊液体积收缩，而固体基底反抗收缩，从而形成应力，并在临界值时产生裂纹尖端[62] (图 8.15)。当前普遍认为，弹性膜应力-应变关系是用来分析蒸发裂纹的主要方法，由溶剂蒸发产生的内应力达到临界应力时，胶体颗粒沉积物以裂纹形式释放存储的应变能。这在一定程度上解释了裂纹的起源和局部性质。但是，裂纹斑图的周期性，如网状、螺旋形、圆形、条辐形裂纹，难以通过现有的理论来解释。上述斑图的周期性可以用波长来描述，例如，当条辐状裂纹形成后，在垂直于裂纹的方向，每一裂纹与其相邻的裂纹的间距固定，称为条辐裂纹的波长。单纯从力学和能量角度出发，难以解释蒸发过程中形成的裂纹斑图所展现出的空间结构、长程有序性及周期性。

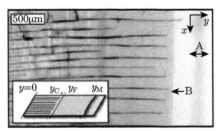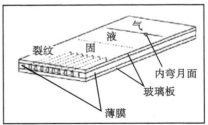

图 8.14　平行阵列蒸发裂纹。左图提出了蒸发前端裂纹不断被通过 Darcy 机制补充过来的液流控制的动力学[60]，右图是早期发现的取向蒸发时产生的条状裂纹[62]

蒸发自组装中微结构形成时，缺陷很难避免，其对裂纹的产生非常重要。这一点从材料学角度来理解，人们很容易接受，然而在蒸发裂纹的形成机制中，却不是那么显而易见。

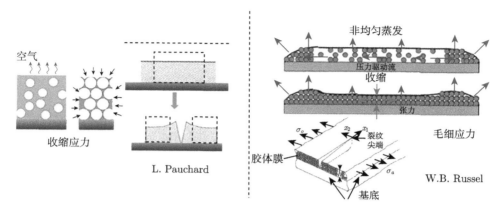

图 8.15　左图显示，溶液不断蒸发，体积变小而收缩，在蒸发后期胶体溶液转变成为固体沉积层，由于基底的变形能力远远比胶体沉积层的变形能力差，从而造成了胶体膜在界面处积累了应力，从而导致裂纹的产生；右图显示当气–液界面接触到最上层胶体时，颗粒产生了很多毛细弯月面，表面张力的作用下使得上层胶体球与其下面临近层产生了横向张应力，从而破坏胶体沉积膜 [62,64]

　　直到人们开始关注实验中观察到的大量非直线裂纹，以及周期性非常好的规则裂纹，这意味着弯曲裂纹的产生无法从能量释放最快的路径中胜出。尤其是出现螺旋裂纹、环状裂纹，环状裂纹的产生在裂纹扩展阶段应力场分布间隔内很难出现新的裂纹，而螺旋裂纹的产生更是吸引人们的注意。改变蒸发胶体实验条件，人们可以很容易地观察到各种裂纹斑图。如图 8.16 中圆环裂纹，两条从不同方向扩展而来的裂纹竟然在 1s 后很好地连接起来。那么按照传统的断裂力学观点，如果应力通过打开裂纹形式释放掉后，裂纹就无法再继续传播，那么为什么这里很多环状裂纹竟然能够连接起来，似乎暗示着裂纹是按照某种预定的“轨道”进行扩展的。基于此，人们开始思考是否在蒸发自组装过程中，胶体颗粒在浓缩过程中经历了靠近、团聚、成核、长大、缺陷的过程，这些缺陷的形成恰恰给后期裂纹的产生埋下了轨迹。于是一种基于颗粒在溶液蒸发过程中所发生的浓度扰动而相分离的机制便被提出。也就是说，我们可以把蒸发裂纹的形成分成三个阶段，首先是蒸发早期，溶液不断浓缩，颗粒在 DLVO 作用下的团聚过程，并且伴随着团聚不断长大；其次，当蒸发到后期，颗粒已经相互靠近形成团簇，并在空间中具有一定的分布，在气–液界面出现了许多小的毛细弯月面，这些毛细弯月面的演化提供了快速作用的表面张力，正是该表面张力驱动了溶剂–胶体的“相分离”(这里用引号的相分离，是因为其与经典的相分离有着些许差别。“相分离”在这里指的是溶剂与溶质间的物理分离); 最后一个阶段是相分离导致的胶体颗粒间缺陷的出现, 这些缺陷提供了裂纹产生的位置。如图 8.17 所示, 对于裂纹斑图的解读, 就转变为对缺陷形成的理解, 这些缺陷的空间分布直接决定了后期裂纹的分布。当然经典力学认为裂纹产生缘于界面应力的积聚, 从而驱动裂纹的产生, 这与相分离机制观点并不冲突, 相分离机制回答了经典断裂力学在蒸发沉积过程中裂纹产生的 "热点" 问题, 即缺陷的形成预示了裂纹产生的位置。

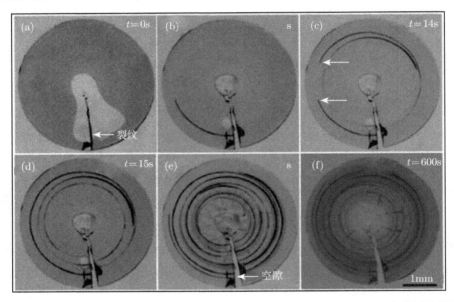

图 8.16　在疏水基底 (接触角约为 50°) 蒸发胶体液滴所形成的环状裂纹。图中使用的材料是直径为 22nm 的二氧化硅胶体纳米小球, 在普通的塑料培养皿上蒸发形成的裂纹斑图。在图 (c) 中的箭头显示即将闭合的一个一个环状裂纹 [65]

　　如图 8.18 所示, 由于浓度在蒸发过程中产生扰动, 在蒸发后期弯月面毛细作用下, 这种浓度扰动形成了一个特征波长, 该波长也就是最后裂纹间距的特征宽度。通过近似可以写出蒸发过程中的浓度 n 扰动方程如下:

$$\frac{\partial n}{\partial t} = \frac{k\gamma\left[(2R+\zeta)\cos\theta - 3R\right]}{\eta R^2}\frac{\partial^2 n}{\partial x^2} \tag{8.3.1}$$

　　这个方程从形式上看, 很接近处理相分离时有关失稳分解的经典 Cahn-Hilliard 方程。在蒸发早期, 溶液体积分数小, 颗粒间距大, 单纯的遵循 DLVO 相互作用机制下的胶体稳定性问题, 然后随着蒸发的进行, 液面开始接触到沉积层, 表面能到最小化提供了这个驱动力, 而输运纳米胶体离子需要付出能量的代价, 即 $(\gamma_{\rm c} - \gamma_{\rm wc})\, n 4\pi R^2 = \frac{4}{3}\pi\gamma n R\,(2R+\zeta)\cos\theta$, 该式中左边代表驱动力表面能的减小, 右边代表做功需要的能量。借助 Darcy 定理 $Q = \dfrac{-kA}{\eta} \dfrac{\partial (\Delta P)}{\partial x}$，其中 $\gamma, \gamma_{\text{c}}, \gamma_{\text{wc}}$ 为液体、胶体、液–固界面能，$Q, k, A, \Delta P$ 分别为穿过沉积胶体颗粒多孔材料的流量、渗透系数、横截面、压强差。求解方程 (8.3.1)，可以给出系统在最后蒸发干时形成的特征波长公式，

$$\alpha = \frac{2\pi}{\lambda} = \frac{\pi \cos \theta}{4 \phi N_{\text{c}} R} \tag{8.3.2}$$

以及最后裂纹间距与系统参数的标度率关系，

$$\lambda \propto N_0 \cdot r_0 \cdot t_{\text{E}}^{-\frac{2}{3}} \tag{8.3.3}$$

该标度率可以通过实验很好地验证，尤其是蒸发裂纹与胶体颗粒膜的厚度的关系，因为这对指导镀膜厚度有直接的意义。

通过利用提拉镀膜可以看出裂纹的产生与厚度有线性关系，即厚度增加，裂纹间距增加 (不容易出现裂纹)，厚度越小，裂纹的数目越多，但是当厚度降到一个临界尺寸后，裂纹将会消失，如图 8.19 所示。图中显示当提拉镀膜速度增加时，即 Landau-Levich-Derjaguin (LLD) 机制作用下膜的厚度增加，裂纹出现减少的趋势；而在蒸发主导下的左边，裂纹数目随提拉速度的减小而减小，并出现斑图转变，针对这种转变，有一种观点认为是人为厚度造成的，然而真正的原因现在没有得到共识。

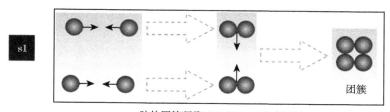

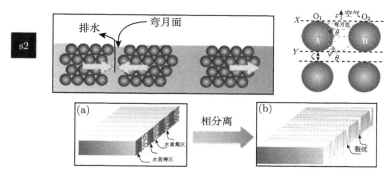

图 8.17　裂纹产生前的相分离机制示意图。在产生裂纹前蒸发中的胶体溶液经历图中 s1 和 s2 两个阶段，即 DLVO 驱动的团聚与表面张力作用下的相分离过程 [66]

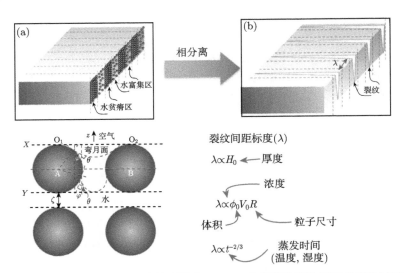

图 8.18　蒸发自组装裂纹形成早期胶体颗粒在 DLVO 及蒸发浓缩作用下的演化过程。这里假设三相接触线连续滑移，初期 DLVO 作用让离子不断形成团簇，这些团簇的分布最后在表面张力作用下快速相分离成为周期性区域，即富含颗粒与富含溶剂的两种区域分开，分开的特征尺寸即为系统的浓度扰动特征波长[66]

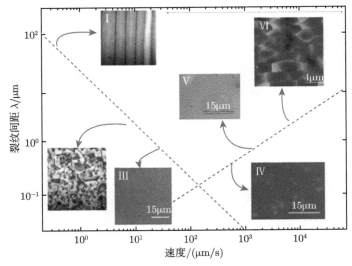

图 8.19　蒸发自组装裂纹间距与提拉胶体膜速度即厚度的关系相图。图中显示当提拉镀膜速度增加时，即 LLD 机制作用下膜的厚度增加，裂纹出现减少的趋势；而在蒸发主导下的左边，裂纹数目随速度的减小而减小，并出现斑图转变

8.3.2　蒸发裂纹的抑制

很显然，裂纹的出现在很多场合是不受欢迎的，于是人们希望能够找到消除裂纹的方法。引入高分子与胶体共混是一个显而易见的手段，让蒸发过程中内应力的产生能被柔性的分子链吸收，从而弱化裂纹的产生。这里有意思的一个想法是，当高分子与胶体混合后，可以定义一个"熵力"，驱动高分子和胶体两相分离，从而使得高分子在一些地方富集形成畴结构，这个柔性的畴可以蠕动、形变，从而消耗掉由蒸发产生的应变能，也就降低了裂纹产生的几率。当颗粒间有相对小尺寸的高分子链或小颗粒时，两个大尺寸的颗粒靠近时，便会产生一个耗尽力 (depletion force)，由这个耗尽力引起耗尽势能 (depletion potential)，假定半径为 R，包裹的耗尽层厚度为 δ 的两个球体，则耗尽势能为

$$W(h) = \begin{cases} \infty & (h < 0) \\ -PV_{\mathrm{OV}}(h) & (0 \leqslant h \leqslant 2\delta) \\ 0 & (h > 2\delta) \end{cases} \tag{8.3.4}$$

其中交叠体积 $V_{\mathrm{OV}}(h) = \dfrac{\pi}{6}(2\delta - h)^2(3R + 2\delta + h/2)$，渗透压 $P = n_{\mathrm{b}}k_{\mathrm{B}}T, h, n_{\mathrm{b}}$ 分别为两个球最近距离与溶质的数密度。引入高分子后如图 8.20 所示，在蒸发过程中，随着胶体与高分子浓度不断增加，系统自由能也会随之变化。

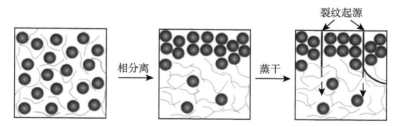

图 8.20　胶体高分子混合体系在蒸发中相分离，以及对裂纹的抑制作用示意图，最右图中的箭头标示了可能的裂纹取向：重定向与完全抑制 [67]

两球间的相互作用力随着耗尽层厚度及溶剂浓度增加而增强。在蒸发前期，高分子浓度较稀，耗尽层厚度 δ 约等于高分子在溶液中的回旋半径，$\delta = R_{\mathrm{g}}$，而纯的粒子分散系的无量纲自由能如下，

$$\tilde{F} = \phi\left[\ln\left(\phi\varLambda^3/v_0\right) - 1\right] + \frac{4\phi^2 - 3\phi^3}{(1 - \phi)^2} \tag{8.3.5}$$

引入高分子后，胶体高分子混合体的无量纲巨正则势为

$$\varOmega = F_0 - (1 - \phi)\exp\left[-ay - by^2 - cy^3\right] \cdot \left(\frac{4\pi}{3}n_{\mathrm{b}}R_{\mathrm{g}}^3\right) \cdot \left(\frac{R_{\mathrm{g}}}{R}\right)^3 \tag{8.3.6}$$

随着蒸发过程的进行，颗粒与高分子的浓度不断增加，直到达到一个临界的相分离浓度值。在这个临界浓度点上，颗粒与高分子的混合体系变得不稳定，最终导致相分离。因此，颗粒和高分子的聚集区域随之产生，其后水分子的流失过程发生。毛细力导致的排水作用使颗粒团簇与水溶液发生相分离 (上一小节讨论的相分离机制)，由于高分子的存在，在蒸发的后期阶段还有另外一种相分离，并对裂纹形貌的产生会起到非常重要的作用。

在蒸发胶体球与高分子的二相悬浊液体中，通过相分离来调控裂纹的斑图形貌，Jing 等研究了二氧化硅颗粒与高分子聚丙烯酰胺 (polyacrylamide，PAAm) 构成的二元体系溶液蒸发动力学过程，以及沉积膜中产生的裂纹 [67]。裂纹斑图如图 8.21 所示，其形貌随着高分子与二氧化硅颗粒浓度的比例而发生变化，在蒸发过程中，两

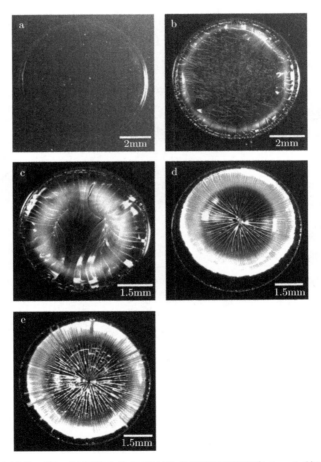

图 8.21　混合液滴干燥，沉积膜上的典型对称的裂纹斑图形貌 (a~e) 的浓度比例分别
为：35:6，36:5，35:2，20:2 和 25:5[67]

种相分离都将发生：一种是二氧化硅纳米颗粒由于高分子引入导致的耗尽力，发生团聚；另一种是蒸发的最后阶段，水分子在毛细力作用下穿过颗粒或高分子团簇。

　　虽然添加高分子来抑制裂纹不是所有情况下都有效，但是在混合溶液浓度较稀、高分子的相对浓度较高时，裂纹的抑制是显著的。在水分子的运输过程中，高分子、胶体颗粒、气–液界面相互作用变得很复杂。这两种相分离的物理图像的描述对裂纹的形成和加入高分子添加剂后斑图的演化是很有意义的。

8.4　分　　层

　　在前面各小节中，主要讨论了蒸发诱导的自组装在宏观结构上的斑图形成及机理，并针对固体胶体颗粒体系在流场影响下的传输，此时，对流是主导因素，基本上忽略了颗粒本身的物理化学性质。在对流项与扩散项比值 (Pe 数) 很大时，溶液中粒子的扩散相对蒸发流场来说很弱，正如咖啡圈现象对具体溶液体系不敏感。在求解液滴内部颗粒流量时，只考虑对流项，而忽略扩散项，即便在接触线处，颗粒不断沉积，溶质浓度梯度加剧了扩散，相对来说也弱于蒸发对流以及 Marangoni 流动。然而，当蒸发速率与扩散可比时，自组装将得到有更丰富细节的微纳结构，例如高分子链状分子，水动力学半径尺寸约为纳米量级，扩散系数很大，与不同尺寸的胶体颗粒混合在一起形成多相溶液时，扩散系数的差别会迫使自组装的结构出现显著差别。本节讨论的分层现象，就是基于胶体颗粒扩散运动参与下的蒸发自组装过程。

8.4.1　皮肤层

　　高分子作为现代生产、生活中应用极为广泛的一类材料，通常情况下，高分子溶解在溶剂中形成溶液，再经过溶剂蒸发以制备不同结构、形貌的颗粒粉体材料。人们经常通过喷雾蒸发的方法将其制备成微球粉末，液滴从喷嘴 (nozzel) 以雾状形式喷入气相环境中，这些大量的雾化液滴中包含了高分子或胶体颗粒，在后续的溶剂蒸发过程中浓缩形成固态颗粒材料，这种方法大量运用在材料、食品、医药、建筑等领域。雾化液滴进入气相，构成了一个具有完全自由表面的液滴，这有别于上面讨论的 "坐" 在固体基底上的液滴。例如，高分子液滴蒸发过程中，表面出现褶皱，且在内部形成空壳结构，这不仅是一个有趣的现象，更直接影响产品的性能，涉及电子材料、光学材料、药物载体和食品药品粉末等。

　　De Gennes 在 2002 年 [68] 提出，在高分子溶液的气–液界面处，由于蒸发会导致溶液界面附近浓度增高，当浓度增高到玻璃态时，出现一层流动性较弱的 "crust" （"面包皮"） [69]。Doi 等在 2006 年对这层玻璃态皮肤层的形成给出了完整的动力学模型 [70]。该理论模型假设高分子溶液膜在 z 方向上初始厚度为 h_0，当溶剂在气–液界面蒸发时，随着时间 t 的增加，高分子的体积分数 ϕ 和膜厚 h 会分别增加和减小。假设快速蒸发，则气–液界面处的 ϕ 增加，并形成一个高分子富集区域，如图 8.22(a) 所示；当 ϕ 增加到玻璃态浓度 ϕ_g 时，富集区会变成凝胶态，即皮肤层，如图 8.22(b)；当整个系统中的溶剂完全蒸发时，整个系统全部为高分子，如图 8.22(c) 所示；这个凝胶化过程可以用溶质的扩散方程来描述，

$$\frac{\partial \phi}{\partial t} = \frac{\partial}{\partial z} \left[A(\phi) \frac{\partial \phi}{\partial z} \right] \tag{8.4.1}$$

$A(\phi)$ 为等效扩散系数，蒸发过程中，溶液不断浓缩，扩散系数也随着变化，即是 ϕ 的函数，可以用下面函数来简化这个等效扩散系数：

$$A(\phi) = \begin{cases} D & (\phi < \phi_\mathrm{g}) \\ D_\mathrm{g} & (\phi \geqslant \phi_\mathrm{g}) \end{cases} \tag{8.4.2}$$

值得指出的是，即便在溶液表面形成了凝胶皮肤层，溶剂分子仍然可以蒸发穿透液面离开溶液，但随着溶质浓度增加，蒸发量减小。厚度 h 遵循的质量守恒方程为

$$\frac{\mathrm{d}h}{\mathrm{d}t} = -J(1 - \phi_\mathrm{h}) \tag{8.4.3}$$

气–液界面边界上溶剂蒸发流量等于溶质扩散流量，即 $J\phi(1 - \phi) = A(\phi) \frac{\partial \phi}{\partial z}$，固–液界面的边界条件为 $\frac{\partial \phi}{\partial z} = 0$。利用该边界条件与上述守恒方程，借助扩散系数的分区情况，可以得到早期气–液界面上不断浓缩的溶质浓度为

$$\frac{\phi_\mathrm{h} - \phi_0}{\phi_0} \cong \sqrt{\frac{4J^2}{\pi D}} (1 - \phi_0) t^{\frac{1}{2}} \tag{8.4.4}$$

直觉告诉我们此时在表面处，由于蒸发把溶液内部溶质分子抽到表面，如果来不及扩散进入溶液中去，则界面溶质浓度不断增加，并沿高度 z 方向向液体内部不断衰减，可以用一个衰减长度 (图 8.22 中的长度 b) 作为特征长度来描述溶质浓缩、分布情况，这个特征长度 b 在 Doi 等的文章中给出了近似表达式：

$$b \sim \frac{D}{J} \left(\frac{\phi_h}{\phi_0} - 1 \right) \tag{8.4.5}$$

而当溶液蒸发不断进行，在气–液界面处开始出现皮肤层 (厚度为 $w = h - h_\mathrm{g}$) 时，界面上溶质扩散系数变成 D_g，正如 Doi 等指出，这种情形复杂很多，在 $D_\mathrm{g} \to \infty$ 近似下，得到皮肤层厚度 $w(t)$：

$$w = w_0 + J \frac{\phi_0(1 - \phi_\mathrm{g})}{\phi_\mathrm{g} - \phi_0} t \tag{8.4.6}$$

当特征长度 b 远小于膜厚 $h(t)$ 时，我们将可以看到一个明显的皮肤层。也就是说，高分子在气–液界面处的体积比 ϕ_h 需要在特征扩散时间 $t_\mathrm{D} \equiv h_0/D$ 下高于玻璃态的体积比 ϕ_g。另外一个令人好奇的问题是，是否所有的蒸发溶液都能出现皮肤层？日常生活的经验告诉我们，早上喝热过的牛奶时会在表面发现这个皮肤层，而冷的牛奶基本见不到皮肤层。说明高蒸发速率有利于形成皮肤层，衡量蒸发与溶质分子扩散的竞争关系，在理论模型中，给出了 Pe 数为判据来说明出现皮肤层的关系式：

$$Pe = \frac{J}{D}h_0 > \frac{\sqrt{\pi}}{2}\frac{\phi_\mathrm{g} - \phi_0}{(1 - \phi_0)\,\phi_0} \tag{8.4.7}$$

我们可以得知，通过调节膜初始厚度、高分子初始的体积分数、蒸发和扩散速率都可以影响皮肤层的形成，这与我们的生活经验也是相符的。

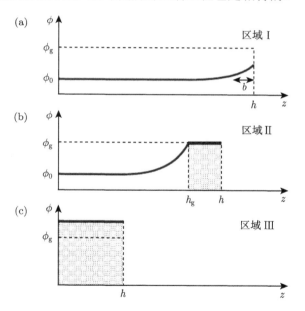

图 8.22　高分子体积分数 ϕ 曲线在三个区域的示意图：(a) 区域 I，$\phi_0 < \phi_\mathrm{h} < \phi_\mathrm{g}$，一个在气–液界面有着特征长度 b 的高分子富集区；(b) 区域 II，$\phi_\mathrm{h} < \phi_\mathrm{g}$，一个皮肤层 ($h_\mathrm{g} < z < h$) 形成；(c) 区域 III，整个系统形成了一个皮肤层 [70]

当玻璃态的皮肤层形成后，其流变属性与液体有着明显区别，即较差的流动性。随着蒸发皮肤层内的溶剂体积持续减少，表面的皮肤层将发生弯曲。Pauchard 等在文献 [48] 中报道了高分子液滴在小接触角条件下，蒸发形成的 "墨西哥帽" 形变，如图 8.23 所示，该工作定义了两个特征时间 t_D 和 t_B，分别代表液滴完全蒸发所需的时间和液滴气–液界面处高分子体积分数升高到玻璃态时所需的时间。

当 $t_D > t_B$ 时，说明蒸发结束表面也没有形成玻璃态，所以液滴表面始终保持着良好的流动性，也就不会发生表面的弯曲 (bending)。反之，$t_D < t_B$ 时，说明在蒸发结束前皮肤层已经形成，为表面的弯曲提供了条件。

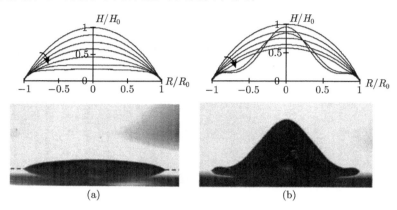

图 8.23　上：不同时间下的右旋糖酐液滴蒸发的无量纲剖面轮廓叠加图。初始接触角 $\theta_0 =$ (a) 30° 和 (b) 40°。下：液滴蒸发后期的侧视图：(a) 液滴形成了一个平的 "煎饼"；(b) 一个典型的 "墨西哥帽"[48]

　　2006 年 Head[71] 考虑了皮肤层厚度的不均匀性，成功地预测了皮肤层在何种情况 (蒸发导致的体积减少量 ΔV 和皮肤层向内压强 P) 下发生何种凹陷变形 ("酒窝" 或 "墨西哥帽")。

　　另外，皮肤层也是液滴蒸发形成 "空腔 (cavity)" 的必要条件。Meng 等[72] 从能量角度分析了液滴蒸发过程中皮肤层自由能变化，他们将皮肤层的自由能变化量分为体积膨胀功和剪切功，指出了有限的剪切模量是形成 "空腔" 的必要条件。

　　当然除了高分子，胶体颗粒在蒸发自组装的过程中也会形成皮肤层，二者遵循的基本物理规律是相似的。但是，在这里我们仍需要明确一些自组装胶体颗粒和高分子之间的差别，这些差别在不同的情形下会对本节讨论的蒸发自组装过程产生影响。(1) 相较于高分子，胶体颗粒的尺寸会较大；(2) 相较于无定型的高分子链，胶体颗粒的形状会使颗粒有一个小于 1 的最大体积分数；(3) 胶体颗粒的形状会在气–液界面处形成众多的弯月面。

8.4.2　分层现象

　　8.4.1 节中我们讨论了单一溶质的液膜/液滴蒸发，并对皮肤层的形成及其形变进行了简单的说明。但是在日常生活和实际应用中溶质通常不是单一的。如果是多相溶质，在蒸发过程中，不同相的溶质并不一定遵循相同的运动规律，那么最后蒸发干燥的材料中不同相的分布将会有差异。根据 8.4.1 节的讨论，我们知道在液滴蒸发时，布朗运动和蒸发存在竞争关系，$Pe = \dfrac{J}{D} h_0$，是衡量这两种机制主导性的参数。当 $Pe < 1$ 时，由蒸发造成的浓度梯度会很快被扩散 "抹平"，溶质的浓度就会保持均匀。当 $Pe > 1$ 时，浓度梯度增加，溶质会在气–液界面处积累。因为扩散系数 $D = kT/6\pi\eta r$，拥有较大半径的溶质其扩散系数较低，因此更容易在气–液界面聚集。所以，有两种以上溶质的溶液在蒸发结束后，大尺寸的溶质通常在外侧（即更靠近气–液界面）。但 Fortini 等报道了相反的现象 [73]。通过实验和模拟，他们展示了两种不同尺寸的胶体颗粒共混溶液膜在蒸发后小颗粒在上、大颗粒在下的现象，并指出这是由于小颗粒的渗透压造成的，但定量的理论解释并未给出。Zhou 等 [74] 提出，如果在标准的扩散模型中加入颗粒间的相互作用就可以解释这种反常现象。

考虑两种尺寸大小比例为 $\alpha = r_2/r_1$，大、小颗粒半径分别为 r_2, r_1，其扩散系数分别为 $D_i = \dfrac{k_{\mathrm{B}}T}{\xi_i}, i = 1, 2$，在溶液中各自浓度随时间变化的扩散方程分别为

$$\frac{\partial \Phi_1}{\partial t} = D_1 \frac{\partial}{\partial z} \left[(1 + 8\Phi_1) \frac{\partial \Phi_1}{\partial z} + \left(1 + \frac{1}{\alpha}\right)^3 \frac{\partial \Phi_2}{\partial z} \right] \tag{8.4.8}$$

$$\frac{\partial \Phi_2}{\partial t} = D_2 \frac{\partial}{\partial z} \left[(1 + \alpha)^3 \frac{\partial \Phi_1}{\partial z} + (1 + 8\Phi_2) \frac{\partial \Phi_2}{\partial z} \right] \tag{8.4.9}$$

很显然，如果不考虑大小颗粒扩散过程中的相互影响，则上式的交叉相互作用项暗示了大小颗粒浓度演化差别。然而要判断两类颗粒微球在界面上的分布差别，需要寻找一个对比量来描述。系统中，溶剂在气–液界面不断蒸发，迫使大小颗粒微球都运动到界面上富集，一个比较容易理解的对比量是两者各自的运动速度，可以决定谁留下来，谁离开界面（当然，颗粒无法脱离溶液进入气相）进入体相溶液中去，即颗粒分层。假设溶液中颗粒运动速度由扩散驱动，并与斯托克斯阻力平衡，因此可选择这两种颗粒微球的运动速度为对比量，即分别为

$$v_1 = -D_1 \left[\left(\frac{1}{\Phi_1} + 8\right) \frac{\partial \Phi_1}{\partial z} + \left(1 + \frac{1}{\alpha}\right)^3 \frac{\partial \Phi_2}{\partial z} \right] \tag{8.4.10}$$

$$v_2 = -D_2 \left[(1 + \alpha)^3 \frac{\partial \Phi_1}{\partial z} + \left(\frac{1}{\Phi_2} + 8\right) \frac{\partial \Phi_2}{\partial z} \right] \tag{8.4.11}$$

上式说明两类微球交叉相互作用来源于与尺寸大小比例系数有关项：$(1 + \alpha)^3 \dfrac{\partial \Phi_1}{\partial z}$ 与 $\left(1 + \dfrac{1}{\alpha}\right)^3 \dfrac{\partial \Phi_2}{\partial z}$，并且交叉作用项对大球的影响明显大于小球（因为 $\alpha = r_2/r_1 > 1$）。如果期望大球离开界面，而让小球留下来，需要：

$$(1 + \alpha)^3 \frac{\partial \Phi_1}{\partial z} > \left(\frac{1}{\Phi_2} + 8\right) \frac{\partial \Phi_2}{\partial z} \tag{8.4.12}$$

根据上述判据，Zhou 等近似地给出简化后的关系式 [74]：

$$\alpha^2 \left(1 + \frac{h_0 E_0}{D_1}\right) \Phi_1\,(t=0) > \text{Const.} \tag{8.4.13}$$

式中，Const. 代表常数。尺寸相差越悬殊，越有利于两类球分离并使大球远离进入液体内部。然而有趣的是，大球的初始浓度对分层现象不敏感。Zhou 等指出这个理论模型有些简化，但有利于人们理解多相体系蒸发自组装时，扩散能力弱的大球反而 "扩散" 离开界面，而扩散能力强的小粒子却留在界面的现象，交叉相互作用解释了这个现象 [74]。

8.5　小　结

本章通过从简单液滴蒸发体系引入，分析讨论内部 Stokes 流动、热梯度驱动的 Marangoni 流、浓度梯度驱动的 Marangoni 流等基本的传质、传热、动量交换等物理过程。从咖啡圈效应开始，人们开始认识到小液滴内部丰富的物理内涵，大量的实验结果展示了，利用简单的物理蒸发过程，通过流动与内部胶体颗粒相互作用，可呈现出许多有趣的自组装结构与斑图。它除了驱动人们探索这些丰富的蒸发沉积斑图的好奇心外，也包含了其巨大的实际应用价值。在日常生活中，以及工业生产中，我们常常需要利用溶液到固体的转变，来成型、固化、制备器件与材料，在此过程中，自然蒸发或辅助干燥是非常重要的一个环节。喷涂、打印、印刷、日用化工、电子元器件光刻、粉体制备等行业对液滴的蒸发有着很重要的关联。

尤其自 1997 年发表液滴蒸发实验与动力学理论研究工作以来，基于液滴蒸发的实验、应用、理论研究成果井喷式地出现，一一回顾这些有趣、重要的工作是不现实的。本章仅从液滴蒸发、内部流动角度，理解蒸发自组装的斑图现象与动力学机制。主要以小体积液滴内部流动方程为主线，讨论蒸发通量在界面上的分布，以气–液界面上物质丧失为驱动，给出润滑近似下内部流场方程的近似方法。在此基础上引入了蒸发过程中传热与导热，以及对流场方程的耦合，产生的 Marangoni 效应。有了这些基本物理过程后，能够较容易地理解胶体在液滴内部，随着蒸发进行，所演化出来的时空动态过程。接着讨论了稀溶液下咖啡圈与不均匀沉积，以及浓溶液下沉积层内缺陷的形成机制，并由此诱发的蒸发裂纹斑图。在最后的小节里讨论了有机分子体系构建的胶体蒸发模型系统，简要地解释了扩散贡献不能忽略时，蒸发驱动下系统中粒子或分子链出现相分离与分层现象。

总结来说，对于单相体系，尤其是单组分液体蒸发，在较理想的界面上，人们的理解基本上已经完善了。对于有溶质参与的自组装，简单的咖啡圈、多环、连续膜在钉扎与去钉扎框架下，人们的认识也相对清晰了。然而，液滴蒸发自组装的研究还将继续，新的研究工作会不断出现，更精细的实验与理论模型可以围绕更真实的界面边界、实际的颗粒物质体系展开。如何考虑液滴蒸发过程中胶体颗粒与流场、界面相互作用，以及这些作用项的非线性贡献；如何考虑液滴内部引入复杂形状、柔性变形的胶体颗粒对流场的响应等；如何关联固–液、气–液界面上浸润、铺展过程对蒸发流动的影响等，以及借助更好的技术，如在更快的时间、更高的空间分辨来呈现极限条件下蒸发动态过程等。

针对蒸发自组装，还可以参考由 Zhiqun Lin 于 2012 年编写出版的著作 *Evaporative Self-assembly of Ordered Complex Structures* [75]。

参 考 文 献

[1] Deegan R D, Bakajin O, Dupont T F, et al. Capillary flow as the cause of ring stains from dried liquid drops. Nature, 1997, 389: 827-829.

[2] Ajaev V S. Interfacial Fluid Mechanics. Springer, 2012.

[3] Persad A H, Ward C A. Expressions for the evaporation and condensation coefficients in the Hertz-Knudsen relation. Chem. Rev., 2016, 116: 7727-7767.

[4] Ajaev V S, Homsy G M. Steady vapor bubbles in rectangular microchannels. J. Colloid Interf. Sci., 2001, 240: 259-271.

[5] Ajaev V S. Spreading of thin volatile liquid droplets on uniformly heated surfaces. J. Fluid Mech., 2005, 528: 279-296.

[6] Maxwell J C. Diffusion Collected Scientific Paper. Cambrige, 1877.

[7] Langmuir I. The evaporation of small spheres. Phys. Rev., 1918, 12: 368-370.

[8] Morse H W. On evaporation from the surface of a solid sphere. Preliminary Note. Proceedings of the American Academy of Arts and Sciences, 1910, 45: 363-367.

[9] Picknett R G, Bexon R. The evaporation of sessile or pendant drops in still air. J. Colloid Interf. Sci., 1977, 61: 336-350.

[10] Bourges-Monnier C, Shanahan M E R. Influence of evaporation on contact angle. Langmuir, 1995, 11: 2820-2829.

[11] Deegan R D, Bakajin O, Dupont T F, et al. Contact line deposits in an evaporating drop. Phys. Rev. E, 2000, 62: 756-765.

[12] Hu H, Larson R G. Evaporation of a sessile droplet on a substrate. J. Phys. Chem. B, 2002, 106: 1334-1344.

[13] Xie C, Liu G, Wang M. Evaporation flux distribution of drops on a hydrophilic or hydrophobic flat surface by molecular simulations. Langmuir, 2016, 32: 8255-8264.

[14] Masoud H, Felske J D. Analytical solution for inviscid flow inside an evaporating sessile drop. Phys. Rev. E, 2009, 79: 016301.

[15] Popov Y O. Evaporative deposition patterns: Spatial dimensions of the deposit. Phys. Rev. E, 2005, 71: 036313.

[16]   Ehrhard P, Davis S H. Non-isothermal spreading of liquid drops on horizontal plates. J. Fluid Mech., 1991, 229: 365-388.

[17]   Cazabat A-M, Guena G. Evaporation of macroscopic sessile droplets. Soft Matter, 2010, 6: 2591-2612.

[18]   Harris D J, Hu H, Conrad J C, et al. Patterning colloidal films via evaporative lithography. Phys. Rev. Lett., 2007, 98: 148301.

[19]   Hu H, Larson R G. Marangoni effect reverses coffee-ring depositions. J. Phys. Chem. B, 2006, 110: 7090-7094.

[20]   Renk F J, Wayner P C. An evaporating ethanol meniscus: part II   Analytical studies. J. Heat Trans., 1979, 101: 59-62.

[21]   Masoud H, Felske J D. Analytical solution for Stokes flow inside an evaporating sessile drop: Spherical and cylindrical cap shapes. Phys. Fluids, 2009, 21: 957.

[22]   Man X, Doi M. Vapor-induced motion of liquid droplets on an inert substrate. Phys. Rev. Lett., 2017, 119: 044502.

[23]   Marangoni C. Sull'espansione delle goccie d'un liquido galleggianti sulla superfice di altro liquido. Tipgrafia dei fratelli, 1865.

[24]   Marangoni C. Ueber die Ausbreitung der Tropfen einer Flüssigkeit auf der Oberfläche einer anderen. Annalen der Physik, 1871, 219: 337-354.

[25]   Plateau J. Statique expérimentale et théorique des liquides soumis aux seules forces moléculaires. Gauthier-Villars, 1873.

[26]   Dupré A, Dupré P. Théorie mécanique de la chaleur. Gauthier-Villars,1869.

[27]   Maxwell J C, Pesic P. Theory of Heat. Courier Corporation, 2001.

[28]   Ross S, Becher P. The history of the spreading coefficient. J. Colloid Interf. Sci., 1992, 149: 575-579.

[29]   Ajaev V S, Willis D A. Thermocapillary flow and rupture in films of molten metal on a substrate. Phys. Fluids, 2003, 15: 3144-3150.

[30]   Chandramohan A, Weibel J A, Garimella S V. Spatiotemporal infrared measurement of interface temperatures during water droplet evaporation on a nonwetting substrate. Appl. Phys. Lett., 2017, 110: 041605.

[31]   Larson R G. Transport and deposition patterns in drying sessile droplets. AIChE Journal, 2014, 60: 1538-1571.

[32]   Savino R, Fico S. Transient marangoni convection in hanging evaporating drops. Phys. Fluids, 2004, 16: 3738-3754.

[33]   Zhang K, Ma L, Xu X, et al. Temperature distribution along the surface of evaporating droplets. Phys. Rev. E, 2014, 89: 032404.

[34]   Nguyen T A H, Biggs S R, Nguyen A V. Analytical model for diffusive evaporation of sessile droplets coupled with interfacial cooling effect. Langmuir, 2018: 7603862.

[35] Hu H, Larson R G. Analysis of the microfluid flow in an evaporating sessile droplet. Langmuir, 2005, 21: 3963-3971.

[36] Masoud H, Felske J D. Analytical solution for inviscid flow inside an evaporating sessile drop. Phys. Rev. E, 2009, 79: 016301.

[37] Zhao H, Xu J, Jing G, et al. Controlling the localization of liquid droplets in polymer matrices by evaporative lithography. Angew. Chem. Int. Edit., 2016, 55: 10681-10685.

[38] Utgenannt A, Keddie J L, Muskens O L, et al. Directed organization of gold nanoparticles in polymer coatings through infrared-assisted evaporative lithography. Chem. Commun, 2013, 49: 4253-4255.

[39] Still T, Yunker P J, Yodh A G. Surfactant-induced Marangoni eddies alter the coffeerings of evaporating colloidal drops. Langmuir, 2012, 28: 4984-4988.

[40] Freed-Brown J. Evaporative deposition in receding drops. Soft Matter, 2014, 10: 9506-9510.

[41] Cira N J, Benusiglio A, Prakash M. Vapour-mediated sensing and motility in two-component droplets. Nature, 2015, 519: 446-450.

[42] Schäfle C, Bechinger C, Rinn B, et al. Cooperative evaporation in ordered arrays of volatile droplets. Phys. Rev. Lett., 1999, 83: 5302.

[43] Carrier O, Shahidzadeh-Bonn N, Zargar R, et al. Evaporation of water: Evaporation rate and collective effects. J. Fluid Mech., 2016, 798: 774-786.

[44] Cai Y, Newby B. Marangoni flow-induced self-assembly of hexagonal and stripelike nanoparticle patterns. JACS, 2008, 130: 6076-6077.

[45] Keiser L, Bense H, Colinet P, et al. Marangoni bursting: evaporation-induced emulsification of binary mixtures on a liquid layer. Phys. Rev. Lett., 2017, 118: 074504.

[46] Kim H, Boulogne F, Um E, et al. Controlled uniform coating from the interplay of Marangoni flows and surface-adsorbed macromolecules. Phys. Rev. Lett., 2016, 116: 124501.

[47] Deegan R D. Pattern formation in drying drops. Phys. Rev. E, 2000, 61: 475.

[48] Pauchard L, Allain C. Stable and unstable surface evolution during the drying of a polymer solution drop. Phys. Rev. E, 2003, 68: 052801.

[49] Frastia L, Archer A J, Thiele U. Dynamical model for the formation of patterned deposits at receding contact lines. Phys. Rev. Lett., 2011, 106: 077801.

[50] Kaplan C N, Mahadevan L. Evaporation-driven ring and film deposition from colloidal droplets. J. Fluid Mech., 2015, 781: R2.

[51] Kajiya T, Monteux C, Narita T, et al. Contact-line recession leaving a macroscopic polymer film in the drying droplets of water-poly (N, N-dimethylacrylamide)(PDMA) solution. Langmuir, 2009, 25: 6934-6939.

[52] Maheshwari S, Zhang L, Zhu Y, et al. Coupling between precipitation and contact-line dynamics: Multiring stains and stick-slip motion. Phys. Rev. Lett., 2008, 100: 044503.

[53] Li H, Luo H, Zhang Z, et al. Direct observation of nanoparticle multiple-ring pattern formation during droplet evaporation with dark-field microscopy. Phys. Chem. Chem. Phys., 2016, 18: 13018-13025.

[54] Wu M, Man X, Doi M. Multi-ring deposition pattern of drying droplets. Langmuir, 2018, 34: 9572-9578.

[55] Yunker P J, Still T, Lohr M A, et al. Suppression of the coffee-ring effect by shape-dependent capillary interactions. Nature, 2011, 476: 308.

[56] Mampallil D, Eral H B. A review on suppression and utilization of the coffee-ring effect. Adv. Colloid Interfac., 2018, 252: 38-54.

[57] Lin Z, Granick S. Patterns formed by droplet evaporation from a restricted geometry. JACS, 2005, 127: 2816-2817.

[58] Xu J, Xia J, Hong S W, et al. Self-assembly of gradient concentric rings via solvent evaporation from a capillary bridge. Phys. Rev. Lett., 2006, 96: 066104.

[59] Bodiguel H, Doumenc F, Guerrier B. Stick-slip patterning at low capillary numbers for an evaporating colloidal suspension. Langmuir, 2010, 26: 10758-10763.

[60] Dufresne E R, Corwin E I, Greenblatt N A, et al. Flow and fracture in drying nanoparticle suspensions. Phys. Rev. Lett., 2003, 91: 224501.

[61] Goehring L, Li J, Kiatkirakajorn P C. Drying paint: From micro-scale dynamics to mechanical instabilities. Philos Trans A Math Phys Eng Sci, 2017, DOI: https://doi.org/10.1098/rsta.2016.0161.

[62] Allain C, Limat L. Regular patterns of cracks formed by directional drying of a collodial suspension. Phys. Rev. Lett., 1995, 74: 2981-2984.

[63] Tirumkudulu M S, Russel W B. Cracking in drying latex films. Langmuir, 2005, 21: 4938-4948.

[64] Lee W P, Routh A F. Why do drying films crack? Langmuir, 2004, 20: 9885-9888.

[65] Jing G, Ma J. Formation of circular crack pattern in deposition self-assembled by drying nanoparticle suspension. J. Phys. Chem. B, 2012, 116: 6225-6231.

[66] Ma J, Jing G. Possible origin of the crack pattern in deposition films formed from a drying colloidal suspension. Phys. Rev. E, 2012, 86: 061406.

[67] Liu T, Luo H, Ma J, et al. Tuning crack pattern by phase separation in the drying of binary colloid–polymer suspension. Phys. Lett. A, 2014, 378: 1191-1199.

[68] De Gennes P G. Instabilities during the evaporation of a film: Non-glassy polymer + volatile solvent. Eur. Phys. J. E, 2001, 6: 421-424.

[69] de Gennes P G. Solvent evaporation of spin cast films: "crust" effects. Eur. Phys. J. E, 2002, 7: 31-34.

[70] Okuzono T, Ozawa K Y, Doi M. Simple model of skin formation caused by solvent evaporation in polymer solutions. Phys. Rev. Lett., 2006, 97: 136103.

[71] Head D A. Modeling the elastic deformation of polymer crusts formed by sessile droplet evaporation. Phys. Rev. E, 2006, 74: 021601.

[72] Meng F, Doi M, Ouyang Z. Cavitation in drying droplets of soft matter solutions. Phys. Rev. Lett., 2014, 113: 098301.

[73] Fortini A, Martín-Fabiani I, De La Haye J L, et al. Dynamic stratification in drying films of colloidal mixtures. Phys. Rev. Lett., 2016, 116: 118301.

[74] Zhou J, Jiang Y, Doi M. Cross interaction drives stratification in drying film of binary colloidal mixtures. Phys. Rev. Lett., 2017, 118: 108002.

[75] Lin Z. Evaporative Self-assembly of Ordered Complex Structures. World Scientific, 2012.

第9章 聚合物溶液中的胶体相行为

张晓华

苏州大学

近年来，胶体/聚合物混合体系在工业应用和学术研究方面得到了广泛的关注。在许多工业产品中，例如油漆、涂料、润滑剂、化妆品、食品等，聚合物和胶体是共存的，胶体/聚合物混合体系的稳定性是检验产品是否合格的重要参数之一，聚合物溶液中胶体粒子间的微观相互作用控制着胶体/聚合物混合体系的稳定性。混合体系中，聚合物组分可以调节胶体粒子间的相互作用强度和作用范围。在实际应用中，胶体/聚合物混合体系的非平衡行为是十分重要的。

9.1 耗 尽 现 象

耗尽行为在工业和生物应用领域里扮演着重要的角色，例如，耗尽作用可以诱导胶体分散体系的相分离，蛋白质的结晶，血红细胞的聚集，长链分子螺旋构象的形成等 [1]。在聚合物/胶体体系中，胶体粒子附近处的高分子构象熵减少，在两个胶体粒子附近形成耗尽区域。在耗尽区域内，聚合物的密度从 0 逐渐增加到与本体密度一致，耗尽层厚度随着胶体粒子尺寸的增加而增厚 [2,3]，见图 9.1。当胶体粒子

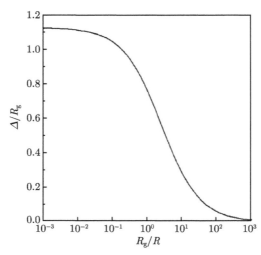

图 9.1 耗尽层厚度与胶体粒子的关系。R 为胶体粒子尺寸，R_g 为高分子链的回转半径 [2,3]

互相靠拢时，它们的耗尽区域重叠，导致了胶体粒子内部区域和外部区域间的渗透压差，如图 9.2 所示。渗透压差使两个胶体粒子靠拢在一起，产生了耗尽效应，耗尽效应是控制胶体分散体系稳定性的关键因素，聚合物浓度、链长、溶剂性质、胶体粒子尺寸等参数会影响胶体分散体系的相分离和聚集，研究耗尽现象有助于理解胶体分散体系相行为。

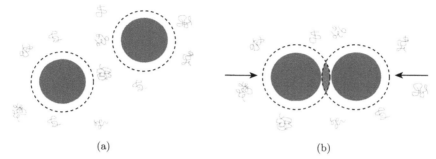

(a)　　　　　　　　　　　　　　　　(b)

图 9.2　聚合物溶液中的胶体粒子。(a) 耗尽层非重叠；(b) 耗尽层重叠。
虚线区域为耗尽层 [4]

Asakura 等和 Vrij 各自计算出来理想高分子稀溶液中胶体粒子间的耗尽势能，他们假定理想的高分子链是可以互相穿插的，却不能穿过胶体粒子 [5,6]。利用此模型，他们得到了高分子回转半径内的耗尽势能，其值随着高分子浓度的增加而增加。Joanny 等预测了耗尽层的存在，利用标度理论计算出了耗尽吸引作用势 [7]。

9.1.1　高分子溶液浓度对耗尽作用势的影响

许多理论预测耗尽作用通常是吸引，吸引的耗尽作用力会导致分散胶体粒子失稳 [8]。然而，当高分子溶液浓度增加到一个特定值，耗尽作用势为排斥力。最近的理论研究结果表明，耗尽作用存在短程的吸引最小值，还具有长程的排斥能垒，这两种作用随着高分子溶液浓度的增加而增强。Feigin 和 Napper 利用类似 Flory-Huggins 的平均场理论计算出胶体粒子间的作用势 [9]，他们的结果显示，在低浓度的高分子溶液中，胶体粒子间的作用为吸引，在高浓度的高分子溶液中，体系出现排斥能垒，这个能垒的存在使整个胶体分散体系恢复了稳定。Fleer 等用数值点阵计算方法研究了两平板间的耗尽作用 [10]，他们的结果表明在高浓度的高分子溶液中，当两平板间的距离与高分子的自由线团直径相当时，耗尽量出现一极大值，耗尽势中出现一弱的排斥作用。Yan 等利用自洽场理论研究了在非吸附高分子溶液体系中球形胶体粒子间的耗尽作用 [11]，获得了胶体粒子的耗尽势和高分子的密度分布图。他们的结果表明，随着球形胶体粒子间的距离减少，由于空间受限作用, 两胶体粒子间的高分子被排出 (图 9.3 和图 9.4)。

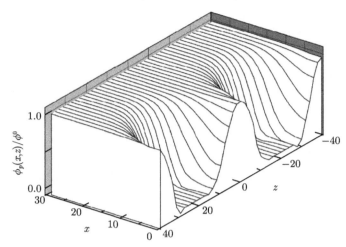

图 9.3　两胶体粒子间的高分子密度曲线, 两胶体粒子间的距离 $h = 20$ [11]

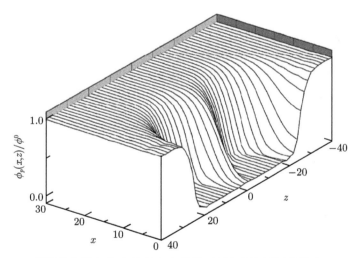

图 9.4　两胶体粒子间的高分子密度曲线, 两胶体粒子间的距离 $h = 4$ [11]

在稀溶液和亚浓溶液中, 耗尽作用是相互吸引, 没有出现排斥作用, 耗尽层厚度随着溶液浓度增加而减小, 如图 9.5 所示 [12]。耗尽势随着高分子溶液浓度增加而增强, 不良溶剂体系的耗尽作用的范围更宽。另外, 高分子溶液浓度是影响胶体稳定性的重要参数 [13], 随着高分子浓度的增加, 出现多种胶体聚集结构, 如图 9.6 所示。高浓度的高分子溶液会导致胶体分散体系失稳。

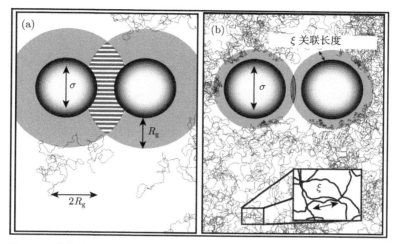

图 9.5 胶体粒子在聚合物稀溶液 (a) 和亚浓溶液 (b) 中的耗尽作用 [12]

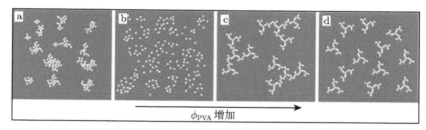

图 9.6 硅胶体粒子/PVA 体系中，胶体粒子聚集体结构随着高分子溶液浓度而变化 [13]

9.1.2 高分子链尺寸对耗尽作用势的影响

高分子链与胶体粒子的尺寸比是影响耗尽作用的一个重要参数，$\xi = 2R_{\mathrm{g}}/d$，其中 R_{g} 是高分子链的均方回转半径，d 是胶体粒子直径。Tuinier 等 [14] 研究了理想高分子溶液中，当胶体粒子的尺寸大于高分子均方回转半径，耗尽作用随着高分子均方回转半径与胶体粒子半径比值的增加而逐渐减弱，如图 9.7 所示。他们的研究显示，随着高分子均方回转半径与胶体粒子半径比值的增加，耗尽作用范围减小。当 $\xi \ll 1$ 时，即高分子链的尺寸远小于胶体粒子尺寸，可以把高分子链看作处于两片平板间半径为 R_{g} 的球，耗尽作用范围与高分子链尺寸相当，即耗尽层厚度近似于 R_{g}。基于 Asakura-Oosawa 模型的理论预测了当 $\xi \ll 1$ 时，胶体/聚合物混合体系的胶体粒子的相互作用和相行为。当胶体粒子的尺寸达到纳米尺度时，即胶体粒子的半径接近高分子链的均方回转半径，ξ 的值接近 1，高分子链和胶体粒子间的相互作用会对胶体分散体系的耗尽作用产生影响，耗尽层厚度与 R_{g} 相差很大。此时，不同高分子链之间只有部分的重叠，而 Asakura-Oosawa 模型假定高分子链之间是完全重叠的。因此，Asakura-Oosawa 模型预测的胶体相行为不适用于小尺寸胶体粒子体系。Ramakrishnan 等利用聚合物参考相互作用位点模型 (polymer reference interaction site model, PRISM) 研究了 ξ 接近 1 时胶体分散体系的耗尽作用，他们的结果表明，高分子链间的相互作用会对耗尽作用和胶体体系相行为有显著的影响，是研究耗尽作用需要考虑的重要参数之一 [15,16]。Ahn 等利用二氧化硅胶体粒子/聚乙烯醇体系研究当 $\xi \approx 0.8$ 时，胶体/聚合物体系的耗尽现象 [13]。他们的研究结果显示，胶体粒子的耗尽稳定性与 $\xi \ll 1$ 体系有显著的不同，在 $\xi \ll 1$ 的胶体体系中，稳定的微区结构尺寸与胶体粒子尺寸相当，而在 $\xi \approx 0.8$ 的胶体体系中，耗尽能垒存在于纳米胶体粒子聚集体之间，而非单个胶体粒子间。

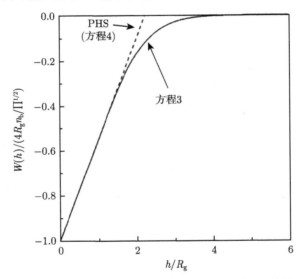

图 9.7　理想高分子溶液中两硬平板间的作用势，h 为两平板间距离 [14]

9.2　聚合物对胶体粒子相互作用的影响

胶体体系包含一个或多个分散相和一个连续介质相，胶体粒子在连续介质中做着布朗运动。胶体体系中分散相的稳定性主要取决于做着布朗运动的胶体粒子之间的相互作用。当胶体粒子间的吸引力起主导作用时，胶体粒子会聚集，分散体系会失稳；当排斥力起主导作用时，分散体系会稳定在均匀分散状态。

9.2.1　胶体粒子间的相互作用力

胶体粒子间主要有 5 种重要的作用力：范德瓦耳斯力，空间位阻作用，双电层作用，水合/溶剂化作用，疏水作用。

范德瓦耳斯力是原子之间通过瞬间静电相互作用产生的一种弱的分子之间的力，是一种短程的吸引力，当两个原子之间的距离为它们的范德瓦耳斯半径之和时，范德瓦耳斯力最强。

疏水作用可以是胶体粒子本身具有的性质，也可能是吸附在胶体粒子表面的疏水分子诱导产生的。由于疏水表面和极性分子不直接接触，疏水表面间的极性溶剂分子会受到挤压，极性溶剂的自由度降低，会导致极性分子在一定方向上形成结构。疏水表面倾向于自我相关，胶体粒子间的疏水作用范围大于范德瓦耳斯力的作用范围。石墨和碳材料是天然的疏水性固体粒子，在极性溶剂中，它们会聚集。固体粒子的表面性质可以通过吸附分子来调控。

胶体粒子表面的双电层主要在极性介质中形成。大部分基底在极性介质中都会在基底表面出现电荷，电荷产生的原因主要有以下几个方面：(1) 基底表面某些成分的溶剂化和溶解；(2) 固体基底表面的晶格缺陷；(3) 固液界面处离子或者杂质的吸附。基底表面的电荷会影响基底表面附近的离子或者分子的分布，在热运动的作用下，在基底表面形成了双电层，双电层主要由带电表面和反离子组成。在低介电常数的介质中，不会出现明显的离子化作用。在没有吸附型表面活性剂的体系中，基底表面成分的溶剂化和溶解是双电层形成的主要原因，溶剂和胶体粒子间传输的电荷是质子，质子传输取决于溶剂和胶体粒子的相对酸度。因此，pH 值和盐浓度会影响胶体粒子间的相互作用，在电解质溶液中，胶体粒子间的相互作用有两种：(1) 静电双电层作用；(2) 范德瓦耳斯作用 [17,18]。在这两种力的共同作用下，胶体粒子间的作用可以是吸引或者排斥 [18-24]，如图 9.8 所示。

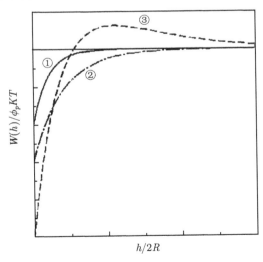

图 9.8　盐的浓度 (德拜长度) 和高分子浓度对胶体间相互作用势的影响。① 低盐浓度，低浓度聚合物溶液；② 中等盐浓度，中等浓度聚合物溶液；③ 高盐浓度，高浓度聚合物溶液 [18]

水合/溶剂化作用是一种短程作用力，水合作用会增强疏水胶体粒子间的吸引作用。固体表面诱导附近的分子规则排列，形成波动式的密度分布曲线，密度分布曲线的波动振幅随着与固体表面的距离的增加而衰减，对于胶体粒子间距离大的体系，密度分布曲线可以衰减到本体值。在胶体粒子间距离小的体系中，胶体表面附近的密度曲线会重叠。在胶体粒子间距离处于中间值时，胶体表面附近的密度曲线不会重叠，此时，体系出现一自由能最大值。因此，随着胶体粒子间距离的改变，体系的自由能在一个排斥最大值和吸引最小值间振荡。胶体表面的粗糙度会破坏胶体表面分子的规则排列，导致这种振荡作用力消失，另外，深入到吸附层的溶剂也会导致这种短程作用力的消失，例如在有机溶剂中的云母表面，少量吸附在表面的水分子会导致这种振荡作用力的消失，这可能是由于水分子破坏了云母表面规则排列分子层导致的。当胶体粒子间距离小于 3nm 时，排斥的作用力要强于范德瓦耳斯力和双电层作用。

分散在聚合物溶液中的胶体粒子进行着布朗运动，胶体粒子间互相碰撞。当胶体粒子间的作用为相互吸引时，胶体粒子会聚集，会导致分散胶体体系失稳；当胶体粒子间的作用为相互排斥时，分散胶体体系会保持在稳定的分散状态。加入高分子到胶体分散体系中会改变胶体粒子间相互作用的范围和强度。研究聚合物对胶体粒子间相互作用的影响，首先要区分吸附在胶体粒子表面上的聚合物分子和溶液中自由聚合物分子。非吸附性高分子，导致胶体粒子间的相互吸引作用力增强，吸附高分子层重叠导致的空间位阻作用力可以是排斥的或者吸引的，主要取决于胶体粒子的最外层是否倾向于与溶剂接触，如果溶剂与胶体粒子表面吸附的高分子有较好的相容性，分散胶体体系可以维持在稳定状态。然而，当溶剂与吸附的高分子层相容性差时，吸附在不同胶体粒子表面上的高分子链会相互贯穿，导致胶体粒子的聚集，如果高分子链的相互贯穿导致 Gibbs 自由能降低，胶体粒子会产生聚集。吸附有高分子链的胶体粒子相互靠近时，吸附高分子的构象熵降低，界面能增加，会导致解吸附作用，这意味着需要增加额外的功才能使胶体粒子互相接近对方。

9.2.2 聚合物的吸附作用对胶体体系稳定性的影响

聚合物分子在胶体粒子表面的吸附在控制界面性质方面起着至关重要的作用，是调控固液分离、胶体粒子聚集/分散、血液凝结等过程的关键因素。聚合物/胶体粒子体系的吸附作用主要包括三种：(1) 吸附剂和被吸附物间的相互作用；(2) 吸附剂和溶剂间的相互作用；(3) 被吸附物和溶剂间的相互作用。与小分子相比，高分子链上有大量的功能性基团，每个功能性基团都有可能吸附在胶体粒子的表面，然而，不是所有的高分子链段都可以吸附到胶体粒子表面，只有部分链段可以吸附到胶体粒子表面。

高分子链对胶体分散体系的稳定性起着至关重要的作用。在高分子溶液中，胶体粒子间的作用可以是吸引或者排斥 [25-27]。目前，有三种理论描述在电解质溶液中带电胶体粒子的絮凝现象：桥连 (bridging)，简单电荷中和作用 (simple charge neutralization)，电荷补丁中和作用 (charge patch neutralization)。

桥连理论最先是由 Ruehrwein 等提出的，可吸附在胶体粒子表面上的高分子链可以同时吸附两个或多个胶体粒子，导致胶体粒子的聚集 [28-30]。和小分子电解质相比，聚电解质可以导致更大、更稳定的絮凝结构出现。高分子对分散胶体体系稳定性的影响会随着分子量的增加而增强。和具有相同化学结构和分子量的支化聚合物相比，线型聚合物对分散胶体体系的影响更明显。在高浓度高分子溶液中，分散胶体粒子体系会失稳。

当两个吸附有高分子链的胶体粒子间距离逐渐减小时，体系自由能的降低还是升高取决于聚合物本身性质和聚合物在胶体粒子表面的覆盖率 [31]。高分子的吸附作用对体系自由能的贡献 (ΔG_{abs}) 正比于吸附在胶体粒子表面上的高分子链段数，和高分子链与胶体粒子间的相互作用参数有关。只有在胶体粒子表面还存在没被高分子链占据的位置时，吸附才会发生。在高覆盖率的胶体粒子表面，吸附很难发生。在大多数情况下，$\Delta G_{\text{abs}} < 0$，高分子倾向于吸附在胶体粒子表面。此外，体系的自由能还有来自熵的贡献 (ΔG_{con})，当吸附有高分子链的胶体粒子互相靠近时，吸附在胶体粒子表面的高分子链会重叠，由于受到空间限制，高分子的构象熵降低，这导致胶体粒子相互排斥。另一个贡献来自混合自由能 (ΔG_{mix})，这部分贡献与高分子链段与溶剂的相互作用参数 (χ) 有关，当高分子链重叠时，相互作用会增强。在良溶剂中 ($\chi < 0$)，$\Delta G_{\text{mix}} > 0$，高分子链段相互排斥；在不良溶剂中，$\Delta G_{\text{mix}} < 0$，高分子链段间的作用为互相吸引。体系自由能取决于这些贡献的总和。

简单电荷中和作用主要存在于胶体粒子的电荷和聚电解质所带电荷相反的体系中，当胶体粒子的电荷和聚电解质所带电荷符号相反时，胶体粒子的表面电荷密度降低。此时，两胶体粒子可以相互靠近，达到范德瓦耳斯力的作用区域内，体系出现絮凝，高分子的分子量对反粒子引起的絮凝现象影响不明显。

在胶体/聚合物体系中，胶体表面的电荷与吸附高分子的电荷无须一一对应，如果聚合物的电荷密度比胶体粒子表面的高，在胶体粒子表面会形成带正电荷和负电荷的补丁 (patch) 区域 [32]。尽管总的胶体粒子表面呈电中性，或者一种电荷过量，但是胶体表面存在带不同电荷的补丁区，胶体粒子的聚集仍然可能发生。在低分子量聚电解质溶液中，简单电荷中和作用和电荷补丁中和作用是诱导絮凝发生的主要原因。

9.2.3 高分子链构象的影响

吸附在胶体粒子表面上的高分子链会延伸到周围的介质中，只有当这个延伸距离大于胶体粒子可互相靠近的最小距离时 (即不产生排斥的最小距离)，桥连才会发生。这个延伸距离与双电层的厚度在同一个数量级，高分子的分子量和吸附在胶体表面高分子链的构象是影响高分子链的空间延伸程度的主要因素, 其中, 高分子链构象是重要的影响因素 [33]。调节双电层厚度, 调整吸附高分子链的分子量, 延伸高分子链构象, 均可以使胶体粒子间产生桥连作用。增加离子强度可以降低双电层厚度, 但是聚电解质的延伸距离也会随着降低, 因此, 通过调节双电层厚度很难实现对桥连作用的调控。桥连作用可以通过改变延伸高分子链的构象来实现。伸展性好的高分子链容易在胶体粒子间形成桥连; 伸展性差的高分子线团不易在胶体粒子间形成桥连。

9.3　聚合物诱导的胶体相分离

在稳定分散的胶体体系中, 聚合物的加入可以导致相分离 [15,34-37]。当胶体粒子间的距离小于自由高分子链的直径时, 胶体粒子间的高分子被排出, 渗透压失衡, 胶体粒子间产生有效的吸引作用力, 即耗尽作用力, 导致相分离。不稳定胶体/聚合物混合体系的相转变主要通过旋节相分离和成核生长粗化相分离这两种方式进行 [38,39]。分散胶体体系相分离后可以形成类似分子气体、液体和固体的相, 固体相还可以有结晶和非晶 (玻璃或者凝胶) 状态 [40]。

在高浓度聚合物/胶体体系中, 体系会发生相分离, 形成胶体粒子富集相和胶体粒子贫瘠相。在胶体粒子富集相中, 胶体粒子可以形成液体状或者结晶状的空间结构。胶体粒子间有效相互作用力是影响胶体相行为的关键因素。在特定条件下, 胶体气体相、液体相以及结晶相可以共存 (如图 9.9)。

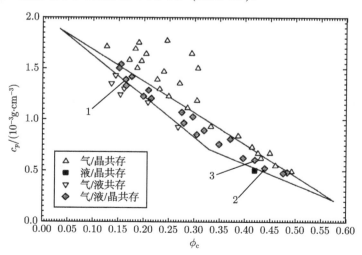

图 9.9　胶体/聚合物混合体系的三相共存相图, $\xi = 0.37$ [40]

由于胶体粒子尺寸和高分子链段尺寸的巨大差异，理论描述胶体/聚合物体系比较困难。其中，最简单的、最常用的一个假设是理想高分子链遵循高斯或者无规行走统计定律。进一步的简化模型是 Asakura-Oosawa 模型，在此模型中，把高分子链看作是可以互相贯穿的高分子球，在胶体粒子附近的高分子链受到半径为 $R_c + R_g$ 胶体球的排斥。利用 Asakura-Oosawa 模型研究聚集物/胶体相行为的结果表明，当高分子链均方回转与胶体粒子半径的比值 $\xi \leqslant 1$ 时，用简化模型计算的相图与理论预测的结果符合得很好。

9.3.1 胶体粒子尺寸多分散性的影响

除了病毒和蛋白质等生物粒子外，多数胶体粒子尺寸具有多分散性。胶体粒子尺寸的多分散是影响聚合物/胶体混合体系相行为的重要因素之一 [41-43]。

当两个相同尺寸的胶体粒子处于不同尺寸小硬球中时，多分散性导致了 Asakura-Oosawa 吸引作用和排斥能垒的降低。在胶体尺寸多分散度对体系相行为的研究中发现，增加胶体尺寸多分散度，会导致胶体的结晶动力学过程明显变慢。

9.3.2 胶体粒子半径与高分子链均方回转半径比值的影响

在胶体/聚合物混合体系中，高分子链均方回转半径与胶体粒子半径的比值对胶体相行为起着至关重要的作用，它决定了相分离后分散相的结构。在聚甲基丙烯酸甲酯/聚乙烯胶体的体系中，当 $\xi > 0.24$ 时，可以观察到液气共存相和胶体气相、液相、结晶相三相共存相，如图 9.10 所示 [44,45]。随后，在对聚氧化乙烯/聚硅氧烷胶体体系的研究中发现，当 $\xi = 0.086, 0.027$ 时，可以观察到气相和结晶相。

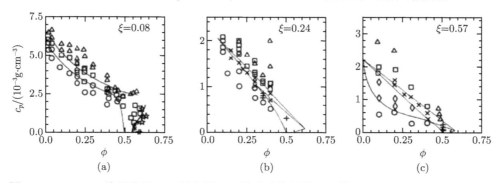

图 9.10 PMMA 胶体粒子/PS 的相图。X 轴为胶体的体积分数，Y 轴为聚合物浓度，圆圈代表液体，菱形代表气体 + 液体，乘号代表气体 + 液体 + 晶体，星形代表玻璃体 [44]

9.3.3 胶体粒子形状的影响

在早期研究聚合物/胶体体系相分离行为的工作中，胶体粒子的形状多为球状。近年来，随着胶体粒子制备技术的发展，出现了多种形状的胶体粒子，例如：棒状、纺锤状、圆盘状等 [46,47]。探索非球状胶体粒子/聚合物的相行为是研究球状胶体粒子体系相行为的重要延伸。

在这些非球状胶体粒子体系中，研究最多的是棒状胶体粒子。在棒状胶体粒子/聚合物体系中，棒状胶体粒子的长宽比以及高分子链直径和棒状胶体直径比是影响胶体相行为的两个主要参数。通过调节这两个参数可以获得如下三种相图：(1) 在相对短的棒状胶体粒子/长高分子链的混合体系中，可以观察到各向同性的稀相 (胶体气相) 和浓相 (液相) 与各向异性的向列相。(2) 对于棒状胶体粒子的长宽比以及高分子链直径和棒状胶体直径比都处于中间值的体系，可以观察到一个各向同性相和一个各向异性的向列相。(3) 对于长棒状胶体粒子/短高分子链的混合体系，可以观察到一个各向同性相以及两个浓度不同的向列相。

参 考 文 献

[1] Verma R, Crocker J C, Lubensky T C, et al. Attractions between hard colloidal spheres in semiflexible polymer solutions. Macromolecules, 2000, 33, 177-186.

[2] Kawasaki K, Tokuyama M, Kawakatsu T. Slow dynamics in condensed matters. American Institute of Physics, 1992.

[3] Eisenriegler E, Hanke A, Dietrich S. Polymers interacting with spherical and rodlike particles. Phys. Rev. E, 1996, 54, 1134-1152.

[4] Tuinier R, Rieger J, de Kruif C G. Depletion-induced phase separation in colloid-polymer mixtures. Adv. Colloid Interface Sci., 2003, 103, 1-31.

[5] Asakura S, Oosawa F. On interaction between two bodies immersed in a solution of macromolecules. J. Chem. Phys., 1954, 22, 1255-1256.

[6] Vrij A. Polymers at interfaces and the interactions in colloidal dispersions. Pure Appl. Chem., 1976, 48, 471-483.

[7] Joanny J F, Leibler L, Gennes P G D. Effects of polymer solutions on colloid stability. J. Polym. Sci.: Polym. Phys. Ed., 1979, 17, 1073-1084.

[8] Ye X, Narayanan T, Tong P, et al. Depletion interactions in colloid-polymer mixtures. Phys. Rev. E, 1996, 54, 6500-6510.

[9] Feigin R I, Napper D H. Depletion stabilization and depletion flocculation. J. Colloid Interface Sci., 1980, 75, 525-541.

[10] Scheutjens J M H M, Fleer G J. Effect of polymer adsorption and depletion on the interaction between two parallel surfaces. Adv. Colloid Interface Sci., 1982, 16, 361-380.

[11] Yang S, Yan D, Tan H, et al. Depletion interaction between two colloidal particles in a nonadsorbing polymer solution. Phys. Rev. E, 2006, 74, 041808.

[12] Verma R, Crocker J C, Lubensky T C, et al. Entropic colloidal interactions in concentrated DNA solutions. Phys. Rev. Lett., 1998, 81, 4004-4007.

[13] Kim S, Hyun K, Moon J Y, et al. Depletion stabilization in nanoparticle-polymer suspensions: Multi-length-scale analysis of microstructure. Langmuir, 2015, 31: 1892-1900.

[14] Tuinier R, Vliegenthart G A, Lekkerkerker H N W. Depletion interaction between spheres immersed in a solution of ideal polymer chains. J. Chem. Phys., 2000, 113, 10768-10775.

[15] Ramakrishnan S, Fuchs M, Schweizer K S, et al. Entropy driven phase transitions in colloid-polymer suspensions : Tests of depletion theories. J. Chem. Phys., 2002, 116: 2201-2212.

[16] Ramakrishnan S, Fuchs M, Schweizer K S, et al. Concentration fluctuations in a model colloid-polymer suspension : Experimental tests of depletion theories. Langmuir, 2002, 18: 1082-1090.

[17] Böhmer M R, Evers O A, Scheutjens J M H M. Weak polyelectrolytes between two surfaces: Adsorption and stabilization. Macromolecules, 1990, 23: 2288-2301.

[18] Walz J Y, Sharma A. Effect of long range interactions on the depletion force between colloidal particles. J. Colloid Interface Sci., 1994, 168: 485-496.

[19] Ishikawa Y, Katoh Y, Ohshima H. Colloidal stability of aqueous polymeric dispersions: Effect of pH and salt concentration. Colloids Surf., B 2005, 42: 53-58.

[20] Derjaguin B V. Theory of the strongly charged lyophobic sols and strongly charged particles in solutions of electrolytes. Acta Physicochem, 1941, 14: 633-662.

[21] Verwey E J W, Overbeek J T G. Theory of the stability of lyophobic colloids. Amsterdam: Elsevier, 1948: 10, 224-225.

[22] Hunter R J. Foundation of colloid surface: Vols. 1-2. Oxford: Clarendon Press, 1989.

[23] Isrelachvili J N. Intermolecular and surface forces. 2nd ed. New York: Academic Press, 1991.

[24] Lyklema J. Fundamentals of interface and colloid surface: Vol. 1. Solid-liquid interfaces. New York: Academic Press, 1995.

[25] Faust S D, Aly O M. Chemistry of water treatment. Butterworths, Boston, MA, 1983.

[26] Slater R W, Kitchener J A. Characteristics of flocculation of mineral suspensions by polymers. Discuss. Faraday Soc., 1966, 42: 267-275.

[27] Sato T, Ruch R. Stabilization of colloidal dispersion by polymer adsorption. New York: Marcel Dekker, 1980: 3.

[28] Ruehrwein R A, Ward D W. Mechanism of clay aggregation by polyelectrolytes. Soil Sci., 1952, 73: 485-492.

[29] Lamer V K, Healey T W. Adsorption-flocculation reactions of macromolecules at the solid-liquid interface. Rev. Pure. Appl. Chem., 1963, 13: 112-133.

[30]　Lamer V K L. Coagulation symposium introduction. J. Colloid Sci., 1964, 19, 291-293.

[31]　Lyklema J. In flocculation, sedimentation and consolidation. B. Moudgil and P. Soma-sundaran (Eds.). New York: Engineering Foundation, 1985.

[32]　Gregory J. Rates of flocculation of latex particles by cationic polymers. J. Colloid Interface Sci., 1973, 42: 448-456.

[33]　Jenkel E, Rumbach R. Adsorption of high polymers from solution. Elektrochem Z. 1951, 55: 612.

[34]　Tuinier R, Fan T H, Taniguchi T. Depletion and the dynamics in colloid-polymer mixtures. Curr. Opin. Colloid Interface Sci., 2015, 20: 66-70.

[35]　Anderson V J, Lekkerkerker H N. Insights into phase transition kinetics from colloid science. Nature, 2002, 416: 811.

[36]　Lu P J, Zaccarelli E, Ciulla F, et al. Gelation of particles with short-range attraction. Nature, 2008, 453: 499-503.

[37]　Poon W C K, Haw M D, Haw M D. Mesoscopic structure formation in colloidal aggre-gation and gelation. Adv. Colloid Interface Sci., 1997, 73: 71-126.

[38]　Fuchs M, Schweizer K S. Structure and thermodynamics of colloid-polymer mixtures: A macromolecular approach. Europhys. Lett., 2000, 51: 621-627.

[39]　Fuchs M, Schweizer K S. Macromolecular theory of solvation and structure in mixtures of colloids and polymers. Phys. Rev. Lett., 2001, 64: 021514.

[40]　Poon W C K, Renth F, Evans R M L, et al. Colloid-polymer mixtures at triple coexistence: kinetic maps from free-energy landscapes. Phys. Rev. Lett., 1999, 83: 1239-1242.

[41]　Mao Y. Depletion force in polydisperse systems. J. Phys. II, 1995, 5: 1761-1766.

[42]　Walz J Y. Effect of polydispersity on the depletion interaction between colloidal parti-cles. J. Colloid Interface Sci., 1996, 178: 505-513.

[43]　Adams M, Dogic Z, Keller S L, et al. Entropically driven microphase transitions in mixtures of colloidal rods and spheres. Nature, 1998, 393: 349-352.

[44]　Ilett S M, Orrock A, Poon W C K, et al. Phase behavior of a model colloid-polymer mixture. Phys. Rev. E, 1995, 51: 1344-1352.

[45]　Lekkerkerker H N W, Poon W C K, Pusey P N, et al. Phase behaviour of colloid + polymer mixtures. Europhys. Lett., 1992, 20: 559-564.

[46]　Chen Y L, Schweizer K S. Depletion interactions in suspensions of spheres and rod-polymers. J. Chem. Phys., 2002, 117: 1351-1362.

[47]　Peddireddy K R, Nicolai T, Benyahia L,et al. Stabilization of water-in-water emulsions by nanorods. ACS Macro Lett., 2016, 5: 283-286.

索　引